国家自然科学基金项目资助(51574055)
辽宁省"兴辽英才"计划项目资助(XLYC1807219)
大连大学科研创新创业团队(XQN2020002)

U0176233

大同矿区"两硬"大采高采场
顶板结构及控制

夏洪春　著

应 急 管 理 出 版 社

·北　京·

图书在版编目（CIP）数据

大同矿区"两硬"大采高采场顶板结构及控制/夏
洪春著. --北京：应急管理出版社，2022
ISBN 978-7-5020-9030-2

Ⅰ.①大… Ⅱ.①夏… Ⅲ.①大采高—煤矿开采—顶
板管理—大同 Ⅳ.①TD327.2

中国版本图书馆 CIP 数据核字（2021）第 223830 号

大同矿区"两硬"大采高采场顶板结构及控制

著　　者	夏洪春
责任编辑	赵金园
责任校对	孔青青
封面设计	解雅欣

出版发行	应急管理出版社（北京市朝阳区芍药居 35 号　100029）
电　　话	010-84657898（总编室）　010-84657880（读者服务部）
网　　址	www.cciph.com.cn
印　　刷	北京建宏印刷有限公司
经　　销	全国新华书店

开　　本	710mm×1000mm¹⁄₁₆	印张	17¹⁄₄	字数	326 千字
版　　次	2022 年 6 月第 1 版　2022 年 6 月第 1 次印刷				
社内编号	20211361		定价	66.00 元	

序

煤炭，作为一次能源在我国国民经济发展中占有极其重要的地位，截至目前，煤炭仍然是我国的基础能源，占国内一次能源消耗量的 66%。

然而，煤炭作为化石能源其有对生态安全、环境清洁和人民健康不利的一面。针对这一方面，国家已提出了"安全绿色开发和清洁高效利用"的基本原则，为煤炭资源开发利用由"黑"到"绿"的转型升级奠定了坚实基础。煤炭作为我国主体能源的属性在当前和未来一段时间内不会改变，发展煤化工产业将成为我国煤炭资源利用的另一重要组成部分。

由此，煤炭不再是单一的能源提供者，其将成为利用范围更加广阔、利用前景更加光明的基础资源。基于此，我相信，煤炭工业与煤炭生产，必将迎来高速发展时代。

无论是现在还是将来，无论煤炭的需求程度和煤炭的生产强度如何变化，保证安全生产都是第一要务。既要进行煤炭生产，又要保证生产安全，除了客观因素，就决然离不开科技创新。要依靠科技进步与创新，不断变革和完善开采工艺与技术。

新中国成立70多年间，经过几代煤炭人的不懈努力，煤炭开采技术经历了3次重大革新，由新中国成立初期的手工式作业到机械化生产；由机械化生产到综采+液压支柱防护生产；再到本世纪初开始的综采+放顶一次采全高的高效率、高回采率的最新开采工艺与技术的成熟应用，使我国井工煤炭年产量多年连续保持在 $3.0×10^9$ t 左右。

新的开采工艺与技术的采用，必然会带来新的问题；面临新的问题，就必须在现有的基础上，进行新的探索、新的实践和新的研究与再创新。"两硬"大采高条件下的煤炭开采，就是煤炭行业新出现的重大问题之一。

"两硬"即煤质坚硬（普氏硬度系数 $f=3.0 \sim 4.5$）和煤层顶板岩层坚硬（普氏硬度系数 $f \geqslant 8.0$）。煤层顶板岩层多为整体性好的厚砂岩、砾岩，层理和节理均不发育。

由于顶板坚硬，不能及时垮落充填采空区，而在采空区形成悬顶。当悬顶达到极限跨度时，往往发生突变失稳，造成采场动压冲击，压死支架，影响工作面正常生产。特别是在大采高工作面，这种现象更加严重，是厚煤层开采的技术难题。

青年采矿学者夏洪春博士编著的《大同矿区"两硬"大采高采场顶板结构及控制》一书，是目前专门研究"两硬"大采高条件下如何安全高效地进行煤炭开采的、具有相当专业水平的优秀专著。

该书的核心是研究"两硬"大采高条件下采场的顶板结构与覆岩运动及其控制问题。可以说，准确地把握了问题的本质。针对"两硬"大采高条件下采场的顶板结构及其控制问题，采用二维相似材料模拟方法，研究采场覆岩运动规律；通过煤岩体力学参数实验与地应力测试，掌握顶板岩层力学特性和地应力对采场覆岩运动的影响及其效力；结合上述两种手段，运用 FLAC3D 数值模拟，在采场初始地应力背景下再现采场覆岩运动过程特征与规律。

在上述主要研究工作的基础上，建立了采场顶板结构模型即"块体堆积-突变动载"结构模型及顶板结构演化过程，推导出了坚硬顶板突变失稳步距的数学模型，基本形成了"两硬"大采高条件下采场顶板结构与采场覆岩运动预控技术体系。

"两硬"大采高条件下，如果不采取采场顶板结构与采场覆岩运动预控措施，还会发生采场顶板断裂空气动力冲击灾害，波及采场周边设施甚至整个矿井。该书对此空气动力冲击灾害的成因与过程，进行了有益的研究，值得赞赏。

最后，作为一个老采矿人，我希望该书的出版，为"两硬"大采高条件下的煤炭开采带来积极的帮助、促进煤炭事业的安全、绿色发展！同时希望更多年轻采矿学者，勇于和乐于接受新的挑战、不断创新，为煤炭事业安全、绿色发展作出新的贡献！

中国科学院院士

2021 年 7 月 18 日

前　言

  大采高综采技术是厚煤层安全高效开采的重要发展方向。采高增大，采场煤壁片帮、冒顶、压架和支架失稳的概率不断升高，工作面矿压显现规律也明显区别于普通采高，因而研究其规律的新特征对完善和发展矿压理论和提高该技术应用范围意义重大。

  本书以大同矿区坚硬顶板及坚硬煤层（即"两硬"）地质条件为基础，围绕"两硬"大采高及其相关覆岩空间结构演化和运动规律及孕灾机理等命题，进行了如下论述：

  通过煤岩体力学实验、地应力测试及反演分析，揭示了两硬井田岩石力学特性、所处的地应力状态、类型和作用特征，通过二维相似材料模型试验及 FLAC3D 数值模拟，研究分析了明显影响矿压显现的覆岩运动范围及演化规律。

  以弹性力学等理论为基础，考虑岩梁轴力、倾角及岩层间挤压力的影响，分析了"两硬"大采高采场的覆岩运动规律及孕灾机理，揭示了覆岩空间结构演化规律。

  以弹性地基梁理论为基础，分析了大采高采场开采诱发的顶板相关灾害及顶板断裂弹性能积聚与释放分布规律。

  以能量守恒定律为基础，建立了大采高条件下顶板断裂下沉压缩空气动力冲击灾害模型，进一步揭示了大采高诱发围岩灾害原理，以及建立了不同阶段的工作面支架选型的控制准则、力学条件及结构参数，阐明了采场来压时刻"支架与围岩"的关系，推导出不同工作方式下的位态方程。

  构建了大采高采场以控制"覆岩运动参数"为根本的预控体系，杜绝了灾害发生的可能性。通过现场实测和应用验证，应用效果良好。

　　本书以作者博士学位论文《"两硬"大采高采场顶板结构模型及控制研究》为骨干内容，经充实扩展编著而成。在此，首先由衷地感谢我的导师、中国科学院院士宋振骐先生的悉心指导；其次，感谢对本书的编著和出版给予帮助的专家学者和同仁；参考文献对撰写本书起到了事半功倍的作用，在此特向作者表示衷心的感谢；最后，恳切希望各位读者和专家学者对本书存在的缺点与不足提出批评指正。

著　者

2021 年 6 月 12 日

目　　　录

1　绪　　论

　　我国的能源资源中煤炭最为丰富，截至 2010 年底，全国煤炭已探明地质储量 $1.5×10^{12}$ t，占化石能源资源总储量的 97.9%。煤炭在我国能源结构中的比重非常大，根据 2011 年的统计数据，我国煤炭产量 $35.2×10^8$ t（占世界产煤总量的48.3%），占国内一次能源消耗量的 66%。煤炭产量从 2001 年的 $13.8×10^8$ t 到 2011 年的 $35.2×10^8$ t，年均增加 $1.9×10^8$ t，保证了我国经济和社会发展的需求，煤矿的安全生产和煤炭产量的稳产高产关系我国经济增长命脉。

　　图 1-1 为中国煤炭协会报道的我国 2006—2020 年煤炭产量。2017—2019 年3 年间，在国家"去产能"和"供给侧改革"政策下，煤炭产量依然分别达到$35.2×10^8$ t、$36.8×10^8$ t 和 $38.5×10^8$ t。这一方面充分说明，煤炭作为基础能源和原材料在我国当前有不可替代的重要地位，另一方面作为煤炭科技工作者和生产者对煤炭工业的科技进步与创新发展和煤炭的安全生产与绿色生产，仍然肩负重大的历史使命。

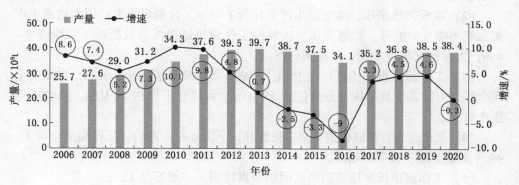

图 1-1　2006—2020 年全国煤炭产量

1.1　"两硬"大采高采场及其潜在危害

　　"两硬"即煤层硬（煤质坚硬，$f=3.0\sim4.5$）和顶板岩层坚硬（$f\geqslant8$）。煤层顶板岩层为整体性强的厚砂岩、砾岩，层理和节理均不发育。

　　由于顶板岩层坚硬，随着工作面推进顶板不能及时垮落充填采空区，而在采空区形成悬顶，当悬顶达到极限跨度时，往往发生突变失稳，造成采场动压冲击，压死支架，影响工作面正常生产。特别是在大采高工作面，这种现象更加严重，是厚煤层开采的技术难题。

煤层一次开采平均厚度在 5.5 m 以上，即属于大采高采场。大同晋华宫煤矿是我国典型的"两硬"大采高井工煤矿。

以晋华宫煤矿 8210 工作面为例。该工作面开采 12 号煤层，可采走向长度 1700 m，工作面长度 163.7 m，平均采高 5.5 m，平均倾角 6°，$f=3\sim4$，基本顶为中粗砂岩，厚度 18.2 m，岩性特征为浅灰色，砂质孔隙式胶结和钙质胶结；直接顶为细砂岩，厚度 3.2 m，岩性特征为浅灰色的局部是粉砂岩夹煤线，水平层理；伪顶为粉细砂岩，厚度 0.4 m，其顶板单轴抗压强度为 $60\sim160$ MPa，即 $f=6\sim16$。因此，该工作面为典型的"两硬"大采高工作面。

8210 工作面于 2010 年 1 月 1 日试生产，在生产过程中，发生过几次顶板突然失稳，致使工作面大面积剧烈来压，造成压死支架的灾害。

2010 年 1 月 1 日至 11 月 28 日近一年的时间里，发生 8 起较重大的顶板突然失稳压死支架的灾害。这里，仅就其共性和危害性进行一般描述。

（1）开始时，3 个月内工作面只推进了 49 m，在此期间，工作面顶板事故频繁发生，顶板压力显现明显，顶板突然来压，发生支架被压死事故，事故影响生产最长达 25 天。

（2）顶板突然来压，煤壁发生严重片帮 $1\sim3$ m，片帮煤量大；因而造成工作面支架不能及时前移，机道空顶大，导致工作面机道局部顶板折断下沉塌落 $2\sim4$ m，大面积支架被压死，活柱无行程。

（3）工作面顶板来压可持续 15 h，造成支架形成悬板，长达 6 m，支架安全阀全部开启卸载，局部压力最高达到 45 MPa，大部分压力在 42 MPa，影响正常生产数天。

（4）最严重者，造成机道支架顶板裂开，下沉 0.6 m 左右，工作面采空区 $1\sim98$ 号支架上部顶板全部塌落。

（5）工作面顶板来压前后两次间隔距离较短，一般不足 15 m。

通过以上分析可知，"两硬"大采高条件下，井工煤矿开采面对的主要是顶板突然来压失稳及其控制问题。通过对顶板结构的研究，明确有别于非"两硬"和非大采高条件下覆岩运动的规律与特征，进而研究确定"两硬"大采高条件下顶板结构和覆岩运动的控制技术，以保证正常安全生产。

1.2 "两硬"大采高研究的必要性

20 世纪 90 年代，由于综放开采厚煤层具有工效高、掘进工程量低、产量高、生产成本低等诸多优点，在山西和山东等大型煤矿经过工业性试验均取得了巨大成功后，很快在我国众多矿区进行了大面积推广及应用。

但是，综放开采厚煤层仍然有很多技术难题无法解决，如相对综采工作面采出率较低、煤层容易发生自燃、煤尘大、瓦斯易聚集等。

20 世纪末开始，"大采高"在各类文献和研究中被提到的较多。随着煤炭工业的快速发展，大采高作为一个相对的概念，开采高度的上限一直在变化，并没有一个较为严格的定义。一般情况下，大采高指的是一次采全厚采煤法，使用与采高相同的支架及配套设备，开采厚度在 3.5 m 以上的开采方法，称为大采高开采。

进入 21 世纪，国内外采用大采高液压支架、大功率采煤机和重型刮板输送机等配套设备，极大促进了大采高综采技术的发展。由于大采高综采具有自动化程度高、技术先进、性能可靠，同时资源回收率高，工作面生产时煤尘少、瓦斯涌出量小等方面的优点，使其迅速成为厚煤层开采技术方面发展的新工艺。

目前大采高一次采全厚开采应用相对较多，但是在"两硬"条件下大采高开采在国内外的研究相对较少。

我国已经开采的 5.0 m 以上大采高工作面主要集中在神东矿区、晋城矿区、宁东矿区，伴随的不良现象主要表现为煤壁片帮，或者在顶板坚硬条件下压死支架、加剧片帮和形成底鼓。

上述矿区的情况与大同矿区有本质的区别。大同矿区 12 号煤层的开采，具有三方面的不利因素，其一，12 号煤层为"两硬"煤层；其二，12 号煤层上覆 9 号煤层采空区；其三，采高增大，必将导致上覆岩层的运动规律和支承压力分布变化规律发生显著变化，特别是煤壁片帮、支架可靠性（稳定性）及巷道超前支护等不利问题更加突出，给工作面安全生产带来新的困难。

因此，全面系统地研究"两硬"大采高采场顶板结构模型特征及控制，不但能为类似煤层煤矿的设计、开采及顶板控制和决策提供科学依据，而且还能够丰富和拓展矿山压力及岩层控制理论。因此，本书所述的研究方法和内容，具有重要的理论意义和实践价值。

2　地质与采矿工程背景概述

由于地质也就是地球发展演化，形成了像煤炭这样的能源与原材料资源；为了安全高效地利用这样的能源与资源，人类不断发明和完善获取这些能源和资源的方法，即采矿方法。

地质是矿业开发的先锋与基础；矿业开发（煤炭开采）是地质工作的主要目的之一；采矿方法是矿业开发（煤炭开采）的手段与技术保障。

"两硬"大采高，实质就是两种地质条件，即"两硬"和煤层厚（因而出现大采高），是客观存在；而在这两种客观存在的地质条件下进行煤炭开采，就需要采用科学的、先进的采矿方法来实现，这就是主观意志与主观行为。主观首先要尊重客观，其次有条件地、符合客观规律地利用客观存在，为主观服务。

因此，本章对晋华宫煤矿地质、采矿工程和一般的开采方法等，进行概要的叙述与介绍，以对本书的命题建立起全面系统的体系。

2.1　大同煤田地质概况

大同煤田为一轴向 NE 的向斜构造盆地（图 2-1），部分地表被第三纪和第四纪覆盖，向斜轴部为中侏罗世云岗组（J_{1t}），翼部地层有早侏罗世大同组（J_{2y}），晚二叠世上石盒子组，早二叠世下石盒子组、山西组，晚石炭世太原组、本溪组及奥陶纪、寒武纪等。

向斜西北翼平缓，倾角小于 10°，东南翼稍陡，一般倾角在 20° 左右，近边部受向南倾斜的逆断层影响岩层直立、倒转。向斜内有次级小型宽缓褶皱，中、小型断裂不甚发育。在东南部鹅毛口、魏家地一带，有小型燕山期煌斑岩岩脉侵入石炭系、二叠系中。

2.1.1　区域地层

大同煤田区域地层出露简图如图 2-2 所示，晋华宫井田综合地层柱状图如图 2-3 所示，大同煤田区域地层见表 2-1。

2.1.2　煤系地层与煤层

2.1.2.1　煤系地层

大同煤田是我国著名的"双纪"煤田，即同时发育赋存具有工业价值的古生代石炭-二叠纪煤层和中生代早侏罗世煤层。

图 2-1 大同煤田底层分布特征与构造纲要图

1. 石炭系（C）

（1）中统本溪组（C_{2b}）。厚 3.80~70.67 m，一般厚 31.76 m。以灰白、灰褐色砂质泥岩、粉砂岩、细砂岩互层为主。底部和下部常含有鸡窝状铁矿及杂色铝土质泥岩。出露于井田东南部，与下伏寒武系（Є）为平行不整合接触。

（2）上统太原组（C_{3t}）。厚 0~76.02 m，一般厚 38.16 m。由灰白色、灰褐色石英粗砂岩及深灰、灰黑色粉砂岩、砂质泥岩、细粒砂岩、炭质泥岩和薄煤层等组成。基底为灰白色含砾砂岩 K_2，厚 2~5 m。与本溪组整合接触。出露于井

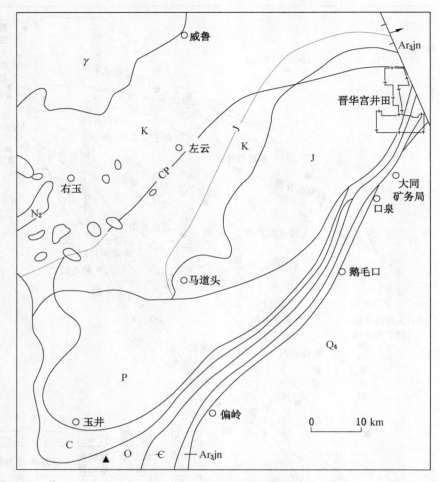

图 2-2　大同煤田区域地层出露简图

田东南部。

（3）下统山西组（P_{1s}）。岩性以灰色细砂岩、中粒砂岩、粗砂岩、灰白色砾岩为主，中夹含砾粗砂岩、砂质泥岩，平均厚 16.06 m，与下伏地层呈整合接触。

2. 侏罗系（J）

（1）下统永定庄组（J_{1y}）。厚 6.79~63.15 m，一般厚 33.04 m。由灰紫、紫红色粉砂岩、砂质泥岩、浅灰色粗、中、细粒砂岩组成。其基底为灰白色砂砾岩、含砾粗砂岩 K_8，厚 7~15 m，与下伏地层为不整合接触。出露于井田南部、东部。十里河北竹林寺至水泉一线以北地层则尖灭。

（2）中统大同组（J_{2d}）。厚 69.77~258.91 m，一般厚 207.28 m，由灰、灰

地层时代		柱状	层厚/m	累厚/m	岩性描述
统	组	1:200			
		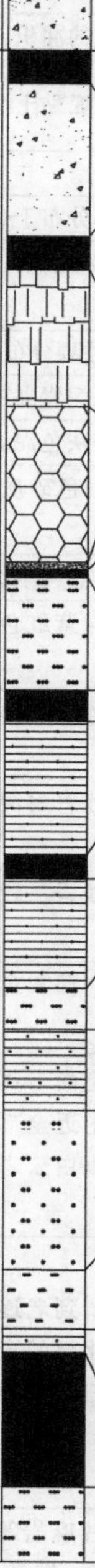			灰白色粗砂岩，局部为细砂岩
中侏罗统	大同组		2.60		7号煤层
			16.90		灰白色细砂岩互层
			0.20		8号煤层
			11.70		深灰色粉砂岩
			7.20		灰黑色细砂岩
			0.30		灰黑色粉质泥岩
			0.30		9号煤层，东部相交为粉砂岩
			4.40	288.40	灰色细砂岩，颗粒均匀质密状
			1.22	289.62	10号煤层
			5.22	294.84	深灰色砂质页岩互层，层理清楚
			0.96	295.80	11⁻¹号煤层
			5.21	301.01	深灰色砂质页岩互层，夹煤线
			0.85～2.28 / 1.60	302.61	灰色石英质细砂岩，质密状含煤线
			1.00～5.29 / 3.10	305.71	深灰砂质页岩，含白云母和煤线并有化石
			13.57～21.06 / 18.20	323.91	灰白色中粗砂岩，成分以石英长石为主含煤线及FeS₂结核
			0～4.61 / 2.30	326.21	深灰色细砂岩，夹小层粉砂岩，只在东部赋存
			0.80～1.05 / 0.90	327.11	深灰色砂质页岩，夹薄层细砂岩
			5.30～6.51 / 5.70	323.81	12⁻²号煤层，半亮型，含FeS₂和夹石
					灰细砂岩：含煤质线显出层理清楚底部变为深灰色砂质页岩夸有滑面打斜孔证实煤厚

图 2-3 晋华宫井田综合地层柱状图

表2-1 大同煤田区域地层

界	系	统	组	厚度/m	简　述
新生界 K_z	第四系 Q_4	全新统		0~14	由砾石、砂组成的冲积、洪积层
		中、上更新统		0~147	由黄色亚砂土、亚黏土组成
	第三系 R	上新统	静乐组 N_{2b}	0~35	红色黏土层
		中新统	汉诺堡组 βN_{1h}	0~126	为玄武岩组成,分布于牛心山脉一带
中生界 M_z	白垩系 K	上统	助马堡组 K_{2z}	0~40	由浅灰色砂岩夹红色、绿色泥岩、泥灰岩组成
		下统	左云组 K_{1z}	0~350	为一套砂砾层,主要分布于左云、右玉一带
	侏罗系 J	中统	云岗组 J_{2y}	0~270	由紫红、黄绿色泥岩夹灰白色砂岩组成
			大同组 J_{2d}	0~264	由灰白色砂岩与灰色泥岩及煤层组成
		下统	永定庄组 J_{1y}	0~211	由紫红色、灰绿色砂质泥岩、灰白色砂岩组成
古生界 P_z	二叠系 P	上统	石千峰组 P_{2sh}	0~100	由黄绿色含砾砂岩与紫红色砂质泥岩组成
			上石盒子组 P_{2s}	0~245	由灰白色砂岩与紫红色、灰绿色粉砂岩组成
		下统	下石盒子组 P_{1x}	0~91	由灰白、紫红色砂岩与紫红、灰色砂质泥岩组成
			山西组 P_{1s}	0~96	由灰白、灰色砂岩与深灰色粉砂岩、泥岩及煤组成
	石炭系 C	上统	太原组 C_{3t}	0~130	由灰白、灰色砂岩、砂质泥岩、泥岩及煤层组层
		下统	本溪组 C_{2b}	0~80	由灰白色砂岩、深灰色泥岩、灰色夹紫红色泥岩组成
	奥陶系 O	中统	上马家沟组 O_{2s}	0~184	由南至北、由上而下逐渐变薄,并依次尖灭,在煤峪口附近全部尖灭。中统以石灰岩为主,下部以白云岩为主,夹绿色泥岩组成
			下马家沟组 O_{2x}	0~185	
		下统	亮甲山组 O_{1l}	0~167	
			冶里组 O_{1y}	0~140	
	寒武系 ∈	上统	凤山组 $\in_{3f}$	0~107	由南至北、由新到老逐渐变薄并依次尖灭,在大同煤田北部的青磁窑以北全部尖灭。本系地层以石灰岩为主,间夹绿或紫红色泥岩
			长山组 $\in_{3c}$	0~25	
			崮山组 $\in_{3g}$	0~95	
		中统	张夏组 $\in_{2z}$	0~141	
			徐庄组 $\in_{2x}$	0~101	
		下统	毛庄组 $\in_{1mz}$	0~92	
太古界 Ar	集宁群 Ar_{3jn}			>1600	由肉红色花岗片麻岩等组成。分布于大同新生代盆地边缘一带

白、深灰色砂质泥岩、泥岩、炭质泥岩、砂岩及煤层等组成。含煤21层，以7号、11号煤层底分为上、中、下3段。

上段（J_{2d3}）：由灰色粉砂岩、细粒砂岩和灰黑色砂质泥岩、薄层中粒砂岩组成。含2^{-1}号、2^{-2}号、2^{-3}号、3号、4号、5号煤层，本段一般厚77.86 m。

中段（J_{2d2}）：由灰色砂质泥岩、细粒砂岩和灰白色中、粗粒砂岩组成。含7^{-1}号、7^{-2}号、7^{-3}号、7^{-4}号、8号、9号、10号煤层，本段一般厚66.66 m。

下段（J_{2d1}）：由灰色细粒砂岩和灰白色粗粒砂岩及灰黑色砂岩泥岩组成，含11^{-1}号、11^{-2}号、12^{-1}号、12^{-2}号、14^{-2}号、14^{-3}号、15^{-1}号、15^{-2}号煤层。本段一般厚62.76 m。

本组地层出露于井田河南的东部及南部，呈南厚北薄、西厚东薄的变化趋势。其基底为一层灰白色厚层状砂砾岩、粗粒砂岩K_{11}，厚0.25~31.06 m，平均厚5.88 m，成分以石英长石为主，分选差，砾石成分为石英，砾径一般为2~3 mm，钙质胶结，较坚硬，与下伏永定庄组平行不整合接触。

（3）中统云岗组（J_{2y}）。厚0~263.44 m，一般厚145.74 m，分上、下两段。

下段青磁窑段（J_{2yq}），厚0~183.44 m，一般厚90.0 m。以灰白、灰黄色中、粗粒砂岩、砂砾岩为主。砂岩磨圆和分选性差，多为次棱角状，交错层理发育。下部含薄层泥岩和不稳定的1号煤层，只在河南井田兴旺庄一带达到可采。底部标志层K_{21}砂砾岩或砾岩，厚0~44.10 m，平均厚8.81 m，成分以石英燧石为主，长石次之，硅泥质胶结，坚硬，分选差，次圆状，砾径一般4~6 cm，大小不等。与下伏大同组呈平行不整合接触。出露于井田的十里河南北，呈西厚东薄，南厚北薄变化。

上段石窟段（J_{2ys}），厚0~80 m，一般厚55.74 m。由灰紫、紫红色粉砂岩、砂质泥岩、泥岩与灰黄色中粗砂岩、砂砾岩组成。下部砂岩厚度变化大，透镜体发育。上部砂质泥岩常有断续球状结核，交错层理发育。出露于十里河南北广大地区，呈北厚南薄，最厚点在云岗、夏家庄、竹林寺一带，在井田最南部剥蚀不赋存。

2.1.2.2 煤层

1. 煤层情况

（1）井田内含煤地层主要包括石炭系上统太原组、二叠系山西组和侏罗系中统大同组。

太原组：由陆相及滨海相砂岩、泥岩夹煤层及高岭岩组成，含可采及局部可采煤层10层，煤层总厚在20 m以上。但是煤层不发育，基本无经济价值。

山西组：由陆相砂岩夹煤及泥岩层组成，组厚45~60 m，含1层可采煤层，厚0~3.8 m。

大同组：由陆相砂岩夹泥岩及煤层组成，组厚 0~264 m（一般 220 m），含可采煤层 14~21 层，可采煤层总厚度 18.7~24 m。

（2）早侏罗世煤系，即下侏罗统大同组。大同组由陆相砂岩夹泥岩及煤层组成，组厚 0~264 m（一般 220 m），含可采煤层 14~21 层，可采煤层总厚度 18.7~24 m。大同组含煤以 7 号、11 号煤层底分为上、中、下 3 段。上段（J_{2d3}）：含 2^{-1} 号、2^{-2} 号、2^{-3} 号、3 号、4 号、5 号煤层；中段（J_{2d2}）：含 7^{-1} 号、7^{-2} 号、7^{-3} 号、7^{-4} 号、8 号、9 号、10 号煤层；下段（J_{2d1}）：含 11^{-1} 号、11^{-2} 号、12^{-1} 号、12^{-2} 号、14^{-2} 号、14^{-3} 号、15^{-1} 号、15^{-2} 号煤层。

大同煤田煤炭资源量约 $4.2×10^{10}$ t，煤炭探明储量达 $3.5×10^{10}$ t。其中，早侏罗世煤炭探明储量约 $0.7×10^{10}$ t，煤种为弱黏煤，灰分、硫分含量低，系中国著名的优质动力用煤。石炭二叠纪煤炭探明储量约 $2.8×10^{10}$ t，在煤田深部尚有近 $0.7×10^{10}$ t 的预测资源量，煤种为气煤和气肥煤，中-高灰分、低-高硫分，为动力用煤。石炭二叠纪煤系底部，还有铝土矿及褐铁矿层，其成分与质量变化大，仅局部达到可采品位。石炭二叠纪煤系中所夹数层高令岩（俗称黑砂石），有良好开发前景。

大同煤田早侏罗世煤层埋藏浅、倾角平缓、断层少、煤层大多属中厚及厚煤层，地下开采条件较好。

2. 开采存在的问题

（1）煤层顶板一般为厚层状砂岩，抗压、抗拉强度大，不易垮落，当采空区顶板来压时，坚硬顶板大面积突然垮落会造成严重灾害。

（2）煤田地下水及地表水缺乏，严重影响矿区供水；矿井水文地质条件简单，而大量古窑积水却对开采带来很大威胁。

（3）矿井瓦斯在南部含量虽低，但北部含量高，忻州窑矿以北均属高瓦斯矿井，有瓦斯突出危险。

（4）煤层自然发火现象比较普遍。大同煤田石炭二叠纪煤层目前开发仅限于浅部，除顶板控制较简单外，瓦斯、煤层自然发火、底板控制等，均比开采早侏罗世煤层复杂。

2.1.3　区域地质构造特征

大同煤田位于天山—阴山纬向构造带的南侧，属新华夏系第三隆起带。西邻吕梁经向构造带的西石山脉；东与大同盆地接壤。往东则属于祁吕贺山字形东翼弧形构造，左行斜列的六棱山脉，恒山山脉和五台山脉隆起；南以洪涛山与宁武煤田相望，再往南为新华夏系 NNE 向的宁武向斜。大同向斜、宁武向斜组成了一个 NE 向的"S"形构造。

大同煤田处于 EW 向构造体系与新华夏系联合部位，是一个与大同新生代断陷盆地相对应的新华夏系的台隆，二者之间以口泉山脉山前断裂，即山阴—怀仁—大同大断裂为界。

大同煤田为一开阔的、NE 向的向斜构造，向 NE 倾伏。南东翼倾角一般 20°~60°，局部直立、倒转。北西翼被白垩系覆盖。由于受 EW 向构造体系的影响，其主干构造线（向斜轴和向斜东缘的压扭性断裂，山阴—怀仁—大同断裂）呈 NE 向（图 2-4）。

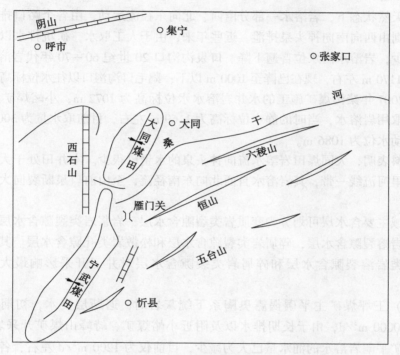

图 2-4　大同煤田区域构造图

大同煤田岩浆活动比较频繁，岩浆岩分布广泛，侵入期大体分为印支期和燕山期，前者呈岩墙式及岩床式侵入，后者为喷发岩流呈岩体，大面积分布或岩墙式侵入。岩石种类印支期主要为煌斑岩类，燕山期为辉绿岩类，侵入范围多在大同煤田南西部。

2.1.4　区域水文地质特征

大同煤田区域地下水以大气降水为主要补给来源，其次为河流的渗漏补给，由于侏罗系、石炭-二叠系煤层均已开采，矿坑排水已成本区碎屑岩裂隙水的主要排泄方式。

区域内地表水系属海河流域桑干河水系，由北至南依次为十里河、口泉河、鹅毛口河、小峪河、大峪河，均属桑干河支流。

在晋华宫井田有十里河自西向东流过。该河发源于左云县曹家堡一带，由西向东流经本井田至小站村附近注入大同平原汇入桑干河，全长 75.9 km，汇水面积 1185 km²。河床上游宽 50 m，中游 200 m，下游宽处 600 m，河床坡度 1‰～2‰，主流弯曲系数 1.33，一般流量 0.5～2.0 m³/s，最小流量 0.003 m³/s，最大流量 745 m³/s。

在天然状态下，岩溶水一部分由西、北向东径流运动，由各个峪口排泄，另一部分则由西向南向神头泉排泄。近些年来，由于人工取水，矿坑排水以及降水量的减少，岩溶水的水位普遍下降。口泉沟沟口 20 世纪 60—70 年代岩溶水水位标高在 1170 m 左右，现在已降至 1000 m 以下；鹅毛口沟沟口以往水位标高 1170 m 左右，2007 年柴沟煤矿施工的水井岩溶水水位标高为 1072 m；小峪煤矿从 2004 年开始取用岩溶水，当时的静水位标高为 1169 m 左右，目前取水量为 3000 m³/d 左右，动水位为 1086 m。

资料表明，大同煤田岩溶水流向神头泉的水量已很少。本井田处于大同煤田北部十里河流线一带，其岩溶水自西北向东南径流，至山前口泉断裂向大同平原排泄。

区域主要含水层可划分为变质岩类裂隙含水层，岩浆岩类裂隙含水层，碳酸盐岩类岩溶裂隙含水层，碎屑岩类裂隙含水层和松散岩类孔隙含水层。其中，碳酸盐岩类岩溶裂隙含水层和碎屑岩类裂隙含水层对井工开采影响最大。具体如下：

（1）王坪煤矿主平硐揭露奥陶系下统灰岩时，遇断层突水，初期涌水量 7000～10000 m³/d，由于长期排水以及附近小峪煤矿、峙峰山煤矿开采岩溶水，王坪煤矿平硐岩溶水的涌水量已大为减少，目前仅为 1200 m³/d 左右，各个峪口施工的水源孔出水量为 500～2000 m³/d，富水性中等–强，偏离构造部位，含水层的富水性弱，单位涌水量一般不会大于 300 m³/d。

（2）碎屑岩类裂隙含水层由侏罗系、二叠系、石炭系砂岩组成。区域内侏罗系煤层已大规模开采，煤层以上含水层结构已遭破坏，砂岩裂隙水向采空区汇集，一部分由矿井排出，另一部分形成了采空区积水。在鹅毛口沟以南地区，石炭、二叠系煤层多已开采，矿井涌水量为 100～1000 m³/d。

区域主要隔水层发育有本溪组隔水层和白垩系隔水层。本溪组隔水层为煤田内的主要隔水层，一般厚 20～50 m，岩性主要为泥岩、铝质泥岩，是煤系下部良好的隔水层。白垩系隔水层为厚层的弱胶结的泥岩，是煤系上部良好的隔水层。

2.2 晋华宫煤矿概况

2.2.1 煤矿历史与现状
2.2.1.1 矿井位置与范围

晋华宫井田位于大同煤田东北边缘，大同市南郊区北部云岗镇境内，北端跨入新荣区西村乡，东距大同市城区 12.5 km，与世界文化遗产云冈石窟相邻。属大同市南郊区、新荣区所辖。井田面积 28.5302 km²，南北长约 9.970 km，东西宽约 6.511 km，开采矿种煤，开采深度由 1153.3 m 至 780 m。

2.2.1.2 井田区地震及地质灾害

大同属地震多发地区，最大震级为 6.5 级。最近地震发生于 1989 年 10 月，共发生大小地震 2016 次，其中 6.1 级 1 次、5~5.9 级 5 次、4~4.9 级 11 次，震中在大同县册田乡和阳高县友宰乡之间，震源深度为地下 13~15 km。由地震情况可以看出，大同地区地壳活动较为活跃。

本矿区由于开采历史长，采空区面积大，而且大部分区域为多层重复采空，再加上本矿煤层埋藏深度大，上覆岩层为硬度较大的砂岩，井下采空反映到地表主要表现为地表裂缝，裂缝最宽处有 2 m 左右、最长达 300 m 左右，裂缝走向基本和井下工作面走向平行。地表裂缝主要分布在本矿河南区域，今后煤层开采地质灾害的种类主要是由采煤导致的地裂缝和地面塌陷及矸石的堆放，其次是滑坡、崩塌。

2.2.1.3 四邻关系

井田北邻山西中新甘庄煤业有限责任公司，东界北部为青磁窑逆断层，东界中部与大同煤矿集团大同地煤青磁窑煤矿毗邻，东界南部与山西煤炭运销集团拖皮沟煤业有限公司相邻，西界北部、南部与大同煤矿集团有限责任公司云冈矿相邻，中部与大同市吴官屯煤业有限责任公司及云冈石窟保护煤柱相接，南界与大同煤业股份有限公司忻州窑矿、大同煤矿集团精通兴旺煤业有限公司和山西煤炭运销集团拖皮沟煤业有限公司毗邻。

2.2.2 可采煤层与主采煤层

井田内可采煤层与主采煤层为侏罗系大同组煤层。共含煤 21 层，分别为 2⁻¹号、2⁻²号、2⁻³号、3 号、4 号、5 号、7⁻¹号、7⁻²号、7⁻³号、7⁻⁴号、8 号、9 号、10 号、11⁻¹号、11⁻²号、12⁻¹号、12⁻²号、14⁻²号、14⁻³号、15⁻¹号、15⁻²号煤层。煤层平均总厚 31.19 m，含煤系数 15%。其中可采煤层为 17 层，分别为 2⁻¹号、2⁻³号、3 号、4 号、7⁻¹号、7⁻³号、8 号、9 号、10 号、11⁻¹号、11⁻²号、12⁻¹号、12⁻²号、14⁻²号、14⁻³号、15⁻¹号、15⁻²号煤层。可采煤层平均总厚 29.24 m，可采含煤系数 14%。可采煤层中，主采煤层为 2⁻¹号、2⁻³号、3 号、7⁻¹号、7⁻³号、

8号、9号、10号、11^{-1}号、11^{-2}号、12^{-1}号、12^{-2}号、14^{-2}号、14^{-3}号、15^{-2}号煤层;主采煤层中,"两硬"大采高煤层为11^{-1}号、12^{-2}号煤层。

可采煤层特征详见表2-2。

表2-2　可采煤层特征一览表

煤层号	煤层厚度/m 最小~最大 平均	层间距/m 最小~最大 平均	顶板岩性	底板岩性	煤层结构	夹石厚度/m	稳定性	煤层可采性
2^{-1}	$\frac{0\sim5.74}{1.05}$		粗粒砂岩、粉砂岩	粉砂岩	简单	$0\sim3$	较稳定	大部可采
2^{-2}	$\frac{0\sim1.25}{0.11}$	$\frac{0.80\sim7.05}{3.52}$	粉砂岩	砂质泥岩	简单	$0\sim1$	不稳定	零星可采
2^{-3}	$\frac{0\sim8.63}{2.18}$	$\frac{0.97\sim15.58}{8.44}$	砾岩、细砂岩	粉砂岩	简单	$0\sim1$	稳定	大部可采
3	$\frac{0.10\sim8.82}{1.74}$	$\frac{13.12\sim48.67}{24.33}$	细砂岩、粉砂岩	粉砂岩	简单	$0\sim2$	稳定	大部分可采
4	$\frac{0\sim1.85}{0.10}$	$\frac{7.20\sim26.05}{12.34}$	粉砂岩、细砂岩	粉砂岩	简单		不稳定	零星可采
7^{-1}	$\frac{0\sim5.50}{0.86}$	$\frac{11.03\sim35.31}{22.72}$	细砂岩	炭质泥岩	简单	$0\sim2$	不稳定	局部可采
7^{-3}	$\frac{0.27\sim4.79}{1.50}$	$\frac{0.94\sim19.49}{6.45}$	粉砂岩、细砂岩	砂质泥岩、粉砂岩	简单	$0\sim3$	稳定	大部可采
8	$\frac{0\sim3.00}{0.64}$	$\frac{5.61\sim27.87}{14.54}$	中砂岩、粗砂岩	粉砂岩、炭质泥岩	简单	$0\sim2$	较稳定	局部可采
9	$\frac{0\sim2.35}{0.75}$	$\frac{7.13\sim39.24}{18.49}$	细砂岩、粉砂岩	砂质泥岩、粉砂岩	简单	$0\sim1$	较稳定	大部可采
10	$\frac{0\sim3.25}{0.93}$	$\frac{8.74\sim25.03}{14.78}$	细砂岩	砂质泥岩、细砂岩	简单	$0\sim1$	较稳定	大部可采
11^{-1}	$\frac{0\sim9.22}{1.27}$	$\frac{1.09\sim21.03}{8.29}$	细砂岩	粉砂岩、细砂岩	简单	$0\sim2$	稳定	大部可采
11^{-2}	$\frac{0\sim2.45}{0.30}$	$\frac{1.40\sim18.31}{7.55}$	中砂岩	砂质泥岩、细砂岩	简单	$0\sim3$	不稳定	局部可采
12^{-1}	$\frac{0\sim3.06}{0.35}$	$\frac{2.00\sim24.59}{10.65}$	粗砂岩、细砂岩、中砂岩	炭质泥岩、细砂岩、粉砂岩	简单	$0\sim1$	不稳定	局部可采

表 2-2（续）

煤层号	煤层厚度/m 最小~最大 平均	层间距/m 最小~最大 平均	顶板岩性	底板岩性	煤层结构	夹石厚度/m	稳定性	煤层可采性
12⁻²	$\frac{0\sim9.22}{2.65}$	$\frac{0.80\sim13.98}{3.17}$	粗砂岩、细砂岩、中砂岩	炭质泥岩、砂质泥岩、粉砂岩	简单	0~2	较稳定	大部可采
14⁻²	$\frac{0\sim4.67}{0.57}$	$\frac{0.80\sim18.03}{5.20}$	细砂岩	粉砂岩、细砂岩、砂质泥岩	简单	0~2	不稳定	零星可采
14⁻³	$\frac{0\sim4.17}{0.15}$	$\frac{0.80\sim10.64}{5.35}$	细砂岩、粉砂岩	炭质泥岩、砂质泥岩	简单	0~1	不稳定	零星可采
15⁻¹	$\frac{0\sim2.23}{0.06}$	$\frac{2.50\sim11.00}{2.87}$	粉砂岩	粉砂岩	简单	0~1	不稳定	零星可采
15⁻²	$\frac{0\sim6.79}{0.55}$	$\frac{0.90\sim2.77}{1.45}$	粗砂岩、中砂岩	炭质泥岩、砂质泥岩	简单	1~2	不稳定	局部可采

2.2.3 煤层顶底板特征及坚硬顶板和煤层（"两硬"）的成因

2.2.3.1 煤层顶底板特征

根据晋华宫煤矿以往地质报告资料，并结合井下实际生产过程中对各煤层顶底板揭露情况，对各主采煤层顶底板特征分述如下。

1. 2⁻¹号煤层

（1）全区分布。河北区大部可采，只有西部和东南角不可采；河南区除东部和东南部不可采外，其余大部可采。现均已采空。

（2）基本顶以砾岩或含砾粗砂岩为主，部分为中、粗砂岩，全区分布，厚2.01~32.80 m，一般厚8.00 m。

（3）直接顶分布范围小，大部分赋存在南部，主要由砂质泥岩和砂质泥岩与粉砂岩互层组成，东南部局部为砂砾岩或粗砂岩，一般厚2.00 m左右。

（4）伪顶分布于井田南部偏东地区，岩性为砂质泥岩，向东北渐变粉砂，厚0~0.50 m，河北区零星分布，厚0~0.20 m；底板河北区为炭质泥岩、粉砂岩，河南区为砂质泥岩、粉砂岩、细砂岩，一般厚0.50~1.30 m。

（5）岩石力学测试，2⁻¹号煤层顶板砾岩或含砾粗砂岩单轴抗压强度25~214.6 MPa，属软弱-坚硬岩类。

2. 2⁻³号煤层

（1）全区分布。河北区除西北角外，其余均可采；河南区仅东南边缘不可采，其余均可采。现均已采空。

（2）河北区基本顶以砾岩和含砾粗砂岩为主，局部渐变粉、细砂岩，北东边界部分区域无基本顶，一般厚 3~7 m；河南区基本顶以粗砂岩、细砂岩为主，局部渐变砂质泥岩、粉砂岩，厚 0~17.23 m，一般厚 1.95~6.00 m。

（3）直接顶河北区大部区域不赋存，仅东北和东南分布，主要以粉砂岩为主，局部为粉、细砂岩互层，厚 0~4 m，一般厚 2 m；河南区直接顶分布于南西和北东部，以粉、细砂岩互层和砂质泥岩为主，厚 0~5.6 m，一般厚 2~4 m。

（4）伪顶仅分布于河北区东部，岩性组成较复杂，有粗细砂岩、泥岩和炭质泥岩，一般厚 0~0.35 m。底板井田内主要以粉砂岩为主，向南变为细砂岩、砂质泥岩，厚 0~1.70 m，一般厚 0.78 m。

（5）岩石力学测试，2^{-3} 号煤层顶板粗砂岩单轴抗压强度 44.9~83.9 MPa，属半坚硬-坚硬岩类；底板粉砂岩单轴抗压强度 84.2~114.8 MPa，属坚硬岩类。

3. 3 号煤层

（1）河北区全部可采；河南区从栗庄新村与石头村连线呈 SW—NE 条带状不可采外，其余均可采。现均已采空。

（2）基本顶河北区以细砂岩和粉砂岩互层为主，偶见有中、粗砂岩，厚 3.63~20.50 m，一般厚 8~10 m；河南区以细砂岩和砂质泥岩与细砂岩互层为主，局部变为粉砂岩与细砂岩互层，厚 10~17.29 m，一般厚 5~7 m。

（3）直接顶河北区部分赋存，以粉、细砂岩互层为主，一般厚 0~4 m。河南区直接顶分布于西北和北东部，岩性为粉砂岩、砂质泥岩，粉、细砂岩互层，厚度与河北区相同。

（4）伪顶全井田仅北部的东缘和南部的北东边缘赋存，一般厚 0~0.69 m。

（5）底板井田内主要有粉砂岩、粉细砂岩互层、细砂岩，向井田南部变为粉砂岩为主，厚 0~2.25 m，一般厚为 1.13 m。

（6）岩石力学测试，3 号煤层顶板细粒-中粒砂岩单轴抗压强度 52.4~154.7 MPa，属半坚硬-坚硬岩类；底板粉砂岩单轴抗压强度 70~120 MPa，属坚硬岩类。

4. 7^{-1} 号煤层

（1）全区分布。河北区除北部与 7^{-3} 号煤层合并外，均不可采，仅在河北西南角与走廊连片为可采范围；河南区中西部与 7^{-3} 号煤层合并，西南角兴旺庄北呈北西-南西向可采范围。

（2）基本顶全井田大部分分布，以细砂岩为主，局部为粉砂岩、粗砂岩，并零星分布有砂质泥岩与细砂岩互层，厚度北部较南部厚，北部最大厚 26.80 m，一般厚 2~4 m；南部厚 10 m 左右，一般厚 4.25 m。

（3）直接顶全井田均有分布，岩性以粉砂岩和砂质泥岩为主，局部变为粉细砂岩互层，北部岩性坚硬，整体性好，南部较薄，多为砂质泥岩，不易管理，厚0.86~4.77 m，一般厚3 m。

（4）伪顶全井田零星分布，岩性为粉砂岩、炭质泥岩，东部变为泥岩，一般厚0~0.40 m。

（5）底板以炭质泥岩为主，砂质泥岩次之，厚0~3.49 m，一般厚1.24 m，易鼓底，不易管理。

（6）岩石力学测试，7^{-1}号煤层顶板细粒砂岩单轴抗压强度49.1~125.8 MPa，属半坚硬-坚硬岩类；底板砂质泥岩单轴抗压强度22.7~67.2 MPa，属软弱-坚硬岩类。

5. 7^{-3}号煤层

（1）全区分布，均可采。

（2）基本顶在可采范围内岩性以粉细砂岩为主，南部变为细砂岩、中粗砂岩为主，南东部无基本顶分布，厚3.50~28.51 m，一般厚7.42~10.16 m。

（3）直接顶全井田大部分布，河北区岩性以粉砂岩为主，河南的西部和北西部岩性变化大，但粉砂岩占大多部分，东南、东部则以砂质泥岩为主，局部为粉、细砂岩，厚0~4 m，一般厚3 m左右。

（4）伪顶河北区大部无分布，仅零星分布，岩性为粉砂岩，厚0~0.51 m。河南区较河北区分布面积大，厚0~0.68 m，一般厚0.30 m，岩性以砂质泥岩为主，局部泥岩、粉砂岩。

（5）底板河北区以砂质泥岩或粉砂岩为主，局部粉细砂岩，厚0~1 m，一般厚0.46 m，河南区西部较发育，岩性砂质泥岩或粉砂岩，局部炭泥岩，厚0~2.30 m，一般厚1.20 m。

6. 8号煤层

（1）分布于井田河南东部，河北北部。河北除水泉村南及走廊不可采外，均达可采；河南西北角仅有3个零星点达到可采厚度，石头村北及东部除东北边缘外，均为可采区。

（2）基本顶河北区由粉砂岩和中粗砂岩组成，向西渐变为粉、细砂岩，厚度由东向西渐薄（11.51~2.15 m），河南区由砂质泥岩或砂质泥岩与细砂岩互层为主，北东部无基本顶分布，南部变为粗、中、细砂岩。

（3）直接顶河北区仅零星分布，以粉砂岩为主，54461号和53482号孔一带为粗砂岩，一般厚2~3 m；在河南区基本全区分布，岩性以砂质泥岩和砂质泥岩、细砂岩互层所组成，部分区域为粉、细砂岩，厚度由南西向北东变薄（4.05~1.00 m），一般厚2~3 m。

（4）伪顶河北区仅在中部分布，岩性为粉、细砂岩，厚度一般为 0~0.41 m；河南区分布在北中部和南东部，岩性北中部由砂质泥岩和煤组成，南东为炭质泥岩与细砂岩，一般厚 0.30~0.50 m。

（5）底板河北以粉砂岩、炭质泥岩为主，河南区为砂质泥岩及炭质泥岩，厚 0.6~1.56 m，一般厚 1.43 m。

（6）岩石力学测试，8 号煤层顶板细粒砂岩单轴抗压强度 104.8~122 MPa，属坚硬岩类；底板粉砂岩单轴抗压强度 61.6~102.2 MPa，属坚硬岩类。

7. 9 号煤层

（1）河北区除走廊南部外，均不可采；河南区中部与西部可采，东部只有两个零星点达到可采。

（2）基本顶河北区仅分布在南部，岩性以粉、细砂岩为主，有少部分粗砂岩，厚度南西薄、北东厚（3.18~5.00 m）；河南区分布在中西部，岩性为粉、细砂岩互层和细砂岩为主，向南部渐变为中、粗砂岩，厚 3.50~10.58 m，一般厚 6.77 m。

（3）直接顶河北区由北自南粉砂岩渐变为砂质泥岩与细砂岩互层，西部薄，东部厚，为 2.85~4.15 m；河南区直接顶分布在南部大部分地区，中北部和西部无分布，岩性以粉砂岩为主，南部泥岩与砂质泥岩、细砂岩互层为主，厚度一般为 4 m。

（4）伪顶河北区仅在 54431 号孔见有 0~0.23 m 的砂质泥岩，其他区不赋存；河南区伪顶，仅北西部分布，中部 56396 号孔附近 0~0.10 m 的炭泥岩，西部为炭质泥岩和粉砂岩，厚 0~0.60 m，一般厚 0.48 m。

（5）底板井田内以砂质泥岩或粉砂岩为主，部分为炭质泥岩，厚度一般为 1.10 m。

（6）岩石力学测试，9 号煤层顶板细粒-中粒砂岩单轴抗压强度 28.7~125.8 MPa，属软弱-坚硬岩类；底板粉砂岩单轴抗压强度 26~110.4 MPa，属软弱-坚硬岩类。

8. 10 号煤层

（1）主要分布于河南区中部地带，除西北角、西南角呈零星部分不可采，均达可采。河北区不可采。

（2）基本顶河南区大部分布，岩性以细砂岩为主，向东以砂岩泥岩与细砂岩互层为主，厚度西较东部厚，由西向东为 13.08~4.00 m，平均 5 m 左右。

（3）直接顶分布在南西和东南一带，岩性南西以粉、细砂岩互层为主，厚 3.00~4.50 m，一般厚 4 m。

（4）伪顶仅零星分布于河南的北西和北东的少部分地区，岩性为粉砂岩，厚 0~0.52 m，一般厚 0.30 m。底板为砂质泥岩、细砂岩，部分区为粉砂岩，厚度一般为 2.50 m。

（5）岩石力学测试，10 号煤层顶板细粒砂岩单轴抗压强度 108~142.7 MPa，属坚硬岩类。

9. 11^{-1}号煤层

（1）河北区全部可采；河南区分布在西部及东南部，中部石头村及西南兴旺庄和东北角均不可采。

（2）基本顶在河北区分布于南部和北部中间地带，以细砂岩为主，间夹有少量中、粗砂岩范围，向东西两侧变为粉细砂岩互层或粉砂岩，厚度为南薄北厚，一般由南向北厚 2~15 m，平均厚 8 m 左右；河南区基本顶大部分布，仅北西角处无赋存，岩性以细砂岩为主，局部为砂质泥岩，厚度北西部 2.50~12.47 m，平均厚 7.50 m，东、东南部 3.83~16.40 m，平均厚 8.13 m。

（3）直接顶河北区大部分布，仅北部和南中部无直接顶，岩性以砂质泥岩和粉细砂岩互层为主，厚 0~3.40 m，一般厚 1.15 m。

（4）伪顶全井田零星分布，岩性为砂质泥岩、粉砂岩，厚 0~0.53 m，平均厚 0.24 m。

（5）底板岩性为粉细砂岩，向南为粉砂岩，厚度一般在 0.40~1.60 m 之间。

（6）岩石力学测试，11^{-1}号煤层顶板细粒砂岩单轴抗压强度 65.5~128.2 MPa，属坚硬岩类；底板细粒砂岩单轴抗压强度 116.1~147.2 MPa，属坚硬岩类。

10. 11^{-2}号煤层

（1）可采范围在河南区东南部石头村一带，且大部分与 12^{1} 号和 12^{2} 号煤层合并。

（2）基本顶岩性为中砂岩，东西两侧以砂质泥岩与细砂岩互层为主，厚 2~10 m，一般厚 4 m。

（3）直接顶主要分布在河南区的大部，北中部直接顶岩性为砂质泥岩，向东南变为中砂岩，厚度一般为 2~3 m。

（4）伪顶分布在河南区东部，以炭质泥岩为主，向东南为细砂岩与砂质泥岩，厚一般为 0.52 m。

（5）底板岩性为细砂岩、砂质泥岩，河南区东北为粗砂岩，厚 0.74 m。

11. 12^{-1}号煤层

（1）分布于河南区东部石头村的东南部；河北区仅走廊北端局部可采。

（2）基本顶在河北区大部有分布，岩性北部由细砂岩组成，南部以中、粗砂岩为主，厚 2.80~12.10 m，平均厚 7.20 m；河南区基本顶分布于中部和北东部,岩性为中、细砂岩,间夹一砂质泥岩条带,厚 1.64 m。基本顶厚 2~17.74 m,平均厚 10.28 m。

(3) 直接顶河北区由厚 0.50~2.60 m 的炭质泥岩组成;河南区直接顶分布范围不大,仅在中部向南东延伸至矿界处分布,岩性中部以炭质泥岩为主,砂质泥岩次之,厚 0.50~2.86 m,平均厚 1.50 m;南东则以砂质泥岩为主,细砂岩次之,厚 1.66~3.03 m,平均厚 1.03 m。

(4) 伪顶仅在河南区中部零星分布,岩性为泥岩、炭质泥岩或粉砂岩,厚 0.40~0.63 m,平均厚 0.50 m。

(5) 底板井田内主要由粉细砂岩、炭质泥岩、泥岩组成,部分区域为中、粗砂岩,一般厚 1.0 m 左右。

12. 12^{-2}号煤层

(1) 全区分布,中部和东南部发育。河南区除东部边缘不可采外,均可采;河北区除东北角走廊中部不可采外,其余均可采。

(2) 基本顶河北区大部分布,南部岩性为细砂岩或粗砂岩,北部则以粗砂岩为主,细砂岩次之,厚度南部较北部厚,由 5.32 m 渐变为 2.40 m,平均厚 3.15 m;河南区基本顶除中部分布较少外,其他均有分布,岩性西部为中粗砂岩,向东渐变为粉细砂岩互层,厚 2.00~10.00 m,平均厚 5 m。

(3) 直接顶在河北区大部分布,岩性由砂质泥岩、粉砂岩、细砂岩组成,厚 1.05~3.57 m,平均厚 2.30 m;在河南区直接顶大部分布,岩性为砂质泥岩、粉砂岩,局部为细砂岩,厚 1.00~4.00 m,平均厚 2.10 m。

(4) 伪顶只在河南区部分区域分布,岩性由炭质泥岩、粉砂岩、砂质泥岩组成,厚 0.20~0.60 m,平均厚 0.31 m。

(5) 底板岩性由炭质泥岩、砂质泥岩、粉砂岩组成,厚度一般在 1.00~1.50。

13. 14^{-2}号煤层

(1) 可采范围主要分布在河南区的西部;河北区仅在走廊局部可采。

(2) 基本顶岩性为细砂岩,局部为粗中砂岩,厚度一般在 1.3 m 左右。

(3) 直接顶主要由粉砂岩、砂质泥岩、炭质泥岩组成,局部为中粗砂岩,厚 0.34~4.00 m,一般厚 1.65 m。

(4) 伪顶由炭质泥岩、粉砂岩组成,厚 0.29~0.50 m,平均厚 0.32 m。

(5) 底板岩性为粉砂岩、细砂岩、砂质泥岩,厚度一般在 1.50 m 左右。

14. 14^{-3}号煤层

(1) 可采范围主要分布在河南区的东北角、西北角及过河走廊,3 块孤立范围呈三角形。具体可采范围在 305、南山 301、301 东盘区。

(2) 基本顶岩性为粉细互层,局部为粗砂岩,厚 2.70~28.30 m,一般厚

3.39~5.82 m。

（3）直接顶为砂质泥岩，厚度一般为 1.9 m 左右。

（4）伪顶在可采范围内不发育。

（5）底板岩性为炭质泥岩、砂质泥岩，局部为粉砂岩和细砂岩，厚度一般为 0.6~0.9 m。

15. 15^{-2} 号煤层

（1）仅分布于河南区石头村东部及南部，但东南边缘不可采。

（2）基本顶岩性以中、粗砂岩为主，局部为中、细砂岩和砂质泥岩，厚 2.20~13.04 m，平均厚 6.50 m。

（3）直接顶岩性为中砂岩、粉砂岩，局部砂质泥岩，厚 1.12~4.00 m，平均厚 3.15 m。

（4）伪顶岩性为粉砂岩、砂质泥岩、炭质泥岩，厚 0.20~0.51 m，平均厚 0.32 m。

（5）底板岩性为炭质泥岩、砂质泥岩，局部为泥岩、粗砂岩，厚 0.50~1.58 m，平均厚 0.70 m。

2.2.3.2 坚硬顶板和煤层（"两硬"）的成因

揭示"两硬"的成因，有助于对顶板的岩石力学特性和物理力学特性的了解与掌握，为开采设计和开采过程中顶板结构的变化与覆岩运动及其控制，提供基础依据。

1. 坚硬煤层的成因

以晋华宫煤矿 12 号煤层为例，阐述形成坚硬煤的原因，有以下 4 种基本因素：

（1）煤类与形成年代。晋华宫煤矿现开采早侏罗统大同组煤层，按 GB/T 5751—2009 划分，煤类以中黏煤和气煤为主，有零星弱黏煤。早侏罗世距今 (201.2±0.2)~(174.1±1.6)Ma（年代值仅作参考）。由于大同组煤层成煤年代早，变质程度相对较高。

（2）宏观煤岩特征。由表 2-3 晋华宫煤矿宏观煤岩特征可知，大同组煤层结构简单，属光亮型煤，物理性质多为带状结构、贝壳状断口，内生节理不发育。

表 2-3 晋华宫煤矿宏观煤岩特征

煤层号	煤层结构	煤岩类型	物 理 性 质
2^{-1}	简单	光亮	玻璃~丝绢光泽
2^{-3}	简单	光亮、半亮	玻璃~丝绢光泽、节理发育

表 2-3（续）

煤层号	煤层结构	煤岩类型	物理性质
3	简单	光亮	玻璃~油脂光泽、贝壳状断口
7^{-1}	简单	光亮	油脂~玻璃光泽、贝壳状断口
7^{-3}	简单	光亮	玻璃~油脂光泽、带状结构、贝壳状断口
8	简单	光亮	玻璃~油脂光泽、条带状结构
9	简单	光亮	油脂光泽、碎块状
10	简单	半亮、光亮	油脂~玻璃光泽、贝壳状断口
11^{-1}	简单	半亮、光亮	油脂~玻璃光泽、贝壳状断口
11^{-2}	较简单	光亮	条带状结构、贝壳状断口
12^{-1}	简单	半暗	沥青光泽、质硬
12^{-2}	较简单	半暗	油脂~沥青光泽、性脆、贝壳状断口
14^{-2}	简单	半亮、光亮	沥青~油脂光泽、条带状结构
14^{-3}	简单	光亮	油脂~玻璃光泽、贝壳状断口
15^{-2}	简单	半亮、光亮	油脂~玻璃光泽

（3）煤层埋深与风化情况。大同组地层出露于井田河南的东部及南部，致使煤层出露地表或埋深变浅而遭受风氧化侵蚀，并形成风氧化带。一般风氧化垂直深度为 20~30 m，外生裂隙发育。现矿井生产采掘早已越过风氧化带，所以现开采煤层未遭受风化，并且煤层埋藏较深，故不会造成煤层强度降低。

（4）煤层节理。大同组煤层内生节理不发育。

2. 坚硬顶板的成因

以晋华宫煤矿 12 号煤层顶板为例，阐述形成坚硬顶板的原因，有以下 4 种基本因素：

（1）岩性方面。12 号煤层顶板基本顶岩性主要由中、细和粗砂岩组成；直接顶按发育程度依次为厚 0.50~2.60 m 的炭质泥岩、厚 0.50~2.86 m 砂质泥岩和厚 1.66~3.03 m 的细砂岩粉砂岩；伪顶仅在河南区中部零星分布，岩性为泥岩、炭质泥岩或粉砂岩，厚 0.40~0.63 m。

（2）胶结程度。基本顶的细、中砂岩和粗砂岩为孔隙钙质胶结，胶结程度高。

（3）沉积环境。基本顶岩层形成于三角洲前缘席状砂、河口砂坝和分流洄湾沉积环境，分选好、磨圆中等，具交错层理、上叠层理和水平层理等沉积特征。体现在物理力学方面则岩层结构均匀、发育成熟。

（4）岩石坚固性。岩石坚固性频率见表2-4，就陆相碎屑岩（即砂岩）而言，晋华宫煤矿基本顶岩层岩石坚固性极高，按普氏系数 f 可以达到 3.5~5。

表2-4　岩石坚固性频率

岩石名称	R 值/$(kg \cdot cm^{-2})$			
	≥1000	800~1000	400~600	≤300
含砾粗砂岩		31	54	15
粗粒砂岩		28	72	
中粒砂岩	7	47	46	
细粒砂岩	38	48	14	
粉砂岩	50	7	23	

综上所述，晋华宫煤矿"两硬"的成因，主要与形成地质环境、地质条件和地质年代有关，其次与受后期地质构造和地质变动影响微弱有关。

2.2.4　井田地质构造

1. 褶曲

大同向斜轴向南起自井田西南端，沿 NE45°~60°方向，经过十里河至张士窑村西南进入青磁窑井田。以近 SN 方向至北二斜井处至榆涧处再进入井田北部，然后偏为 NW330°~340°直至甘庄煤矿，往 NW 出井田。

因此，大同向斜在本井田南部呈 NE 向，在青磁窑井田呈近 SN 向，在井田北部变为 NW 向。向斜东翼地层倾角一般大于 30°，西侧平缓，一般在 10°以下。

另外在井田南部，从主要煤层底板等高线上反映出次一级的小型褶曲有 4 条，从构造形态上来看，近于垂直于大同向斜轴向。

（1）背斜 1 号轴向 NW310°，延长约 600 m，整个背斜形态宽缓，不甚明显。

（2）背斜 2 号呈 NW295°方向，延长约 1500 m，背斜形态清晰，轴向明显。

（3）向斜 1 号与 2 号背斜近于平行，延长 1500 m。向斜西北部轴向清晰明显，至东南端形态宽缓已不明显。

（4）向斜 2 号呈 NW60°方向，延长 1200 m。整个向斜形态皆不明显。

2. 断层

青磁窑逆断层：为井田东部边界，出露于红崖沟、竹林寺、青磁窑一带。断层走向 NW330°~350°，倾向 E，倾角 70°~85°，呈弯曲形，北起夏家庄炭窑沟，经竹林寺、青磁窑至王家园西，长 10 km 以上。地层在青磁窑以北，中生代地层相继被剥蚀变薄尖灭，因此东盘太古界片麻岩相继与寒武系下统、石炭系中统、侏罗系下中统接触，构成了大同煤田东北端和井田北部的屏界。

原位于夏家庄西南沟内的 F451 正断层及位于此断层西南，两断层东南端相交的 F452 号断层，经井下多年开采揭露，证实此两条断层并不存在。

据多年井下实际开采揭露证实，目前井田内共发现断层 54 条，其中断距小于 3 m 的断层 51 条；3~30 m 的断层 3 条，断距最大 4.5 m（表 2-5）。

表 2-5　晋华宫井田井下揭露断层统计表

序号	名称	位置	倾向/(°)	倾角/(°)	落差/m	断层性质	延展长度/m
F1	断层	54442 东	270	65	0.9	正断层	56
F2	断层	54442 东南	310	65	0.4	正断层	140
F3	断层	53432 北	160	60	1.0	正断层	180
F4	断层	54433 北	140	65	1.3	正断层	300
F5	断层	54443 北	140	60	1.6	逆断层	70
F6	断层	53442 东	127	63	1.0	逆断层	190
F7	断层	54461 东	150	60	1.3	正断层	60
F8	断层	54451 东	313	60	1.3	正断层	70
F9	断层	54451 西	120	60	1.5	正断层	100
F10	断层	54451 西	130	62	1.2	正断层	30
F11	断层	54451 西	120	60	0.8	正断层	40
F12	断层	53451 南	150	62	0.4	正断层	30
F13	断层	53451 东	110	60	1.2	正断层	220
F14	断层	53451 北	150	60	0.5	正断层	30
F15	断层	54453 东	210	65	1.0	正断层	30
F16	断层	54453 东	50	65	1.9	逆断层	30
F17	断层	54461 北	200	60	1.5	正断层	80
F18	断层	54461 北	115	65	1.2	逆断层	70
F19	断层	53462 东	210	65	1.2	正断层	60
F20	断层	53462 东	310	60	3.35	正断层	30
F21	断层	54465 东	244	60	1.5	正断层	80
F22	断层	54465 东	120	65	0.9	逆断层	80
F23	断层	54473 南	180	60	0.5	正断层	25
F24	断层	54471 南	325	60	1.2	正断层	90
F25	断层	54471 东	340	60	4.0	正断层	1100
F26	断层	51411 南	147	82	2.7	正断层	220
F27	断层	51411 南	147	35	2.5	正断层	78

表 2-5（续）

序号	名称	位置	倾向/(°)	倾角/(°)	落差/m	断层性质	延展长度/m
F28	断层	51411 南	130	77	1.5	正断层	165
F29	断层	51411 南	315	70	0.95	正断层	165
F30	断层	51402 东	153	85	0.25	正断层	80
F31	断层	51402 东	117	80	0.25~1.2	正断层	120
F32	断层	51402 东	142	68	0.2	正断层	100
F33	断层	51402 东	110	73	0.2	正断层	140
F34	断层	52413 西	260	70	0.4	正断层	40
F35	断层	51391 东	275	65	0.8	正断层	260
F36	断层	51391 西	52	65	1.5	正断层	90
F37	断层	52397 西	115	65	1.2	正断层	90
F38	断层	51398 东	101	65	2.0	正断层	160
F39	断层	52398 东	270	65	0.6	正断层	90
F40	断层	52393 西	95	57	0.7	正断层	40
F41	断层	52393 东	295	80	0.8	正断层	110
F42	断层	52393 东	290	57	1.5	正断层	130
F43	断层	53391 北	322	70	0.5	正断层	80
F44	断层	53391 北	322	62~86	0.25~0.77	正断层	600
F45	断层	53391 北	191	60~80	0.7~4.5	正断层	750
F46	断层	53391 北	177	80	0.9	正断层	85
F47	断层	55391 北	175	70	1.7	正断层	140
F48	断层	55392 南	20	70	0.5	正断层	215
F49	断层	56396 西	267	68	0.1	正断层	30
F50	断层	55392 东	270	65	1.8	正断层	25
F51	断层	55392 东	90	65	1.8	逆断层	25
F52	断层	56396 西	265	65	0.1	正断层	30
F53	断层	56391 南	255	65	0.2	正断层	30
F54	断层	56391 南	255	65	0.4	正断层	30

3. 陷落柱

晋华宫井田内在矿井生产中共揭露陷落柱 22 个，多为不规则圆形或椭圆形，其长轴长 25~100 m，短轴长 8~60 m。大井西盘区发育 1 个，长轴南北，轴长100 m，短轴长 40 m。

经统计，陷落柱面积最小为 75 m^2，最大为 4250 m^2。陷落柱发育，已成为影响该矿正常生产的主要地质因素之一。晋华宫井田陷落柱统计见表 2-6。

表 2-6 晋华宫井田陷落柱统计一览表

煤层号	序号	揭露位置	平面形态	长轴/m	短轴/m	轴向	揭露面积 m^2	备注
2^{-1}	1	52404 孔 W	椭圆形	80	35	N21°W	3000	
	2	52404 孔 E	椭圆形	85	60	N10°W	4250	
3	1	8313 工作面东大巷	椭圆形	30	18	N74°W	500	河北区
	2	8812 工作面东大巷	不规则形	25	25		500	河北区
	3	8117 工作面内	椭圆形	30	22	N30°E	500	南山盘区
	4	52404 孔东 100 m	椭圆形	60	50	N30°W	2500	南山盘区
	5	2311 巷 4 号点前 64 m	椭圆形	26	23	N40°E	469	河北区
	6	8305 工作面	椭圆形	42	34	N30°E	1121	河北区
	7	8301 工作面	椭圆形	55	47	NS	2029	南山区
	8	盘区回风巷	椭圆形	28	18	N80°E	396	河北区
7^{-3}	1	81010 与 8008 工作面间	长椭圆形	100	40	N6°E	3000	大井西盘区已报损
	2	8103 工作面西部	椭圆形	36	16	N25°E	452	南山区
	3	8103 工作面中部	椭圆形	44	36	N40°E	1243	南山区
9	1	55391 孔 E	椭圆形	100	40	N8°E	3000	
	2	8107 工作面	椭圆形	50	35	NS	1500	
11^{-1}	1	4443822、554334	椭圆形	16	11	N40°E	138	河北区
	2	4443815、554302	椭圆形	12	8	N40°E	75	河北区
12^{-2}	1	55391E	椭圆形	100	42	NE	3000	301 西 8109 工作面
	2	55391E	椭圆形	62	40	NW	1500	301 西 8109 工作面
	3	井下孔 92N	圆形	45	40	SN	1250	301 西 8107 工作面
	4	8102 工作面	椭圆形	38	20	SN	596	301 西 8102 工作面
	5	盘区带式输送机运输巷	椭圆形	58	38	N25°E	1730	南山 301 盘区

4. 地质构造对煤矿生产的影响

晋华宫井田处于大同煤田的东北端，受大同向斜的控制，在东部边缘地带地层倾角变大，甚至直立倒转但范围有限；向内约在 500 m 则变为平缓，地层倾角 10°左右。煤层在边部倾角增大的地带，因受挤压作用多变为不可采或煤线，而浅部煤层又多被小窑矿开采破坏。

从现在生产情况来看，在井田区域的深部煤层，主要受到开采中揭露的小断层影响。主要表现为下列几个方面：

（1）井田内小于 3 m 的断层比较发育，主要有北西和北东向两组，倾角一般在 60°左右，延长小，而且常形成裂缝带密集分布，影响到采区和工作面的布置。

（2）在断裂平行分布或分叉形成的密集带，其伴生节理也很发育，致使煤层十分破碎，虽利于落煤，但给顶板控制带来很大困难，增加了支护和维护费用。

（3）断层落差对采不同厚度的煤层有不同程度的影响。采煤设备通过断层的难易程度，取决于断层两盘煤层相连部分煤层厚度。若该厚度小于采煤支架的最小调节高度，则通过断层非常困难或不能通过，造成综采工作面搬家。

（4）断层与工作面夹角不同对采煤的影响程度有很大的差别，当夹角小于 15°时，即断层走向与工作面近似平行时，断层全部或大部暴露于工作面，顶板破碎面积大、压力集中，支架移动困难，顶板不易控制。当夹角为 45°左右时，即断层与工作面斜交时，一方面可以避免长距离过断层，另一方面又可以克服同一时期整个工作面都遇到断层的局面。因此对工作面生产影响较小。当夹角接近 90°时，断层在采面推进方向上过断层的长度增加，对采面正常生产有影响，对生产也较为不利。在长期生产过程中，由于对采掘面过断层十分注意，一般没有出现大面积的顶板垮落现象。

井田东部未开采区仍存在 NW 向及 NE 向的小断层，故在以后的生产中不排除仍会受到小构造的影响。

5. 地质构造复杂程度评价

晋华宫井田位于大同煤田东北端，井田总体构造形态为一从北到南轴向由 NW 转为 NE 的向斜，两翼倾角 3°～12°，两翼发育宽缓的波状起伏。

井田东北部主要受青磁窑断层的影响，走向为 NW—NS，井田南部主要受大同向斜的控制，构造形态与大同向斜相符，地层产状平缓，属近水平地层，东部边缘地带受青磁窑逆断层牵引影响地层倾角变大，甚至直立倒转，但范围有限，全区断裂构造简单，仅在井田河北区东部边缘发育一条断距大于 10 m 的青磁窑逆断层，对矿井生产影响不大，井下生产中频繁出现的 1～2 m 小断层给矿井生产带来一定程度的影响。综述井田构造复杂程度属简单类型（图 2-5）。

2.2.5 井田水文地质

1. 地表水

晋华宫井田唯一的地表水系为十里河，该河发源于左云县曹家堡一带，由西向东流经本井田至小站村附近注入大同平原汇入桑干河，全长 75.9 km，汇水面

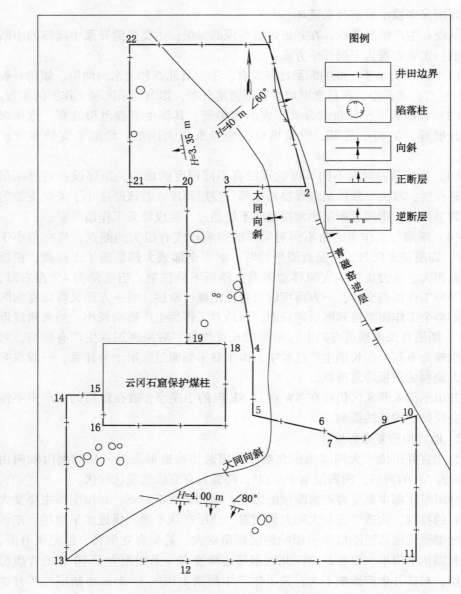

图 2-5　晋华宫井田构造纲要图

积 1185 km²。河流一般流量 0.5 ~ 2.0 m³/s，最小流量 0.003 m³/s，最大流量 745 m³/s。

2. 含水层

　　(1) 寒武系上、中统石灰岩岩溶裂隙含水层单位涌水量约为 0.002L/(s·m)，含水性微弱，目前地下水位已经到 860 m，地下水多处于滞流状态，水动力条件弱、补给不足。

　　(2) 石炭–二叠系砂岩裂隙含水层含水岩性主要为粗、中、细粒砂岩，由于埋藏较深，补给来源差，富水性较弱。

　　(3) 侏罗系下统永定庄组砂岩含水层含水岩性为粗、中、细粒砂岩及底部砂砾岩、含砾粗砂岩，岩石裂隙不发育，富水性一般较弱。

　　(4) 侏罗系中统大同组砂岩裂隙含水层总厚约 55 m，7 号煤层以上含水层富水性较弱，单位涌水量为 0.6L/(s·m)，渗透系数为 4.67 m/d；7 号层以下含水层单位涌水量为 0.02L/(s·m)，渗透系数为 0.79 m/d，单位涌水量上下相差达 30 倍，渗透系数相差近 6 倍。

　　虽然不同含水层分别是不同煤层的直接顶、底板，为矿井充水的直接含水层，但因含水层厚度薄、富水性弱，对矿井充水影响不大，特别是越往深部开采，由于浅部已被疏干，矿井涌水量会愈来愈少，这已被 30 年的开采所证实。

　　(5) 侏罗系中统云岗组砂岩裂隙含水层厚约 60 m。含水层埋藏一般在 70 m 以下时，钻孔涌水量较小，为 0.0082 ~ 0.07 L/(s·m)，渗透系数为 0.043 ~ 0.132 m/d，但近几年随着煤炭的开采本层地下水已经枯竭，属透水而不含水层。

　　(6) 第四系冲积–洪积层含水层主要岩性为粗砂、卵石、黏土组成，厚 5 ~ 10 m，水位埋深 0.65 ~ 2.51 m，钻孔单位涌水量 2.09 ~ 2.94 L/(s·m)，渗透系数 28.19 ~ 62.28 m/d，水化学类型为 HCO_3-Ca·Mg 型，pH 7.6 ~ 7.7，矿化度 0.57 ~ 0.82 g/L，该含水层应属富水性强含水层。

　　3. 隔水层

　　井田隔水层如区域（煤田）隔水层所述。

　　4. 地下水补、径、排条件

　　地下水的主要补给来源为大气降水，其次为十里河河水渗漏补给。大同组煤层已采空，大气降水通过地面塌陷裂隙、风化裂隙进入采空区而成为采空区积水，补给条件好。在自然状态下，垂向上的补给微弱，主要为井田外地下水的侧向补给，补给量小。

　　井田东部边缘分布有太古界片麻岩，为隔水边界，在十里河出口寒武系灰岩已经被河床切割出露，故井田内岩溶地下水通过十里河向大同平原排泄；侏罗系地层地下水由于煤层开采以矿井水形式排泄。

　　井田侏罗系大同组共含煤 20 余层，煤层直接充水含水层为大同组层间砂岩含水层，出露于井田东部边缘一带。在天然状态下，主要在露头区顺地层层间裂隙获得大气降水补给；在开采状态下，由于导水裂缝带已达地表，地表裂缝众多,大气降水及地表洪水主要通过地裂缝经采动裂缝进入矿井,一部分形成采空区积水,一部分转为矿井水排出,一部分经构造裂隙、层间裂隙转为煤层顶板砂岩裂隙水,三水转化关系明显,其中采空区积水与大气降水关系极为密切。

5. 寒武系灰岩岩溶水对矿井充水的影响

寒武系下、中统石灰岩岩溶裂隙含水层为各开采煤层间接充水含水层,岩性主要以鲕状、竹叶状灰岩及板状灰岩为主,岩溶裂隙不发育,富水性弱。

据推测,井田十里河北区寒武灰岩水位标高 980~965 m,井田十里河南区寒武灰岩岩溶水水位标高 975~945 m。

晋华宫矿现开采十里河北 7^{-3} 号、8 号、11^{-1} 号煤层及十里河南 9 号、12^{-2} 号、15^{-2} 号煤层。河北 7^{-3} 号、8 号煤层及河南 9 号、12^{-2} 号、15^{-2} 号煤层仅在大同向斜轴部一带,煤层底板标高低于寒武系灰岩岩溶水水位标高,存在局部带压开采;河北 11^{-1} 号煤层底板标高全部低于寒武系灰岩岩溶水水位标高,属全区带压开采。

6. 岩溶陷落柱

晋华宫井田已发现有断层及陷落柱,属于底板受构造破坏的地段。据区域资料,寒武系灰岩含水层富水性较弱,而以往采煤也未发生过寒武系灰岩岩溶水突水情况。故寒武系灰岩岩溶水一般不会对煤矿开采造成威胁。

综上所述,晋华宫煤矿 8210 工作面水文地质条件简单,上覆 9 号煤层采空区积水,最大涌水量 0.3 m^3/min,正常涌水量 0.2 m^3/min。

为了安全生产,配备了完善的排水系统,由于巷口至开切眼高差为 102 m,头尾两巷配备 4 英寸 ($\phi = 100$ mm) 排水管路和 75 kW 水泵。

2.2.6 主要采矿工程与开采工作面

2.2.6.1 煤矿建设概况

两硬煤矿是大同煤矿集团大型矿井之一,于 1956 年 10 月建设投产,现核定生产能力 4.15×10^6 t/a。

矿井位于大同煤田东北边缘,矿区中部有十里河穿过。全矿井整个井田南北长 11.4 km,东西长 0.5~7.5 km,面积 41 km²。

晋华宫煤矿开采方式为地下开采;生产规模 1.20×10^6 t/a,开采深度为 1153.3~780 m 标高。

晋华宫矿 1977 年以前有 3 对斜井,总设计生产能力 1.20×10^6 t/a。1979 年第一套综采投入生产,年产量达到 2.55×10^6 t,1984 年第二套综采下井正常生产,年产量达到 2.78×10^6 t。

目前,晋华宫只有大井生产,晋华宫大井采用主斜、副立综合开拓方式,矿井设计生产能力每年 3.15×10^6 t,核定生产能力每年 3.40×10^6 t。

矿井采用主斜、副立开拓方式，盘区多煤层联合开采。采煤工艺主要为长壁式综合机械化采煤，大冒顶管理顶板方式。第一水平标高 1040 m，目前第一水平的河南及河北南部已大部采空，一水平最大开采深度 260 m；二水平设计标高 870 m，最大开采深度 348.5 m。

矿井现有 14 个井筒，其中有 10 个进风井筒、4 个回风井，详见表 2-7。

表 2-7 晋华宫井筒特征表

井口名称		坐标		标高/m	井筒类型	倾角/(°)
		X/m	Y/m			
晋华宫大井	主要带式输送机斜井	4442787.922	19683363.215	1132.731	斜井	16
	副立井	4442999.508	19682970.199	1127.500	立井	
	中央回风井	4441859.439	19682585.208	1201.796	斜井	
	中一区进风斜井	4441980.362	19682576.983	1189.614	斜井	25
	材料副斜井	4442811.256	19683300.532	1125.777	斜井	16
	行人斜井	4442837.911	19683166.407	1136.277	斜井	30
	北二进风斜井	4446559.198	19682525.591	1230.015	斜井	25
	麻村回风斜井	4444890.861	19682275.123	1212.00	斜井	25
	榆涧进风立井	4449251.148	19682275.123	1265.700	立井	
	榆涧回风斜井	4449154.831	19681668.861	1259.099	斜井	
南山井	主要带式输送机斜井	4443297.192	19681488.332	1158.611	斜井	16
	副斜井	4443231.027	19681457.301	1162.256	斜井	16
	马营沟回风井	4443120.480	19680696.861	1161.684	斜井	30
	南山材料斜井	4443257.904	19681188.154	1161.407	斜井	25

2.2.6.2 基本生产情况

十里河沿井田中部穿过，将矿井整个井田分为南北两大部分。划分为 5 个生产盘区，大井河北 307、305 两个盘区，大井河南 301、303、402 3 个盘区（图 2-6 和图 2-7）。

大井河北 307 盘区为现主采盘区，主采 7^{-3} 号、8 号、11^{-1} 号 3 层煤，7^{-3} 号煤层综采预备队在生产，8 号煤层综采三队在生产，11^{-1} 号煤层综采一队在生产，12^{-2} 号、14 号煤层未开拓。305 盘区目前没有布置生产。大井河北 2^{-1} 号、2^{-3} 号、3 号煤层均已采空，现已密闭。

大井河南 301 盘区主采 15^{-2} 号煤层，综采二队在此生产，9 号煤层正准备开拓。南山 301 盘区 9 号煤层正在开拓，402 盘区主采 9 号、12^{-2} 号两个煤层，大

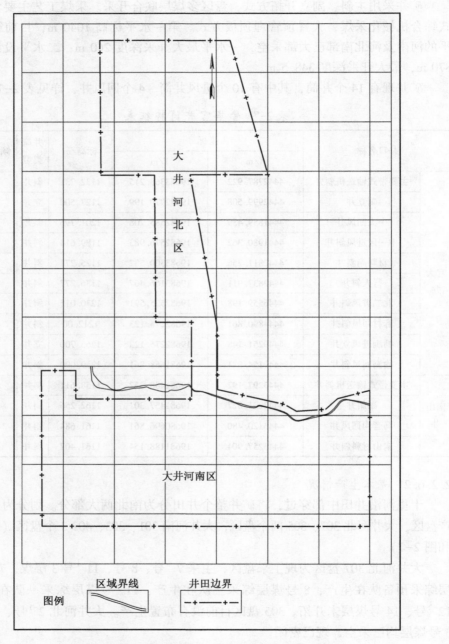

图 2-6 晋华宫煤矿矿井区域划分示意图

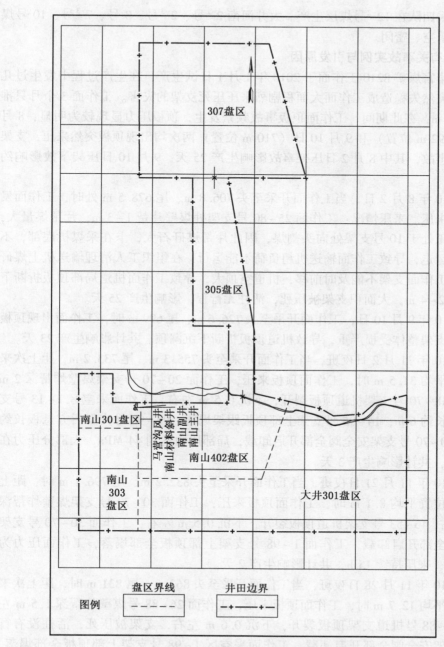

图 2-7 晋华宫煤矿盘区划分示意图

采高综采四队在 12^{-2} 号煤层生产。大井河南 2^{-1} 号、2^{-3} 号、3 号、7^{-3} 号、10 号煤层均已采空、密闭。

2.2.7 有关事故实例与引发原因

晋华宫煤矿 8210 工作面于 2010 年 1 月 1 日试生产，在生产过程中发生过几次顶板突然失稳造成工作面大面积剧烈来压压死支架的灾害。工作面 3 个月只推进了 49 m，在此期间，工作面顶板事故频繁发生，顶板压力显现较为明显，8 月 2 日（692 m 位置）和 9 月 10 日（710 m 位置）两次均出现顶板突然来压，支架被压死事故，其中 8 月 2 日压架事故影响生产 25 天，9 月 10 日压架事故影响约 23 天。

2010 年 8 月 2 日，当工作面开采至头 706.8 m、尾 678.5 m 处时，工作面发生顶板来压。来压情况：工作面 25~80 号支架处煤壁片帮 1~3 m，片帮煤量大，采煤机正处于 10 号支架处向头割煤，因此片帮煤矸石大，卡在采煤机底部，不能及时运走，导致工作面输送机超负荷不能运行，在组织工人清理输送机上煤矸期间，工作面支架不能及时前移，机道空顶大，导致工作面机道局部顶板折断下沉塌落 2~4 m，大面积支架被压死，活柱无行程，影响生产 25 天。

2010 年 9 月 10 日，工作面开采至头 726.6 m、尾 699 m 时，工作面出现顶板来压，支架整体受损严重，导致机道顶板折断下沉漏顶。共计影响生产 23 天。

2010 年 11 月 2 日夜班，当工作面开采至头 755.3 m、尾 733.2 m，距上次来压位置平均 31.5 m 时，工作面顶板来压，工作面 20~70 号支架煤壁炸帮深 2 m 左右，18~70 号支架机道顶板裂开，下沉 0.5 m 左右，工作面采空区 1~13 号支架悬板长约 6 m，14~95 号支架上部顶板跟架塌落，95~98 号支架后方悬板长约 6 m，20~70 号支架安全阀全部开启卸载，局部压力达到 44 MPa，大部分压力在 42 MPa，共计影响生产 3 天。

2010 年 11 月 21 日夜班，当工作面开采至头 832.2 m、尾 796.1 m 时，距上次来压位置平均 8.1 m 时，工作面顶板来压，工作面 30~70 号支架煤壁炸帮深 1 m 左右，46~53 号支架机道顶板裂开，下沉 0.5 m 左右，工作面 30~70 号支架安全阀全部开启卸载，工作面 1~98 号支架上部顶板全部塌落，工作面压力为 45 MPa，来压持续 15 h，共计影响生产 2 天。

2010 年 11 月 28 日夜班，当工作面开采至头 863 m、尾 831 m 时，距上次来压位置平均 12.7 m 时，工作面顶板来压，工作面 26~88 号煤壁炸帮深 1.5 m 左右，26~88 号机道支架顶板裂开，下沉 0.6 m 左右，支架被压死，活柱没有行程，支架安全阀全部开启卸载，工作面采空区 1~98 号支架上部顶板全部塌落，工作面压力为 45 MPa，影响生产 7 天。

晋华宫煤矿 8210 工作面顶板剧烈来压情况见表 2-8 及图 2-8 所示。

表2-8　晋华宫煤矿8210工作面顶板剧烈突变失稳记录

时间	来压位置/m		距上次来压平均推进/m	宏　观　观　测	
2010-08-02 夜班	头 706.8	尾 678.5		机道顶板	30~80 号支架顶板裂开下沉
				煤壁片帮	30~80 号支架范围炸帮 2~3 m
				超前压力	正常
				采空区悬板	1~98 号支架范围跟架塌落
2010-09-09 夜班	头 726.6	尾 699	20.5	机道顶板	30~70 号支架范围顶板裂开下沉，安全阀卸载
				煤壁片帮	30~70 号支架范围炸帮 1.5~2.5 m
				超前压力	正常
				采空区悬板	1~98 号支架顶板跟架塌落
2010-11-02 夜班	头 755.3	尾 733.2	31.5	机道顶板	18~70 号支架顶板裂开，下沉 0.5 m 左右
				煤壁片帮	20~70 号支架范围炸帮 2 m 左右，20~70 号支架按区分全部卸载
				超前压力	正常
				采空区悬板	1~13 号支架范围悬顶较大，14~95 号支架顶板悬顶 6 m
2010-11-13 夜班	头 792	尾 754.5	20.8	机道顶板	35~75 号顶板下沉 0.3 m、机道顶板裂开，19~75 号支架安全阀卸载
				煤壁片帮	20~75 号支架范围炸帮 1 m 左右
				超前压力	正常
				采空区悬板	1~80 号支架顶板跟架塌落，80 号支架悬顶板 12~17 m
2010-11-16 夜班	头 806.4	尾 770.1	15	机道顶板	20~84 号安全阀卸载，20~84 号顶板下沉 0.2 m 左右
				煤壁片帮	20~84 号支架范围炸帮 2 m
				超前压力	正常
				采空区悬板	1~98 号支架顶板跟架塌落
2010-11-20 夜班	头 824	尾 788	17.7	机道顶板	13~55 号支架大量安全阀卸载
				煤壁片帮	煤壁没有明显片帮
				超前压力	正常
				采空区悬板	1~98 号支架顶板跟架塌落

表2-8(续)

时间	来压位置/m		距上次来压平均推进/m	宏 观 观 测	
2010-11-21 夜班	头 832.2	尾 796.1	8.1	机道顶板	30~70 号支架压力大,安全阀开启卸载
				煤壁片帮	30~70 号煤壁炸帮 1 m 左右
				超前压力	正常
				采空区悬板	1~98 号支架跟架塌落
2010-11-26 夜班	头 852.9	尾 815.8	20.3	机道顶板	66~85 号支架压力大,安全阀开启卸载
				煤壁片帮	无
				超前压力	正常
				采空区悬板	1~46 号支架顶板跟架塌落,46~74 号支架伪顶塌落

2.2.8 "两硬"煤矿 8210 工作面技术特征

1. 技术特征简介

本书以大同煤矿集团晋华宫煤矿"两硬"煤层 12 号煤层 402 盘区 870 水平 8210 工作面为工程背景。该工作面采用双巷布置,两巷均采用沿顶方式掘进;工作面巷道走向设计长 1740 m,可采走向长 1700 m,工作面倾斜长度设计为 163.7 m,采高 1.4~7.3 m,平均 5.5 m,停采位置至盘区回风巷 40 m,盘区巷道煤柱宽均为 20 m(图 2-9)。

2. 工作面位置及井上/下关系

晋华宫煤矿"两硬"8210 工作面位置及井上/下关系见表 2-9 和图 2-10 所示。

表2-9　晋华宫煤矿"两硬"8210 工作面位置及井上/下关系

水平名称	870 水平
采区名称	402 盘区
地面标高/m	1155.1/1243.1
工作面标高/m	814/916
地面相对位置	校尉屯村焦炭厂南部,两硬火药库北部
回采对地面设施的影响	五九公路和晋矿服务公司兴旺庄煤矿工业广场
井下位置及与四邻关系	东至 870 大巷,南邻 8712 工作面,西至盘区辅助带式输送机运输巷,北部为主体
走向长度/m	1700
倾斜长度/m	163.7
面积/m²	282200

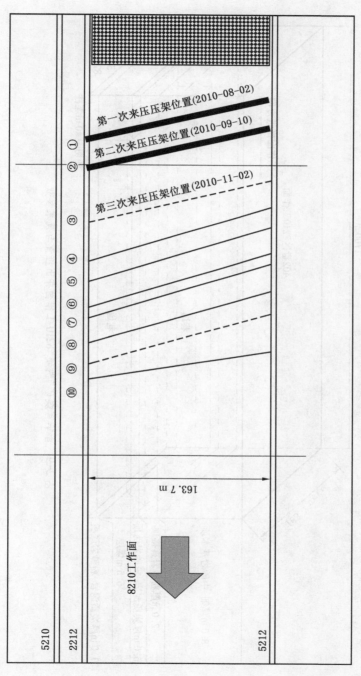

图 2-8　晋华宫煤矿 8210 工作面顶板来压失稳图

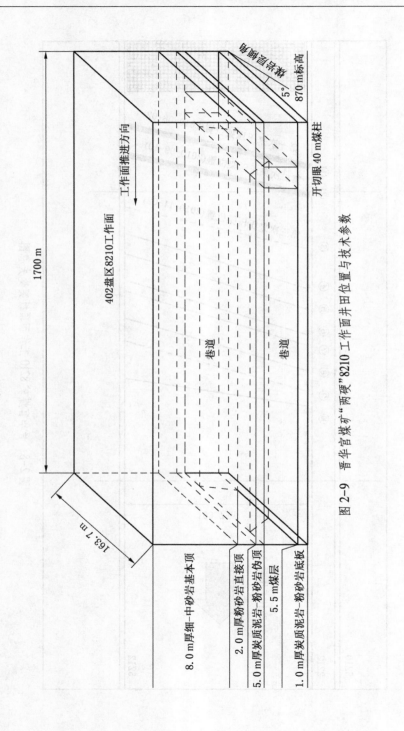

图 2-9　晋华宫煤矿"两硬"8210 工作面井田位置与技术参数

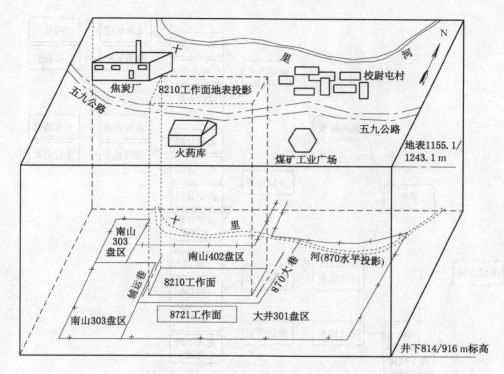

图 2-10　晋华宫煤矿"两硬"8210 工作面位置及井上/下关系示意图

2.3　煤炭地下（井工）开采方法概述

采煤方法包括采煤系统与回采工艺两项主要内容。我国常用的主要采煤方法如图 2-11 所示，而目前采用较多的采煤方法是单一走向长壁采煤法。该采煤法的回采工艺有炮采、普采和综采 3 种回采工艺方式。本书将炮采、普采和综采 3 种回采工艺方式，分别定义为传统式回采工艺、过渡式回采工艺和现代式回采工艺。

20 世纪末以前，我国综采、普采和炮采 3 种回采工艺方式并存。进入 21 世纪，后者渐趋淘汰，目前基本不再采用；普采也仅仅限于短矮和地质条件复杂的采煤工作面使用；而广泛采用的是综采回采工艺。

2.3.1　传统式炮采回采工艺

该回采工艺主要特点是，工作面钻孔爆破落煤、爆破及人工装煤，机械化运煤，用单体支柱支护工作空间顶板；其主要缺点是，生产效率极低，工作极为繁重，劳动条件极差，安全性极低。

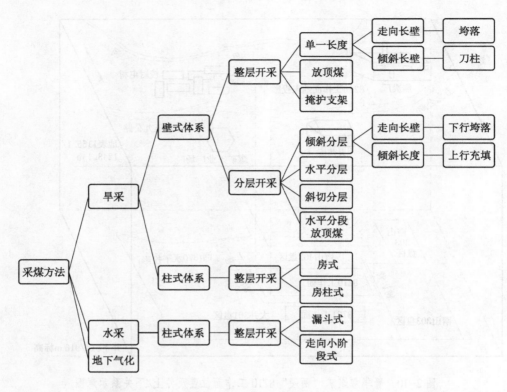

图 2-11　我国采煤方法分类

　　虽然在装备与技术方面不断更新，但因该工艺无可避免的劣势，在 20 世纪 80 年代以前使用普遍，且是主力回采工艺，之后，渐行退出历史舞台，取而代之的是普遍采用普采回采工艺。

2.3.2　过渡式普采回采工艺

　　普采回采工艺的特点是，使用采煤机械同时完成落煤和装煤工序（图 2-12），而运煤、顶板支护和采空区处理与炮采工艺基本相同。该工艺在 20 世纪 80 年代中期达到顶峰，实现了第三代普采，即采用无链牵引双滚筒采煤机，双速、侧卸、封底式刮板输送机以及"Ⅱ"形长钢梁支护顶板等新设备和新工艺。

2.3.3　现代式综采回采工艺

　　综采回采工艺集"破、装、运、支、处"5 个主要工序全部实现机械化（图 2-13），是先进的回采工艺。目前，世界上凡是以长壁式开采方法为主的国家，都已全部或大部实现和实施综合机械化采煤。

图 2-12 普采工作面

图 2-13 综采工作面"破、装、运、支"现场

综采工作面突出的优点与优势是采用自移式液压支架,其为"破、装、运、处"4个主要工序的机械化提供了有利的条件和保障。因此,综采具有高产、高效、安全、低耗和劳动条件好、劳动强度低的优点。20世纪末,按照国家技术政策,新建和改建的大中型矿井,凡条件适合的,都要装备综采。

对比普采和综采工艺的特点,称普采为过渡式回采工艺,是十分恰当的。

进入21世纪,随着科技进步和对矿山压力与岩层控制的深入研究及其新的理论的发展,为采煤方法带来了新的变革与创新。最为突出的就是放顶煤采煤工艺和大采高一次采全厚长壁采煤工艺。

1. 放顶煤采煤工艺

放顶煤采煤法是在开采厚煤层时,沿煤层的底板或煤层某一厚度范围内的底部布置一个采高为2~3 m的采煤工作面,用综合机械化方式进行回采,利用矿山压力的作用或辅以松动爆破等方法,使顶煤破碎成散体后,由支架后方或上方的"放煤窗口"放出,并由刮板输送机运出工作面。

放顶煤采煤法示意图,如图2-14所示。在沿煤层或分段底部布置的综采工作面中,采煤机1割煤后,液压支架3及时支护并移到新的位置。推移工作面前

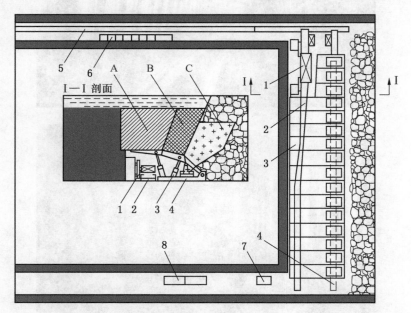

1—采煤机;2—前刮板输送机;3—液压支架;4—后刮板输送机;5—带式输送机;6—配电设备;
7—绞车;8—泵站;

A—不充分裂碎煤体;B—较充分裂碎煤体;C—放出(裂碎)煤体

图2-14　放顶煤采煤法示意图

部输送机2至煤帮。此后，操作后部输送机专用千斤顶，将后部输送机4相应前移。这样，采过1~3刀后，按规定的放煤工艺要求，打开放煤窗口，放出已松碎的煤炭，待放出煤炭中的矸石含量超过一定限度后，及时关闭放煤口。完成上述采放全部工序为一个采煤工艺循环。

放顶煤采煤法基本类型可分为全厚放顶煤、预采顶分层放顶煤、倾斜分段放顶煤3种类型（图2-15）。

2. 大采高一次采全厚长壁采煤工艺

大采高一次采全厚长壁采煤工艺就是对煤层进行整层开采（图2-16），该工艺适用于煤层厚度3.5~8 m，煤层倾角较小，一般3°~5°。

2.3.4　主要开采方法比较

随着时代的前进，煤炭回采工艺不断创新进步，其与科技进步和对矿山压力与岩层控制的深入研究及其新的理论的发展密不可分。与此同时，伴随着新的回采工艺的采用和新的回采装备的使用，必定产生新的问题。

"两硬"大采高，就是高度集成化综采装备对大采高一次采全厚（煤层）所

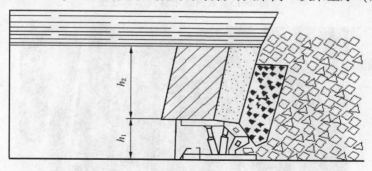

(a) 全厚放顶煤

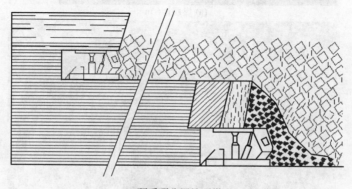

(b) 预采顶分层放顶煤

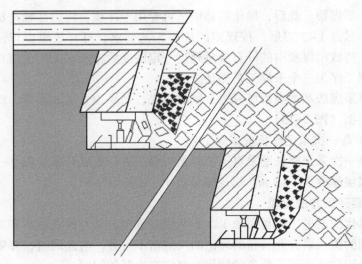

(c) 倾斜分段放顶煤

图 2-15 放顶煤采煤法工艺过程

(a) 煤层厚6 m

(b) 煤层厚6.5 m

(c) 煤层厚8 m

图 2-16　我国大-超大采高一次采全厚长壁采煤工作面

面临的新的问题与新的课题。

本节所叙述的主要开采方法比较，是放顶煤采煤法和大采高一次采全厚长壁采煤法的比较。

1. 放顶煤采煤法

主要优点：

（1）产量和效率高。厚煤层回采能大幅度提高产量，实现一个综采工作面，生产两个工作面的煤炭，我国有的综采面单产达到 500×10^4 t 以上。

（2）掘进率和成本低。厚煤层避免了分层开采，节省了大量的回采巷道掘进量。据统计，综采放顶煤工作面的万吨掘进率比分层开采降低 30%~70%。

（3）有利于顶板控制，特别是在顶板较破碎的煤层开采时，减少了冒顶事故。

主要缺点：

（1）煤尘大。这是综采放顶煤开采面临的重大安全和健康问题。

（2）采出率低。当前采出率在 80% 左右，有的甚至更低。

（3）易自然发火。因采空区遗煤多，易自燃。

（4）含矸率高。顶煤回收时掺入一定量的顶板矸石，使煤质下降。

（5）矿压显现剧烈。由于开采后形成的空间很大，使工作面及两巷矿山压力加剧，有时形成高压的煤与瓦斯混合流，喷向工作面空间，发生突出事故。

（6）放煤口被大块煤（矸）卡住时，如果采用爆破方法处理，很容易引发瓦斯、煤尘爆炸，还可能崩坏液压支架。

2. 大采高一次采全厚长壁采煤法

主要优点：

（1）与分层综采相比，本开采工艺工作面产量和效率大幅度提高。

（2）有利于在开切眼中进行大采高液压支架、采煤机和输送机等设备安装。

（3）防止煤壁片帮及架前漏顶。

（4）回采巷道的掘进量比分层减少一半，并减少假顶的铺设。

（5）较少综采设备搬迁次数、节省搬迁费用。

（6）与综采开采相比，采量大、效益高。

（7）与综采相比，采出率高。

主要缺点：

（1）设备投资比分层综采大。

（2）采高增加后，液压支架、采煤机和输送机的重量都增大。

（3）在传统的矿井辅助运输条件下，装备搬迁和安装都比较困难。

（4）工艺过程中防治煤壁片帮、设备放倒、防滑和处理冒顶都有一定困难，对管理水平要求高。

（5）对于"两硬"煤矿，矿压显现明显，顶板结构和覆岩运动控制难度大。

2.3.5　大同晋华宫煤矿采用方法

晋华宫煤矿 8210 工作面开采 12 号煤层，工作面可采走向长 1700 m，工作面长 163.7 m，平均采厚 5.5 m，平均倾角 6°。因此，晋华宫煤矿选择了当前最为先进的开采工艺，即大采高一次采全厚长壁采煤工艺。

诚然，由于该矿具有"两硬"的地质条件，加之大采高一次采全厚长壁采煤工艺所带来的不可避免的矿山压力问题，以及因"两硬"所导致的顶板结构与覆岩运动的特殊性问题，是首当其冲要解决的问题，也是当今"两硬"地质条件与大采高一次采全厚长壁采煤工艺所面临的新课题。

3 煤岩体力学参数与地应力测试

煤与岩石力学性质试验有助于揭示煤岩体力学特性，可为煤层采煤工作面顶底板分类及采场支护设计等技术问题提供科学依据，同时也为后续的相似模拟和数值模拟的研究提供参数；对矿山开采而言，地应力是引起采矿工程围岩、支护变形和破坏、产生矿井动力现象的根本作用力，在诸多影响采矿工程稳定性的因素中，地应力是主要因素之一，准确的地应力资料能为采矿决策和科学化设计提供依据。因此，进行煤岩力学参数与地应力测试意义重大。

3.1 试验设备

本次试验是在山东科技大学具有国际领先水平的 MTS815.03 电液伺服岩石试验系统上进行。MTS815.03 电液伺服岩石试验系统（MTS815.03 Electro-hydraulic Servo-controlled Rock Mechanics Testing System）是山东科技大学重点实验室强化建设从美国购置的最大型成套试验设备，该系统是目前国内大陆配置最高、性能最先进、在国际上最受认可的岩石力学试验装备（图3-1）。

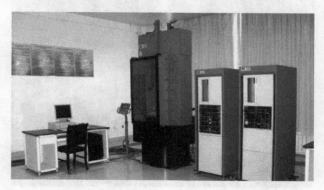

图 3-1 MTS815.03 电液伺服岩石试验系统

3.1.1 基本配置及技术指标

1. 基本配置

（1）315.04 型加载框架（Loading System）。

（2）656.06 型三轴室（Triaxial Cell）。

（3）286.20-09 型围压增压系统（Confining Pressure Intensifier）。

（4）286.31-01 型孔隙增压系统（Pore Pressure Intensifier）。

（5）Test Star Ⅱm 控制系统（Controller）。

（6）505.07/.11 动力源（Hydraulic Power Supply）。

（7）计算机系统（Computer System）。

（8）ϕ50 mm 和 ϕ100 mm 两种带孔与不带孔压板以及 ϕ300 mm 压板。

2. 主要技术指标

（1）轴压（Axial Load）≤4600 kN，围压（Confining Pressure）≤140 MPa。

（2）孔隙水压（Pore Water Pressure）≤70 MPa，水渗透压差（Permeability Delta P）≤2 MPa。

（3）机架刚度（Stiffness of Load Frame）（10.5×109）N/m。

（4）液压源流量 31.8L/min。

（5）伺服阀（Servo Valve）灵敏度 290Hz。

（6）数采通道数（Channels of Data Acquisition）10 Chans。

（7）最小采样时间（minin mum Sampling time）50 μs。

（8）输出波形：直线波、正弦波、半正弦、三角波、方波、随机波形。

（9）试件尺寸：三轴试验最大直径 100 mm、最大高度 200 mm，单轴试验最大直径 300 mm、最大高度 600 mm（图 3-2）。

图 3-2　试件及传感器

3.1.2　系统基本原理及特点

（1）全程计算机控制，可实现自动数据采集及处理。

（2）配备 3 套独立的伺服系统，分别控制轴压、围压与孔隙（渗透）压力。

（3）实心钢制荷重架只储存很小的弹性能，从而实现刚性压力试验。

（4）伺服阀反应敏捷（290 Hz），试验精度高。

（5）与试件直接接触的引伸仪（美国 MTS 公司专利）可在高温（200 ℃）、高压（140 MPa）油中精确工作，可对岩石破坏前后的应力应变进行最精确测量。

（6）试验可采用任意加载波形与速率，3 种控制方式试验中可自动转换。

（7）调节范围宽广的闭环加热系统可提供均匀的温度场。

系统结构示意图如图 3-3 所示。

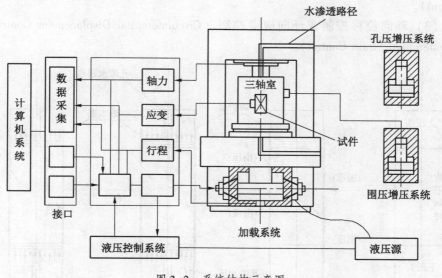

图 3-3　系统结构示意图

3.1.3　系统的基本试验功能

MTS815.03 电液伺服岩石试验系统（图 3-4）具有强大的岩石力学试验功能，可以进行大量的岩石力学试验，基本试验如下：

（1）岩石单轴压缩试验（Uniaxial Compression Test）。

（2）岩石三轴压缩试验（Triaxral Compression Test）。

$$\left.\begin{array}{l}\sigma_1 > \sigma_2 = \sigma_3 \\ \sigma_1 = \sigma_2 > \sigma_3\end{array}\right\} \text{假（伪）三轴试验}$$

（3）岩石孔隙水压试验（Pore Water Pressure Test）。

（4）岩石水渗透试验（Water Permeability Test）。

3.1.4　操作方式及试验控制方式

1. 操作方式

（1）手动：安装试件时使用。

（2）模控：通过函数发生器（Function Generator）产生任意模拟波形控制液

压加载系统。

（3）数控：通过计算机令波段发生器（Segment Generator）产生任意波形控制液压加载系统，并自动数据采集与处理。

2. 试验控制方式

（1）载荷控制（Load Control）。

（2）轴向位移控制或轴向应变控制（Axial Displacement Control or Axial Strain Control）。

（3）环向位移控制或环向应变控制（Circumferential Displacement Control or Cirumferential Strain Control）。

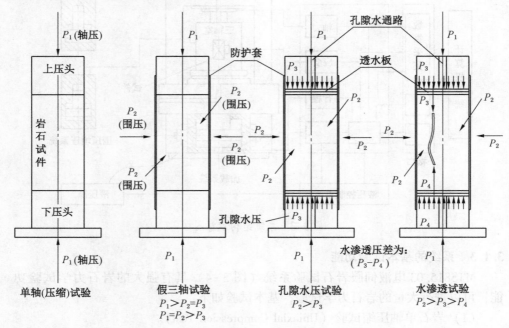

图 3-4　MTS815.03 电液伺服岩石试验系统基本试验功能

3. 试验软件

（1）函数发生器（Function Generator）。

（2）基本试验软件 BTW（Basic Testware）。

（3）多目标试验软件 MPT（Multipurpose Testware）。

3.2　工作面顶板岩石拉伸试验

岩石抗拉强度是指岩石在单轴拉力作用下达到破坏的极限强度，在数值上等于破坏时的最大拉应力。

3.2.1 试验准备及过程

根据研究及生产需要，对晋华宫煤矿 402 盘区 8210 "两硬" 工作面顶板岩石进行拉伸试验。

1. 岩石拉伸试验概述

岩石抗拉强度是指岩石在单轴拉力作用下达到破坏的极限强度，在数值上等于破坏时的最大拉应力。与岩石抗压强度相比，对岩石抗拉强度研究要薄弱得多，这也许是直接进行抗拉强度试验比较困难的原因。长期以来，一般是进行各种间接岩石破坏试验，将这些试验结果通过理论公式换算成抗拉强度。

据试验结果，岩石抗拉强度比抗压强度要小得多。一般情况下，岩石抗拉强度不超过其抗压强度的 1/10。

测定岩石抗拉强度的直接试验如图 3-5 所示，试验时，将试件两端用夹子固定于拉力机上，然后对试件施加轴向拉力至破坏。根据试验结果，按下式计算岩石抗拉强度：

$$R_t = \frac{P_t}{S} \qquad\qquad (3-1)$$

式中　R_t ——岩石单轴抗拉强度，MPa；

　　　P_t ——岩石试件破坏时所加的轴向拉力，kN；

　　　S ——岩石试件横断面面积，m²。

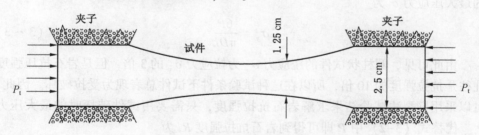

图 3-5　岩石直接抗拉试验

以上直接抗拉强度试验的缺点是，试件制作困难。试件不易与拉力机固定，试件固定附近往往出现应力集中，并且试件两端面难免有弯矩产生。因此，这种试验方法不常用。

目前，常用劈裂法测定岩石抗拉强度。一般采用圆柱体及立方体试件。图 3-6a 所示，沿着圆柱体直径方向施加集中压力 P。这样，试件将沿着受力的直径方向裂开，如图 3-6b 所示。由弹性力学理论处理试验结果，沿着施加集中力 P 的直径方向产生近似均匀分行的水平拉应力（图 3-6c），其平均值 σ_x 为

$$\sigma_x = \frac{2P}{\pi DL} \qquad (3-2)$$

式中　P——作用于岩石试件上的压力，MPa；

　　　D——岩石试件直径，m；

　　　L——岩石试件长度，m。

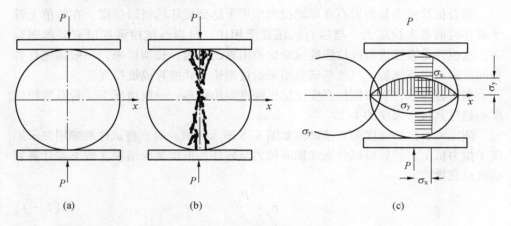

图 3-6　岩石间接拉伸试验

而在水平方向直径平面内产生非均匀分布的竖向压应力，其在试件中轴线上的最大压应力 σ 为

$$\sigma_y = \frac{6P}{\pi DL} \qquad (3-3)$$

由此可见，圆柱状试件的压应力 σ_y 为拉应力 σ_x 的 3 倍，但是岩石抗压强度往往是抗拉强度的 10 倍，所以在这种试验条件下试件总表现为受拉破坏。因此，可以采用劈裂法试验结果求解岩石抗拉强度，只需要用试件破坏时的最大压力 P_{max} 代替式（3-2）中 P 即可得到岩石抗拉强度 R_t 为

$$R_t = \frac{2P_{max}}{\pi DL} \qquad (3-4)$$

如果为立方体试件，则岩石抗拉强度 R_t 为

$$R_t = \frac{2P_{max}}{\pi a^2} \qquad (3-5)$$

式中　a——立方体试件边长，m。

岩石劈裂试验的优点是简便易行、无须特殊设备，因此在工程中已经获得广泛的应用。然而，采用劈裂法试验，试件内应力分布较为复杂，所获得的结果只

能代表某种条件下的特征值。必须明确的是，劈裂不是对试件进行简单的张拉作用，而是在三维应力条件下的张破裂。

试验也可以采用圆盘、圆环及薄板状岩石试件进行劈裂试验测定抗拉强度。本次试验即采用经典的巴西圆盘法进行岩石的间接拉伸试验。

2. 试验标准与装置

试验依据没有采用《煤和岩石物理力学性质测定方法　第 10 部分：煤和岩石抗拉张度测定方法》（GB/T 23561.10—2010）进行，而是采用巴西圆盘法间接拉伸，试验装置如图 3-7 所示。

图 3-7　巴西圆盘法岩石间接拉伸试验

3. 取芯与试件处理

在两硬煤矿 8210 大采高工作面钻孔取芯。取得煤岩体样本后立即进行密封，以确保湿度和含水率与现场相同，随后快速运到实验室。在实验室内经过切、割、磨，加工成标准岩石试件，加工后的试件形状为矮圆柱形。加工好的岩石拉伸试验试件如图 3-8 所示。

4. 试验过程

试验在 MTS815.03 电液岩石伺服试验系统上进行，具体操作如下：

（1）通过试件直径的两端，在试件的侧面沿轴线方向画两条加载基线，将两根垫条沿加载基线固定。对于坚硬和较坚硬岩石选用直径为 1 mm 钢丝为垫。

图 3-8　402 盘区 8210 工作面顶板岩石拉伸试件

（2）将试件置于试验机承压板中心，调整球形座，使试件均匀受力，作用力通过两垫条所确定的平面。

（3）以每秒 0.1~0.3 MPa 的速率加载直至试件破坏。

（4）试件最终破坏应通过两垫条决定的平面，否则应视为无效试验。

（5）观察试件在受载过程中的破坏发展过程，并记录试件的破坏形态。

3.2.2　试验结果

1. 试件破坏结果

试验中部分破坏后的试件如图 3-9 所示。

由图 3-9 可以清楚地看到，岩石试件以垂直或近垂直于拉伸方向断裂，主断裂基本在试件中央位置发育，有的在主断裂一侧或两侧发育次级断裂，主断裂面近平面状但极度粗糙。

这种拉伸破坏状况与脆性材料的拉伸破坏特征完全一致，因为试验的试件粉细互层岩石、细砂岩和中粗砂岩试件，就是典型的脆性材料。

2. 岩石试件拉伸曲线

图 3-10~图 3-15 为距开切眼 1030 m、1400 m 粉细互层岩石、细砂岩和中粗砂岩试件拉伸曲线。

根据图 3-10~图 3-15，可以得出如下结论：

（1）所示的砂岩试件拉伸曲线全部为"⤴"形，符合脆性材料的拉伸破坏特征。

（2）试件拉伸破坏断裂发生时间主要发生在 40~50 s 之间，个别发生在 65 s 左右（距开切眼 1030 m 粉细互层砂岩 1 号试件），距开切眼 1400 m 中粗砂岩试件拉伸破坏断裂发生时间最短，在 30~40 s 之间。

粉细互层砂岩 1 号试件的抗拉强度却处于相对较低水平，出现这种状况，或

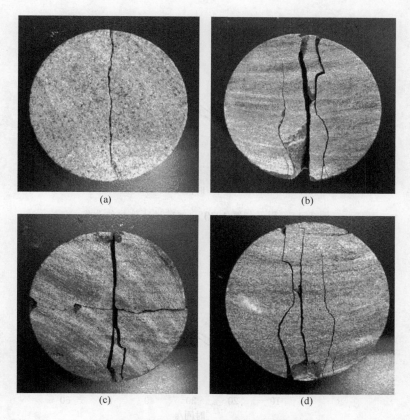

(a)　　　　　　　　　(b)

(c)　　　　　　　　　(d)

图 3-9　部分试件拉伸破坏后的状态

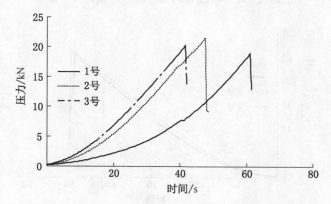

图 3-10　距开切眼 1030 m 粉细互层岩石试件拉伸曲线

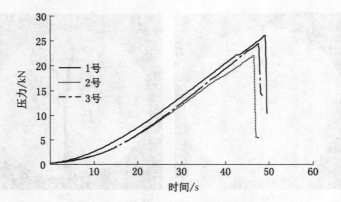

图 3-11　距开切眼 1030 m 细砂岩试件拉伸曲线

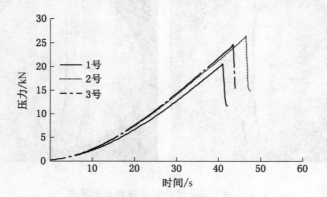

图 3-12　距开切眼 1030 m 中粗砂岩试件拉伸曲线

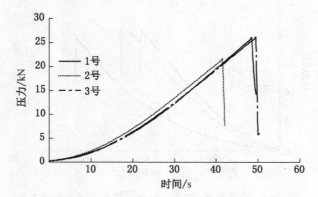

图 3-13　距开切眼 1400 m 粉细互层岩石拉伸曲线

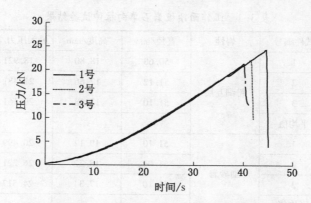

图 3-14 距开切眼 1400 m 细砂岩试件拉伸曲线

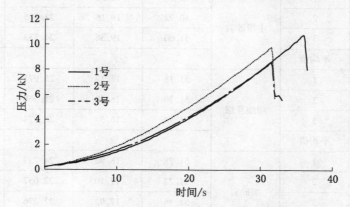

图 3-15 距开切眼 1400 m 中粗砂岩试件拉伸曲线

许与该试件的直径略小有关，或许就是由试件的岩石组分和结构的局部变异造成的。

距开切眼 1400 m 中粗砂岩试件拉伸破坏断裂发生时间最短，却是试件本身的原因所决定的。该试件的抗拉强度极低，是其他 8 个试件的 1/2，甚至不足 1/2。

试验结果反映，距开切眼 1400 m 中粗砂岩为相对较软砂岩岩石。

（3）除距开切眼 1400 m 中粗砂岩外，所有试件均表现出较高的抗拉强度，在 15 MPa 左右，平均为 14.03～18.22 MPa。表明晋华宫煤矿 402 盘区 8210 "两硬" 工作面 12 号煤层顶板岩石为坚硬顶板无疑。

3. 工作面顶板岩石拉伸试验数值结果

402 盘区 8210 工作面顶板岩石单向拉伸试验结果见表 3-1 和图 3-16 与图 3-17 所示。

表3-1　工作面顶板岩石单向拉伸试验结果

取芯位置/m	试件编号	岩性	直径/mm	高度/mm	最大压力/kN	抗拉强度/MPa
距开切眼 1030	1	粉细互层	50.68	18.80	18.921	12.64
	2		51.12	17.66	21.481	15.15
	3		51.10	17.58	20.161	14.29
	平均值					14.03
	1	细砂岩	51.10	19.12	20.499	16.93
	2		51.04	18.22	26.221	15.06
	3		51.10	17.34	24.517	17.48
	平均值					16.49
	1	中粗砂岩	50.94	18.58	25.982	13.79
	2		50.92	19.16	22.005	17.11
	3		51.00	19.36	24.333	15.81
	平均值					15.57
距开切眼 1400	1	粉细互层	51.18	17.12	25.971	18.87
	2		51.20	16.58	21.568	16.17
	3		51.14	16.54	26.074	19.62
	平均值					18.22
	1	细砂岩	51.28	18.92	24.239	15.90
	2		51.22	17.10	22.057	16.03
	3		51.16	17.92	21.276	14.77
	平均值					15.57
	1	中粗砂岩	51.30	18.02	10.738	7.40
	2		51.14	16.92	9.764	7.18
	3		51.24	17.48	8.547	6.08
	平均值					6.88

由表3-1和图3-16与图3-17可以看出:

(1) 距开切眼1030 m处顶板岩石抗拉强度因岩性不同而发生变化,总体呈随着压力增大而强度增强,但是细砂岩抗拉强度最大,其次是中粗砂岩,最低是粉细互层砂岩。

(2) 距开切眼1400 m处顶板岩石抗拉强度同样因岩性不同而发生变化,总体呈随着压力增大而强度降低,粉细互层砂岩抗拉强度最大,其次是细砂岩,最

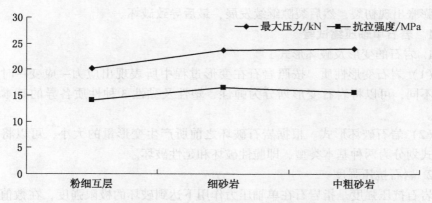

图 3-16　距开切眼 1030 m 顶板岩石单向拉伸试验压力与抗拉强度关系曲线

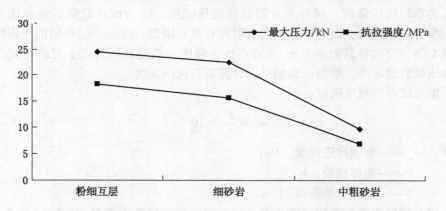

图 3-17　距开切眼 1400 m 顶板岩石单向拉伸试验压力与抗拉强度关系曲线

低是中粗砂岩。

（3）距开切眼 1030 m 处和距开切眼 1400 m 处顶板岩石抗拉强度两种截然相反的表现，应该与顶板岩石的局部组分和结构（层理）有关。

总体而言，12 号煤层顶板岩石为坚硬顶板，晋华宫煤矿 402 盘区 8210 工作面为"两硬"工作面。

3.3　工作面顶板岩石单轴压缩试验

岩石属脆性材料，理论和试验已知，脆性材料在压缩时，试样仍然在较小的变形下突然破坏，所以尽管有端面摩擦力的作用，但鼓胀效应不明显，而是当应力达到一定值后，一般情况下试件在与轴线 45°~55° 的方向上发生溃裂。在单轴压缩应力下，岩块产生纵向压缩和横向扩张，当应力达到某一量级时，岩块体积开始膨胀出现初裂，然后裂隙继续发展，最后导致破坏。

3.3.1 岩石单轴压缩试验

1. 岩石的变形及破坏形式

（1）岩石变形性质。按照岩石在变形过程中所表现出应力—应变—时间关系的不同，可以将岩石变形划分为弹性、塑性及黏性 3 种性质各异的基本变形作用。

（2）岩石破坏形式。根据岩石破坏之前所产生变形量的大小，可以将其破坏形式划分为两种基本类型，即脆性破坏和延性破坏。

2. 岩石抗压强度

岩石抗压强度是指岩石在单轴压力作用下达到破坏的极限强度，在数值上等于破坏时的最大压应力。岩石在单轴压缩荷载作用下所能承受的最大压应力称为岩石的单轴抗压强度，或称为非限制性抗压强度。因为试件只受到轴向压力作用，没有侧向压力，因此试件侧向变形没有受到限制。国际上把单轴抗压强度表示为 UCS，我国将其表示为 σ_c。岩石抗压强度一般是在压力机上对岩石试件进行加压试验测定的，根据试验结果，计算岩石抗压强度。

单个试件的抗压强度：

$$\sigma_c = \frac{P}{S} \times 10^{-6} \tag{3-6}$$

式中　　σ_c——单轴抗压强度，Pa；

　　　　P——破坏载荷，N；

　　　　S——试件初始断面积，m^2。

岩石试件通常取圆柱状或长方柱状。圆柱状试件断面直径 $D = 5$ cm 或 7 cm，高 $h = (2 \sim 2.5)D$。长方柱状试件断面 $S = 5$ cm×5 cm 或 7 cm×7 cm，高 $h = (2 \sim 2.5)\sqrt{S}$。当试件高度不足时，其两端与加压板之间的摩擦力将影响强度测定结果。当试件破坏时，其破裂面与荷载轴线的夹角近似为 $\beta = 45° - \varphi/2$，φ 为岩石内摩擦角，这种结果与理论值相吻合。

大量试验结果证实，影响岩石抗压强度因素很多，但是可以归纳为两大方面，即岩石自身因素及试验因素。岩石自身因素有矿物组成、结构与构造、容重、风化程度及含水状况等。由不同矿物组成的岩石具有不同的抗压强度，这是因为不同矿物具有不同的强度所致，即使是同种矿物组成的岩石。也因为矿物粒度、互相包裹与胶结状况及生长条件等不同，而导致岩石抗压强度相差较大。矿物结晶程度和粒度对于岩石抗压强度的影响也是显著的。一般来说，结晶岩石比非晶质岩石强度高，细晶岩石比粗晶岩石强度高（这是因为细晶粒总接触面积大，联结力强，所以岩石强度也高）。对沉积岩来说，影响或制约岩石抗压强度的因素主要有碎屑类型和粒度、胶结物类型及胶结形式等，尤其是胶结物类型及胶结形式对岩石抗压强度影响很大。岩石生成条件也很影响其抗压强度，因为生成条件首先直接控制着岩石的结晶程度、矿物类型及其他结构特征等，而生成条件另一方面是埋藏深度，一般情况下，深埋岩石较浅埋岩石强度高，这是由于岩石埋深越大，所受的围压力越大，孔隙率也就越小，因而强度增加。风化作用会导致岩石抗压强度大幅度降低，这是由于风化作用破坏了岩石结构及构造，同时还产生许多破裂面等。水对岩石抗压强度也产生很明显影响，当岩石浸水时，水便沿着裂隙及孔隙进入岩石内部，由于水分子进入而改变了矿物的物理状态，削弱了矿物颗粒间联结力，因而使岩石强度降低，其强度降低程度取决于岩石的裂隙或孔隙发育情况、矿物亲水性、含水量及水的物理化学活性等；所以，岩石饱水状态抗压强度（湿抗压强度）较其干燥状态抗压强度小，前者与后者的比值称为软化系数。对于具有层理或其他结构面的岩石来说，其抗压强度往往表现出各向异性，一般而言，垂直于层理的抗压强度大于平行于层理的抗压强度。

影响岩石抗压强度的试验因素主要有岩石试件形状和尺寸、试件加工程度、加压板与试件之间接触情况及加荷速率等。一般来说，圆柱状试件的抗压强度高于棱柱状试件的抗压强度，这是由于后者在棱角上发生应力集中之缘故；而在棱柱状试件中，六角形截面试件强度高于四角形的，四角形截面试件强度又高于三角形的，这种影响称为形状效应；试件尺寸越大，则抗压强度便越低，反之，抗压强度就越高，这种影响称为尺寸效应；由于广泛分布于岩石中的各种微观或细微裂隙是其受力破坏的基础，当试件尺寸越大，所包含的裂隙也就越多，破坏概率便越大，显然强度要降低。

加荷速率对岩石抗压强度有时产生重大的影响，加荷速率越快，抗压强度越大，由于快速加荷具有动力特性。加压板与试件之间接触情况对于抗压强度的影响也是十分显著的，如果接触面有摩擦，则有利于轴向受力的侧向扩展，从而提高抗压强度；此外，由于接触条件不同将在试件内产生不同的应力分布，所以也使强度不同。

3. 岩石单轴压缩变形特征

图 3-18 为一般岩石单轴压缩条件下的全应力应变曲线。岩石受压变形经历了 4 个阶段，OA 段曲线向上凹，应变速率大于应力速率，为原生裂隙压密闭合阶段；AB 段近似直线，为线弹性变形阶段；BC 段曲线向下凹，应变速度增长很快，表现为明显的扩容性，为新裂隙产生、扩展贯通段，C 为强度极限；CD 段应力降低，变形增大，裂隙加密贯通，为应变软化阶段。可见岩石的这种变形特征与其内部裂隙的加密、扩展、演化过程密切相关。

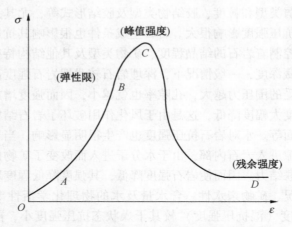

图 3-18　一般岩石单轴压缩全应力应变曲线

4. 工作面顶板岩石单轴压缩试验

根据研究及生产需要，对 402 盘区 8210 工作面顶板岩石进行了单轴压缩试验。

（1）试验标准。岩石单轴抗压强度试验，依据单轴抗压强度测定及软化系数计算方法（GB/T 23561.7—2009）。

（2）试件制作。将采集的岩石试块或岩芯加工成标准岩石试件。加工后的试件形状为圆柱体。

（3）试验装置与方法。试验在山东科技大学资源与环境工程学院 MTS815.03 电液伺服岩石试验机上进行，对试件加载方式采用自动控制系统，可以避免压力达到试件极限强度后迅速破坏而得不到压力峰值后的应力应变曲线，峰前加载速度采用 0.1 mm/s，峰后加载速度采用 0.2 mm/s。

图 3-19 为进行岩石单轴压缩试验，工作面顶板岩石压缩试件如图 3-20 所示。

3.3.2　岩石单轴压缩试验结果

在使用电液伺服岩石试验机试验过程中，通过计算机同步采集，可以同时得到试件的强度和位移（应变）。

通过在刚性压力机上进行单轴压缩试验，可以获得煤岩的单轴抗压强度（σ_c）、弹性模量（m_z）、泊松比（μ）等基本岩石力学参数和全应力应变曲线。

在确定试件岩石力学参数时，取试件最大支撑强度为极限强度；试件应变持续变化而应力基本保持不变的最后支撑强度为残余强度；在全应力应变曲线中取峰前直线弹性段的平均割线弹性模量为试件的弹性模量；根据经验取极限强度

图 3-19　岩石单轴压缩试验

图 3-20　工作面顶板岩石压缩试件

65%处的泊松比为试件的泊松比。

　　各层岩石试件的平均抗压强度、弹性模量、泊松比即为该岩层的单轴抗压强度、弹性模量、泊松比。

1. 试件试验结果及其破坏特征

图 3-21 为部分单轴压缩破坏后的试件试验结果实拍照片。从试件试验结果的实拍 8 张图片可以看出试件破坏具有如下特征：

(1) 试件破坏以平行于试件长轴的纵裂和与长轴小角度斜裂为主，个别出现小角度的 X 形破裂 (图 3-21d)；破裂面总体呈平面状，但不光滑。试验结果表明：在单轴压缩应力下，岩块产生纵向压缩和横向扩张，当应力达到某一量级时，岩块体积开始膨胀出现初裂，然后裂隙继续发展，最后导致破坏。

(2) 实拍 8 张图片中，没有出现与轴线 45°~55°的方向上发生的破裂，与试件的尺寸有关，即与试件的细长比有关。本次试验的试件细长比接近 0.5，属于大细长比试件。大细长比试件单轴压缩破坏的特征，基本呈以平行于试件长轴的

图 3-21　工作面顶板岩石单轴压缩破坏后试件试验典型照片

纵裂和与长轴小角度斜裂为主。

2. 试件试验结果数据与全应力应变曲线及其分析

（1）结果数据与全应力应变曲线。试验结果数据见表 3-2，单轴压缩全应力应变曲线如图 3-22~图 3-27 所示。

表 3-2 8210 工作面顶板岩石单轴压缩试验结果

取芯位置/m	试件编号	岩性	直径/mm	高度/mm	破坏载荷/kN	强度极限/MPa	普氏系数	弹性模量/MPa	泊松比
距开切眼1030	1	粉细互层	50.88	99.84	178.721	87.900	8.79	17424.85	0.2259
	2		51.24	99.32	149.802	72.646	7.26	15410.92	0.2032
	3		51.20	99.18	149.597	72.660	7.27	11670.14	0.1984
	平均值					77.735	7.77	14835.30	0.2092
	1	细砂岩	51.20	99.62	155.701	75.624	7.56	15272.71	0.2186
	2		51.22	99.28	130.565	63.366	6.34	12273.66	0.1787
	3		51.20	100.04	208.508	101.273	10.13	18806.51	0.2014
	平均值					80.088	8.01	15450.96	0.1996
	1	中粗砂岩	51.22	99.92	239.491	116.230	11.62	18780.84	0.2183
	2		51.10	98.48	293.812	143.264	14.32	19756.32	0.2064
	3		51.18	99.84	232.824	113.172	11.32	18084.41	0.2398
	平均值					124.222	12.42	18873.86	0.2215
距开切眼1400	1	粉细互层	51.28	99.74	229.729	111.232	11.12	16630.84	0.2019
	2		51.16	99.10	217.440	105.777	10.58	15850.36	0.2026
	3		51.22	99.80	238.303	115.654	11.56	18043.11	0.2069
	平均值					110.888	11.09	16841.44	0.2038
	1	细砂岩	51.32	99.46	229.139	110.774	11.08	15685.62	0.2068
	2		51.30	98.88	238.993	115.628	11.56	14224.55	0.1935
	3		51.34	99.60	175.441	84.748	8.47	14946.57	0.2384
	平均值					103.717	10.37	14952.25	0.2129
	1	中粗砂岩	51.32	99.56	149.672	72.356	7.24	12384.87	0.2119
	2		51.38	98.34	116.786	56.326	5.63	10723.43	0.2242
	3		51.20	98.70	115.731	56.211	5.62	8750.47	0.2613
	平均值					61.631	6.16	10619.59	0.2325

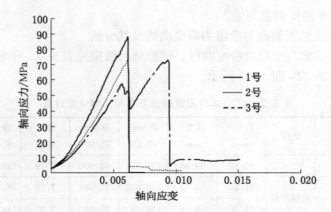

图 3-22　距开切眼 1030 m 顶板粉细互层岩石试件单轴压缩全应力应变曲线

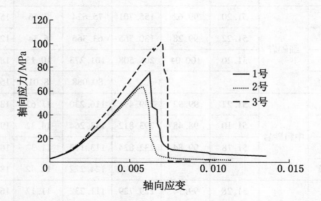

图 3-23　距开切眼 1030 m 顶板细砂岩试件单轴压缩全应力应变曲线

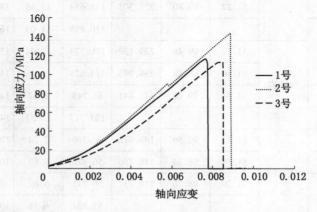

图 3-24　距开切眼 1030 m 顶板中粗砂岩试件单轴压缩全应力应变曲线

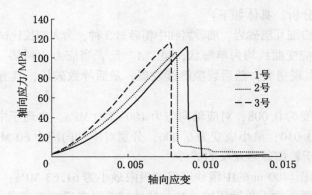

图 3-25　距开切眼 1400 m 处顶板粉细互层岩石试件单轴压缩全应力应变曲线

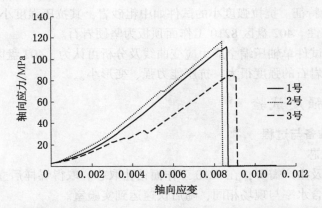

图 3-26　距开切眼 1400 m 处顶板细砂岩试件单轴压缩全应力应变曲线

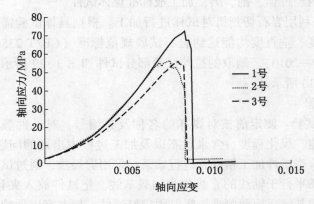

图 3-27　距开切眼 1400 m 处顶板中粗砂岩试件单轴压缩全应力应变曲线

（2）结果分析。具体如下：

① 试件为粉细互层砂岩、细砂岩和中粗砂岩 3 种，为大细长比试件，硬度较大；

② 全应力应变曲线均为单峰状，呈"A"形，当应力达到某一量级时，岩块体积开始膨胀出现初裂，然后裂隙继续发展，最后导致破坏，具有瞬间完全破坏的特征；

③ 最大应变为 0.008，对应轴向应力 100~120 MPa，出现于中粗砂岩和细砂岩，均未达到 0.010；最小应变为 0.006，分别对应轴向应力 60 MPa、75 MPa 和 90 MPa，出现于粉细砂岩互层的试件；

④ 距开切眼 1400 m 的中粗砂岩强度极限最小为 61.63 MPa；

⑤ 工作面顶板岩石单轴压缩试验与拉伸试验具有反映出高度的一致性。

（a）普遍性特征。抗拉强度大的试件同时具有大的抗压强度；

（b）个性特征。抗拉强度小的试件如中粗砂岩，其抗压强度小；

（c）工程性。402 盘区 8210 工作面顶板为坚硬岩石。

由上述各试件单轴压缩全应力应变曲线及分析可认为，402 盘区 8210 工作面顶板所有岩层岩石的强度很大，抗压能力强、变形小。

3.4 煤体强度试验

3.4.1 试验准备与过程

1. 试件取芯

根据研究及生产需要，在 8210 工作面钻孔取芯。取得煤样后立即进行密封，以确保湿度和含水率与现场相同，随后快速运到实验室。

2. 岩样处理与试验标准

在实验室内经过切、割、磨，加工成标准煤体试件。

图 3-28 是利用岩石切割机对试样进行加工。根据具体试验需要加工成标准试样，其平整度、垂直度均能达到岩石试验规范标准（GB/T 23561.7—2009 及 GB/T 23561.10—2010）。制取的拉伸试验部分试件如图 3-29 所示；压缩试验部分试件如图 3-30 所示。

3. 试验过程

（1）拉伸试验。测定前核对煤样的名称及其编号，对试件颜色、颗粒、层理、节理、裂隙、风化程度、含水状态以及加工过程中出现的问题等进行描述，并进行记录；检查试件加工精度并进行填录；采用劈裂法，通过试件端面直径的两端，各画一条平行于轴线的直线作为加载基线。把试件放入夹具内，夹具上、下刀刃对准加载基线，用两侧夹持螺钉固定好试件；把夹有试件的夹具或装配垫条的试件放入材料试验机的上下承压板之间，调整球形座，使试件均匀承载，使

图 3-28　煤体试样切割

图 3-29　煤体拉伸试件

图 3-30　煤体压缩试件

刀刃、试件的中心线和材料试验机的中心线在一条直线上；采用直接加压方式，将试件放入上下压头之间，使试件的轴向与加载方向垂直，并位于压头正中部；启动材料试验机，施加 0.1~0.5 kN 的压力。使压头与试件接触，然后以 0.03~0.05 MPa/s 的速率加载，直至破坏。

（2）压缩试验。测定前核对煤样的名称及其编号，对试件颜色、颗粒、层理、节理、裂隙、风化程度、含水状态以及加工过程中出现的问题等进行描述，并进行记录；检查试件加工精度并进行填录；将试件置于材料试验机承压板中心，调整球形座，使试验机、上下承压板、试件三者中心线成一直线，并使试件上下面受力均匀；采用电液伺服试验机进行试验，结合计算机数据采集处理系统（自动检测系统），拉伸试验以 0.03~0.05 MPa/s 的速率加载，并按 0.5~1.0 MPa/s 加载速度连续加载直至试件破坏。当峰值出现后，继续测 3~5 s 后关机；如无峰值时，则至轴向应变达 15%~20% 时关机；记录破坏载荷以及加压过程中出现的现象，并对破坏后的试件进行描述。

3.4.2　煤体拉伸试验结果与分析

1. 拉伸试验结果

（1）拉伸破坏后的煤体试件，如图 3-31 所示。

（a）　　　　　　　　　（b）　　　　　　　　　（c）

图 3-31　拉伸破坏后的煤体试件

（2）煤体单向拉伸试验数据结果，见表 3-3。

表 3-3　煤体单向拉伸试验结果

试件编号	直径/mm	高度/mm	最大压力/kN	抗拉强度/MPa
1	48.24	16.18	3.8286	3.123
2	48.28	18.86	3.7691	2.635
3	48.32	17.50	2.7904	2.101
平均值				2.620

（3）煤体试件单向拉伸曲线，如图 3-32~图 3-35 所示。

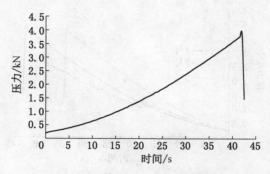

图 3-32 煤体 1 号试件拉伸曲线

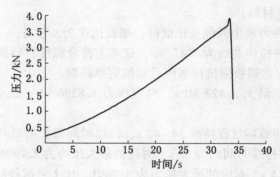

图 3-33 煤体 2 号试件拉伸曲线

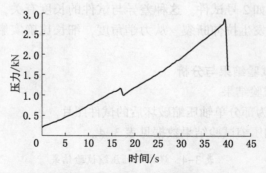

图 3-34 煤体 3 号试件拉伸曲线

2. 拉伸试验结果分析

（1）与顶板岩石单向拉伸试验结果相似，煤体试件以垂直或近垂直于拉伸方向断裂，主断裂基本在试件中央位置发育，主断裂面近平面状但极度粗糙。

这种拉伸破坏状况，与脆性材料的拉伸破坏特征完全一致，因为煤体试件本

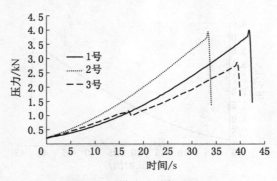

图 3-35 煤体试件拉伸曲线

身就是典型的脆性材料。

（2）煤体试件为极小的细长比试件，细长比在 2.8 左右。

（3）煤体试件拉伸曲线为"A"形，这基本符合脆性材料的单向拉伸的胡克定律；反映试件在达到极限抗拉强度后瞬间突然破裂。

（4）抗拉强度最大 3.123 MPa，对应压力 3.8286 kN；最小 2.101 MPa，对应压力 2.7904 kN。

（5）试件拉伸破坏过程持续 34~42 s，持续时间最长的试件对应的最大压力也最大，3 号试件持续时间约为 38 s，对应的最大压力为 2.7904 s，2 号试件持续时间最短，约为 34 s，对应的最大压力为 3.7691，比 1 号试件的略小。

上述试验结果，有一个值得注意的现象，即试件长度（高度）越长（高），持续的时间越短，如 2 号试件。这种差异与试件的长度有关，即与细长比有关，细长比越大，越易发生拉伸断裂。从力学角度，细长比确实影响试件/材料的单轴拉压破坏效应。

3.4.3 煤体压缩试验结果与分析

1. 煤体压缩试验结果

（1）图 3-36 为部分单轴压缩破坏后的试件照片。

（2）煤体单轴压缩试验结果数据见表 3-4。

表 3-4 煤体单轴压缩试验结果

试件编号	直径/mm	高度/mm	破坏载荷/kN	强度极限/MPa	普氏系数	弹性模量/MPa	泊松比
1	48.46	87.70	59.440	32.2435	3.22	2905.5634	0.2435
2	48.34	81.74	58.646	31.9548	3.20	2930.7410	0.2416
3	48.32	80.14	59.665	32.5370	3.25	2859.9110	0.2449
平均值				32.2451	3.22	2898.7385	0.2433

图 3-36 煤体单轴压缩破坏后的试件典型照片

（3）煤体试件单轴压缩全应力应变曲线，如图 3-37～图 3-40 所示。

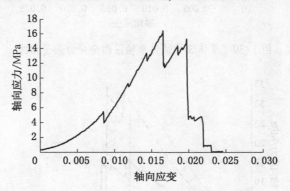

图 3-37 煤体 1 号试件单轴压缩全应力应变曲线

2. 煤体压缩试验结果分析

（1）由图 3-36 煤体单轴压缩破坏 3 张典型照片，可以看出煤体单轴压缩破坏发育 3 种形式：近 "X" 形断裂破坏、斜裂破坏、纵裂破坏。煤体试件破裂面很不规整，且极其粗糙。反映出研究区的煤层与其顶板岩层具有相同的岩性性质，即都属于坚硬煤岩层。这 3 种破坏形式和特征与脆性材料的压缩破坏特征相

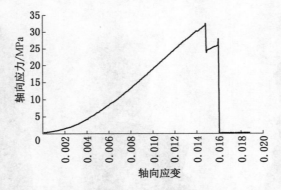

图 3-38　煤体 2 号试件单轴压缩全应力应变曲线

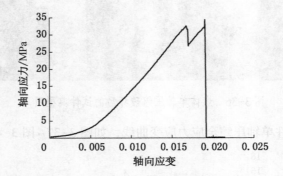

图 3-39　煤体 3 号试件单轴压缩全应力应变曲线

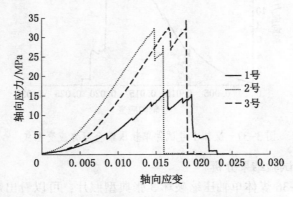

图 3-40　煤体试件单轴压缩全应力应变曲线

符；之所以发生这 3 种形式的破坏，应该与试件的制作状况、试验的条件与过程和煤体试件本身的结构与组分的差异有关，但是，总体依然表现出脆性材料压缩破坏的特征，这 3 种形式均属脆性材料压缩破坏的特点。

（2）煤体试件为大细长比试件，细长比在 0.58 左右。

（3）煤体强度极限较大，在 32 MPa，属于坚硬煤体，但是泊松比较小，略高于 0.24，反映煤体不易变形而更易受压破裂；弹性模量很大，说明研究区煤体具有蓄积弹性应变能的能力。这极易诱发煤体的突然失稳和巨大的应变能释放，从而为"两硬"大采高采场条件下的煤层开采带来巨大的危害。

（4）煤体试件单轴压缩全应力应变曲线总体呈"A"形，但在"A"的尖部明显表现为"双峰式"，一个主体单峰，其后出现 1~2 个单斜小峰。这种现象为研究和今后的预警控制带来有益的启示：

① 应该是煤体受压蓄积的弹性应变能阶段性释放的表现；

② 第一个单斜小峰预示着蓄积的弹性应变能已达到临界状态，即将全部释放，也就是采场即将发生巨大的动力破坏。这为监测煤体与顶板的应力异常临界前兆或异常声、电、磁等临界前兆，提供的一种依据和手段。

需要进一步说明的是，单斜小峰对应的轴向应力值差别不是很大，基本在 2 MPa 之内，应变值相对较大，可在 0.003~0.005 之间。

根据两个小单峰的应变差有理由认为，形成第一个小单峰时，煤体仍具有较强的抵抗破坏的能力，在形成最后一个小单峰时刻，达到了破坏的临界状态和临界时间；第一和最后小单峰的形成在时间间隔上，应该保持较长一段时间，足可以保证采取应急应对措施，避免或逃避煤体破坏导致的重大动力现象造成的危害。

综上所述，通过室内煤岩体力学性质试验，获得了岩石力学参数，顶板岩石的单轴抗拉强度在 6.89~18.22 MPa 之间；单轴抗压强度在 61.63~124.22 MPa 之间（$f=6.16~12.42$），煤体的单向抗拉强度在 2.1~3.1 MPa 之间；单轴抗压强度在 31.9~32.5 MPa 之间（$f=3.22$），因此，8210 工作面属于典型坚硬顶板、坚硬煤层工作面。

3.5　应力场的空间分布特征

3.5.1　地应力实测

1. 概述

在采矿界和地学界，地应力研究是目前国际上的重要研究课题。近几十年来，世界上众多国家已经展开了地应力的测量及相关基础研究工作，无论在地球动力学、构造地质及地震预报研究，还是在矿山开采、地下工程和能源开发等生产实践有关工程技术中均起到了重要作用，日益受到国内外学术界和工程界的重视。

对矿山开采设计来说，只有掌握了相关区域的地应力状况，才能合理确定矿山总体布置，选取适当的采矿方法，确定巷道和采场的最佳断面形状、巷道位置、支护形式、支护结构参数和支护时间等，从而在保证围岩稳定性的前提下，最大限度地增加矿井矿产资源开采生产产量，提高矿井的经济效益。

根据工程所处的不同构造部位和工程地质条件，掌握矿井所处的地应力状态、类型和作用特征，才能采取合理有效的预防矿井动力现象的技术措施，合理地确定采场布局和回采顺序，这对于保证巷道与采场的相对稳定和生产的安全都具有重要意义。

随着采矿规模的不断扩大和不断向深部发展，特别是数百万吨级的大型矿井的出现，地应力的影响会越加严重，不考虑地应力的影响进行设计和施工，往往造成地下巷道和采场的坍塌破坏、冲击地压等矿井动力现象的发生，使矿井生产无法进行，并经常引起严重的事故，造成人员伤亡和财产的重大损失。

因此，对地应力进行实测，掌握两硬井田范围内原岩应力分布规律，对于工作面巷道布置和支护设计具有重要意义。

2. 地应力测量原理及方法

原位测量，是目前取得各种工程需要不同深度原岩应力可靠资料的唯一方法。美国、澳大利亚、加拿大等矿业较发达的国家，对一些重要工程都普遍开展了原岩应力的实测工作，例如澳大利亚一些主要煤矿在进行大量地应力测量的基础上，绘制了矿区地应力分布图，用于指导井下巷道的支护，有利于对矿区的长远规划和生产布置。

20 世纪 30 年代，为了工程的需要就已开展了岩石应力测量工作，目前世界上已有几十个国家开展了地应力测量工作，测量方法有十余类，测量仪器达百种。地应力测试的准确性与采用的测量方法和仪器、设备密切相关。现有的地应力实测方法很多，但比较常用的方法可以归纳为 3 类，主要包括应力解除法、水压致裂法、应力恢复法。目前应用较广泛和最为认可的方法为套芯应力解除法。

原岩应力是天然状态下岩体内某一点各个方向上应力分量总体的度量，一般情况下，6 个应力分量处于相对平衡状态。原岩应力实测则是通过在岩体内施工扰动钻孔，打破其原有的平衡状态，测量岩体因应力释放而产生的应变，通过其应力应变效应，间接测定原岩应力。

应力解除法的基本原理就是，当一块岩石从受力作用的岩体中取出后，由于其岩石的弹性会发生膨胀变形，测量出应力解除后的此块岩石的三维膨胀变形，并通过现场弹模率定确定其弹性模量，则由线性胡克定律即可计算出应力解除前岩体中应力的大小和方向。具体讲这一方法就是在岩石中先打一个测量钻孔，将应力传感器安装在测孔中并观测读数，然后在测量孔外同心套钻钻取岩芯，使岩芯与围岩脱离，岩芯上的应力因解除而恢复，根据应力解除前后仪器所测得的差值，即可计算出应力的大小和方向。

当一块岩石从受力作用的岩体中取出后，由于自身的弹性会发生膨胀变形，变形情况和它原先的受力情况有规律性关系。测量出岩石的三维膨胀变形（应力解除后），并且确定它的弹性模量，则通过胡克定律即可计算出应力解除前岩体中的应力大小和方向。应力解除的原理示意图如图3-41所示。

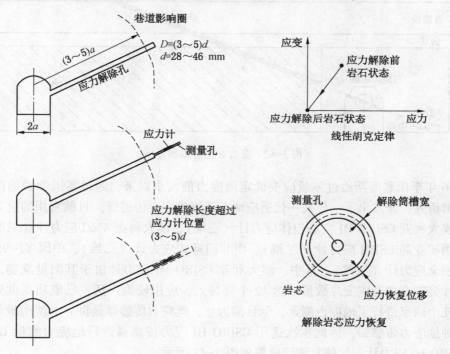

a—巷道半径；*D*—应力解除孔直径；*d*—测量孔直径
图3-41　应力解除的原理示意图

3. 应力解除法实测的主要过程

原岩应力测量一般在煤矿井下的巷道中进行，在岩体中施工一定深度（扰动区以外）的钻孔，应力钻孔普遍采用在巷道内以一定的仰角向巷道顶板岩体中施工，在完整岩体中将应力传感器牢固地安装在钻孔中，然后打钻套取岩芯实施应力解除，并在解除的过程中测量由于应力释放而产生的应变。应力钻孔施工示意图如图3-42所示。

（1）应力传感器选择。测量地下岩石应变的应力传感器有各种各样，从

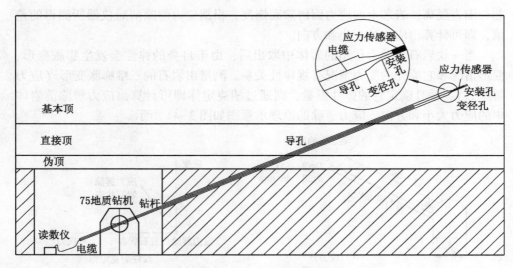

图 3-42　应力钻孔施工示意图

1966 年李氏和海斯通过测量应变确定地应力值大小以来，通过各国学者的潜心探索研究，开发出了一代又一代适应地下环境的应力传感器。目前常用的应力计有澳大利亚 CSIRO HI 空心包体应力计（三维）、澳大利亚 ANZI 应力计（三维）、美国矿业局 USBM 应力计（二维）、南非门塞式应力计（二维）、中国 YJ-95 型压磁全应力计（三维）。其中，澳大利亚 CSIRO HI 应力计由于其测量准确，应变片分布合理且应变片数量多达 12 个等特点，应用较为广泛，已成功在世界上十几个国家进行了地应力测量，至目前为止，此应力传感器是世界上使用最多的一种地应力传感器，因此本次选用 CSIRO HI 应力传感器进行地应力测量工作。CSIRO HI 应力计、胶体及测读仪器如图 3-43 所示。

　　CSIRO HI 应力计是在预制的空心环氧树脂柱面上粘贴 3 组应变花而制成的。3 组应变玫瑰花（每组应变玫瑰花由 4 个应变片组成）以每隔 120°的角均匀分布于应力计周围，以增加应力测量数据的可靠性。两个轴向应变片均测量轴向应变量，5 个沿圆周方向布置的应变片均测量圆周方向应变量，而与钻孔呈 45°或 135°方向的应变量由其余 5 个应变片测量。这样布置应变片具有如下优点：①分布密度集中的应变量可信度较高，可作为测量结果；②可确定三维应力场的应力值、方位及倾角；③套芯时，若由于岩石条件而造成某些角度应变玫瑰花破坏，可舍去其测量数据，而将其余应变玫瑰花的测量数据作为测量结果。

　　在实际测量过程中，将应力计推到安装应力计的预定位置后，使用推力杆挤出环氧树脂液，使之充满应力计与孔壁间的间隙，待完全固化后，应力计与岩体

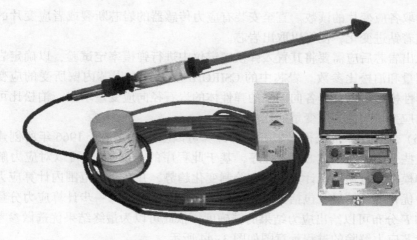

图 3-43 CSIRO HI 应力计、胶体及测读仪器

结合为一体，然后实施应力解除。CSIRO HI 应力计除用于测量原岩应力外，特别是在次生应力监测中显示其优越性，但其缺点是要求岩体干燥，在渗透性岩层中应用对测量结果影响较大。

（2）钻取导孔。按照测点布置设计方案在选定地应力测量地点施工地应力实测钻孔。根据设计方案预定的倾角和深度垂直于巷道帮部施工一个直径为 115 mm 的导孔，要求导孔孔壁完整、孔径一致，不能发生钻孔弯曲、塌孔等现象。

（3）钻取应力传感器安装孔。在导孔深度到达理想岩性之后，就可以钻取应力传感器安装孔了。在钻取应力传感器安装孔之前，需要在导孔的底部同心位置钻取应力传感器安装孔，其深度视应力计的长度及岩芯完整情况而定。为了取出完整应力计安装孔岩芯，在钻取过程中钻机速度尽可能放慢，并使用特殊设计的 E 形孔取芯钻头施工。

（4）安装应力传感器。根据安装孔中取出岩芯情况，选取岩面结构较好的一段，根据这一段位置截取应力传感器调节杆长度，使应变片位置位于这一段岩芯处。

确定应力计的安装位置后，准备应力计、胶结剂及其他必要物品，使用专用安装杆将应力计安装至预定位置。CSIROHI 应力计的安装方法按照其使用说明严格进行，安装过程要细致，以保证地应力测量的成功。

（5）应力解除和弹模率定。安装应力传感器第二天实施应力解除，黏结剂固化的时间最好要超过 16 h。对于 CSIROHI 应力计而言，在套芯解除前应先读取应变片读数以确定应变片工作是否正常。在钻进过程中，钻进速度要慢，以较全面读取各应变片的读数。直至安装有应力传感器的岩芯断裂或者应变片的读数不再随着钻进变化，便可以取出岩芯。

取出岩芯后应需要将其置入弹模率定仪中进行弹模率定试验，以确定岩石的弹性模量和泊松比参数。岩芯中的 CSIROHI 应力计在岩芯内壁所受的应变、岩石的弹性模量可以根据各向同性的弹性体的岩石径向应变量求出。泊松比可以根据轴向应变量与径向应变量的比值得出。

（6）实测结果的获得。岩石应力计算可以应用 Panek 于 1966 年所创建的方法，这些公式已经编成 Stress 程序，基于此程序的 excel 表格可以对应力解除数据和弹模率定数据进行计算差值和绘制变化趋势，并在合适范围内计算应力分量之间最优化统计结果，包括方差、主应力、方向信息。每一步计算应力分量之间方差和 F 分布可以给出应力结果的精确度，依此可以为最终结果优选做参考。

套芯应力解除的过程示意图如图 3-44 所示。

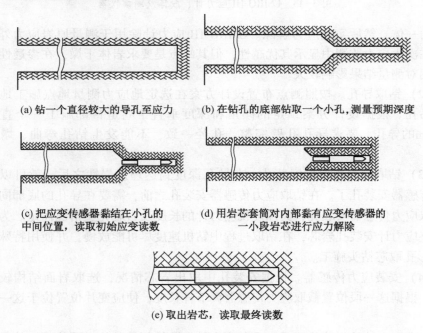

(a) 钻一个直径较大的导孔至应力

(b) 在钻孔的底部钻取一个小孔，测量预期深度

(c) 把应变传感器黏结在小孔的中间位置，读取初始应变读数

(d) 用岩芯套筒对内部黏有应变传感器的一小段岩芯进行应力解除

(e) 取出岩芯，读取最终读数

图 3-44　套芯应力解除的过程示意图

4. 测点布置

（1）测点选择与分布。为了更好地进行原岩应力测量施工，根据上述测点确定条件，测点分别选择在 8210 工作面（埋深 330 m）、8701 工作面（埋深 280 m）。原岩应力测点分布如图 3-45 和图 3-46 所示。

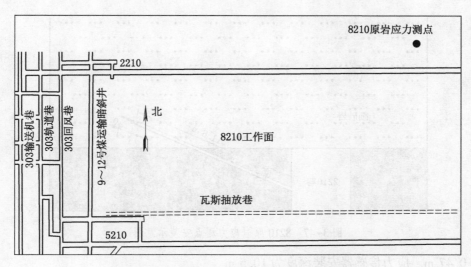

图 3-45　8210 工作面原岩应力测点示意图

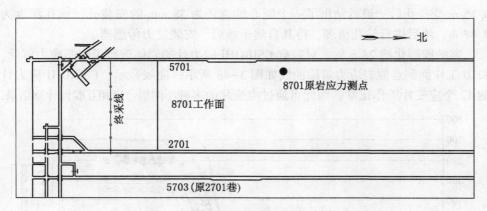

图 3-46　8701 工作面原岩应力测点示意图

（2）应力传感器布置安装。8210 原岩应力测点位于 2210 巷 340 m 处，在实体煤一侧。应力传感器安装在基本顶粉砂岩内。地应力钻孔以仰角 18°、方位角 43°施工，导孔的直径为 115 mm，钻进长度为 11.8 m，地应力传感器安装孔直径为 38 mm、长度为 0.47 m。应力传感器安装深度为 12.1 m。其安装示意图如图 3-47 所示。

8701 原岩应力测点位于 8701 工作面尾巷 1280 m 处，在实体煤一侧。应力传感器安装在顶板粉砂岩内。地应力钻孔以仰角 16.5°、方位角 90°施工，导孔的直径为 115 mm，钻进长度为 10.2 m，地应力传感器安装孔直径为 38 mm、长度

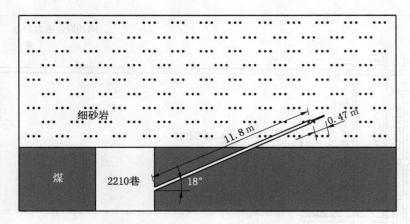

图 3-47　8210 原岩应力测点安装示意图

为 0.47 m。应力传感器安装深度为 10.5 m。

CSIROHI 应力传感器安装在顶板粉砂岩地层中，在导孔使用成型钻头施工 0.15 m 变径孔后，最后钻出了一个同心的直径为 38 mm 的安装孔，该孔深度为 0.47 m，然后进行钻孔清理，待其自然干燥后，安装应力传感器。

黏结胶固化约 24 h 后，对装有 CSIROHI 应力计的岩体进行了套芯应力解除。8210 工作面测点原岩应力解除曲线如图 3-48 所示，曲线显示，CSIROHI 应力计的 12 个应变片工作正常，因此可通过应变片的多种不同组合来相互验证计算结果，

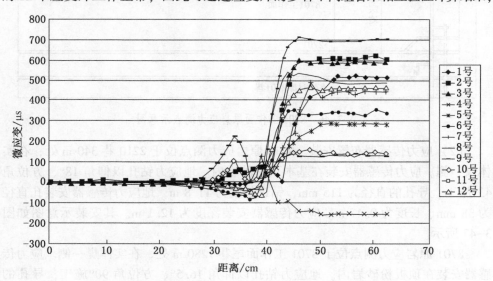

图 3-48　8210 工作面测点原岩应力解除曲线

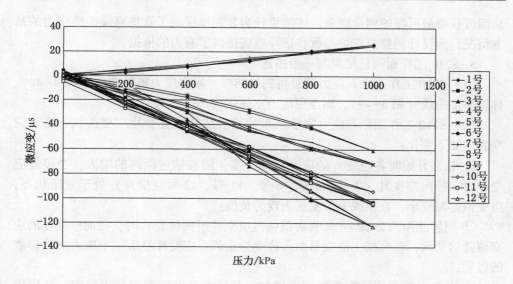

图 3-49 8210 工作面测点弹模率定曲线

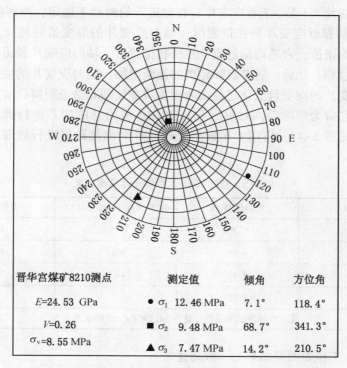

晋华宫煤矿8210测点	测定值		倾角	方位角
E=24.53 GPa	●	σ_1 12.46 MPa	7.1°	118.4°
V=0.26	■	σ_2 9.48 MPa	68.7°	341.3°
σ_v=8.55 MPa	▲	σ_3 7.47 MPa	14.2°	210.5°

图 3-50 8210 工作面测点主应力立体图

从而可获得最可靠的测量结果。该结果较为客观地反映了晋华宫煤矿地应力的基本情况，为设计调整及支护参数和指导现场提供了有力的依据。

5. 8210 工作面测量结果与一般描述

（1）8210 工作面原岩应力测量得到的结果：原岩应力解除曲线（图 3-48）、弹模率定曲线（图 3-49）、测点主应力立体图（图 3-50）。

（2）8210 工作面原岩应力测量结果描述。从径向应变片应变曲线来看，应变表现如下变化：

① 钻进开始时各应变片的应变量均为零，随着钻进距离的增大，当接近应变片时，径向应变片（2 号、4 号、6 号、11 号、12 号应变片）处于受压状态，应变值逐渐变小，在曲线上应变量表现为负值；

② 当解除距离为 20 cm（岩芯筒钻过应变片所在位置）时，径向应变片的应变值陡然变大，在曲线上应变量由负值变为正值，应变片经历一个应力突然释放的过程；

③ 此后，随着解除距离的逐渐增加，各应变片的应变量趋于稳定，径向应变片的应变变化与实际情况相符。

轴向应变片（1 号、7 号应变片）在钻进开始时趋于稳定，当解除距离为 20 cm，即岩芯筒靠近应变片所在位置时，轴向应变片的应变值陡然变大，在曲线上应变量变为正值；岩芯筒钻过应变片所在位置时，轴向应变片经历一个应力压缩又释放的过程；此后，随着解除距离的逐渐增加，轴向应变片的应变量趋于稳定。斜向应变片的应变量变化过程则表现为应变量随着钻进距离的增大而增大。

进行套芯应力解除后，对黏结有 CSIROHI 应力计的岩芯进行弹模率定，弹模率定曲线见图 3-49。应用专用数据处理软件对测量数据进行处理，计算结果见表 3-5。

表 3-5　8210 工作面原岩应力实测结果

主应力	实测值/MPa	倾角（向下为正）/(°)	方位角/(°)
σ_1	12.46	7.1	118.4
σ_2	9.48	68.7	341.3
σ_3	7.47	14.2	210.5
σ_v	8.55		

注：双轴测试的弹性模量为 24.53GPa，泊松比为 0.26

6. 8701 工作面测量结果与一般描述

（1）工作面原岩应力测量得到的结果：原岩应力解除曲线（图 3-51）、弹模率定曲线（图3-52）、工作面测点主应力立体图（图3-53）。

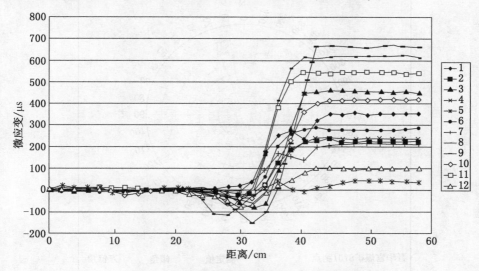

图 3-51　8701 工作面测点原岩应力解除曲线

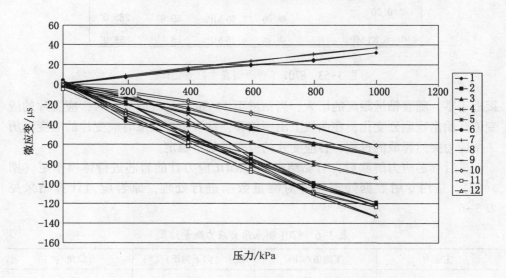

图 3-52　8701 工作面测点弹模率定曲线

（2）8701 工作面原岩应力测量结果描述。黏结剂固化约 24 h 后，对装有 CSIROHI 地应力传感器的岩体进行了套芯应力解除。从图 3-51 中的应力解除过程曲线来看，12 个应变片工作均正常，套筒取芯开始时各应变片的应变量很小，

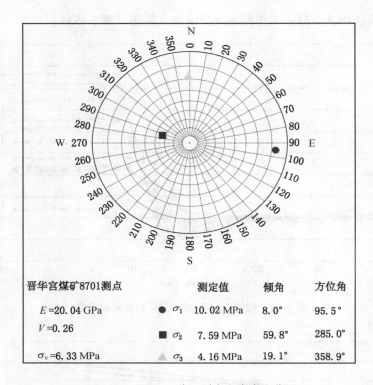

图 3-53　8701 工作面测点主应力立体图

接近于零，随着钻进距离的增大，当钻进至 24 cm 即接近应变片时，应变片的应变值开始出现剧烈变化，在曲线上出现偏移，钻取接近结束时应变片的应变经历一个应力突然释放的过程，各应变片的应变量趋于稳定。

进行套芯应力解除后，对黏结有 CSIROHI 应力计的岩芯进行弹模率定（图 3-52）。应用专用数据处理软件对测量数据进行处理，原岩应力计算结果见表 3-6。

表 3-6　8701 测点原岩应力测量结果

主应力	实测值/MPa	倾角（向下为正）/(°)	方位角/(°)
σ_1	10.02	8.0	95.5
σ_2	7.59	59.8	285.0
σ_3	4.16	19.1	358.9
σ_v	6.33		

注：双轴测试的弹性模量为 20.04 GPa，泊松比为 0.26

7. 原岩应力实测结果分析

结合井下施工和地质测量条件，对 8210 测点和 8701 测点原岩应力测量数据进行处理后的原岩应力测量结果的 3 个分量最大主应力、中间主应力、最小主应力以及垂直应力进行汇总，结果见表 3-7。

表 3-7　两硬煤矿原岩应力测量结果

测点	原岩应力	实测值/MPa	倾角(向下为正)/(°)	方位角/(°)
8210	σ_1	12.46	7.1	118.4
	σ_2	9.48	68.7	341.3
	σ_3	7.47	14.2	210.5
	σ_v		8.55	
8701	σ_1	10.02	8.0	95.5
	σ_2	7.59	59.8	285.0
	σ_3	4.16	19.1	358.9
	σ_v		6.33	

根据两硬煤矿原岩应力测量结果，可以看出两硬煤矿 8210 工作面和 8701 工作面原岩应力场具有以下特点和规律：

（1）原岩应力场的最大主应力 σ_1 为最大水平主应力，方向为东偏南向。原岩应力分量 σ_1 值最大，且其倾角为 7.1° 和 8.0°，接近水平方向，即最大主应力 σ_1 应该为最大水平主应力 σ_{hmax}。最大主应力 σ_1 方位为 118.4° 和 95.5°，方向为东偏南向。

（2）原岩应力场的最小主应力 σ_3 为最小水平主应力，方向为近南北向。原岩应力分量 σ_3 值最小，且倾角为 14.2° 和 19.1°，也接近水平方向，即最小主应力 σ_3 应该为最小水平主应力 σ_{hmin}。最小主应力 σ_3 方位为 210.5° 和 358.9°，方向近南北向。

（3）原岩应力场的中间主应力 σ_2 的倾角较大，达到 68.7° 和 59.8°，接近垂直方向。

（4）原岩应力场中最大水平应力 σ_1 与最小水平应力 σ_3 在方位上基本垂直。根据原岩应力实测结果，最大水平应力 σ_1 与最小水平应力 σ_3 其方位差值为 92.1° 和 263.4°，在方位上大致垂直。从图 3-54 和图 3-55 中可以更直观地体现出来。

（5）原岩应力场中的垂直应力与按上覆岩层容重和埋深计算的垂直应力理论值基本相符。8210 测点与 8701 测点埋深分别为 330 m 和 280 m 左右，按照上

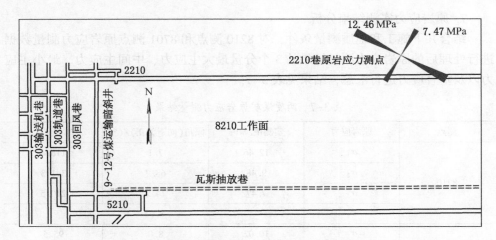

图 3-54　8210 工作面水平主应力分布示意图

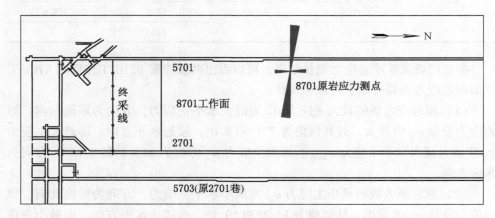

图 3-55　8701 工作面水平主应力分布示意图

覆岩层容重理论计算垂直应力大致为 8.25 MPa 和 7.00 MPa，其值与实测垂直应力值 8.55 MPa 和 6.33 MPa 基本相符。就这一点而言，实测的原岩应力值符合实际情况，是可信和可用的。

（6）影响"两硬"煤矿井下巷道稳定性的首要因素是水平主应力。从原岩应力测量结果看，σ_1/σ_v 其值为 1.46 和 1.58，矿井水平应力明显大于垂直应力，说明水平应力比垂直应力对井田开拓的影响要大，"两硬"井田 8210 工作面和 8701 工作面原岩应力场受到构造应力影响较大。

晋华宫井田总体构造形态为一从南到北，轴向由 NE 转为 NW 的向斜。向斜构造是由挤压形成的，挤压应力可叠加于原岩应力场，因此，原岩应力场必然受到构造应力影响。

(7) 8210 工作面和 8701 工作面巷道受水平应力方向性影响非常明显。根据原岩应力测量结果，σ_1/σ_3 其值为 1.67 和 2.41，说明井田内地应力场对巷道掘进影响具有明显的方向性，8701 工作面受水平应力影响明显大于 8210 工作面。在同一水平面的最大水平主应力与最小水平主应力之间差值越大，水平应力对巷道稳定性的影响就越大。

(8) 根据原岩应力测量结果，表明"两硬"煤矿井下原岩应力场的分布具有一致性和规律性，由图 3-56 可知：

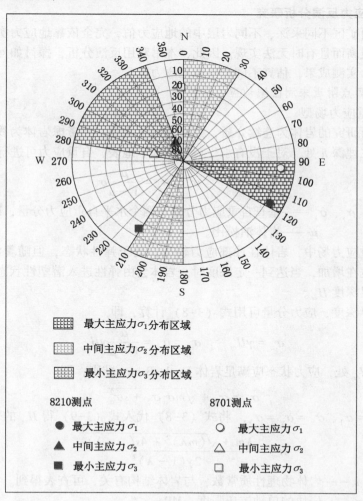

图 3-56 原岩应力空间分布

① 8210 测点和 8701 测点原岩应力场较为接近，主要表现在应力值和方位相差较小。8210 工作面区域实测原岩应力场中水平最大主应力较 8701 工作面区域逆时针偏移 30°左右，但是，基本为同一方位，说明两个不同的工作面最大主应力具有基本同向和同质性；中间主应力 σ_2 其方位偏移了 56°，也基本处于同一方位，但因其倾角较大，在空间上差异表现不明显。

② 两个工作面的水平最小主应力方位相差巨大，为 180°，但应力值接近。

根据两个工作面的空间位置关系和开采进度位置关系分析，这种方位的差异，应该受采动影响所致。

3.5.2　地应力反演分析研究

要探明矿区不同采深、不同岩层中的地应力值，完全依靠地应力实测，则会导致成本极高而且有时无法实现。因此，本书利用反演分析，探讨如何利用矿区少量地应力实测成果，估算不同岩层中地应力值。

3.5.2.1　测点附近未测区域地应力值预估

1. 自重应力场型

假设所研究的岩体为连续介质，则根据力学原理，并考虑岩体为线弹性、各向同性，在埋深 h 处，对于没有承受荷载的水平地表，自重应力可进行计算：

$$\sigma_z = \gamma h \qquad \sigma_x = \sigma_y = \frac{\mu}{1-\mu}\sigma_z \qquad (3-7)$$

式中　σ_x、σ_y、σ_z——垂直自重应力分量和两个水平自重应力分量，MPa；

μ——岩体泊松比。

在自重应力场中，岩体在浅部应力较小，处于弹性状态，但随着深度增加，其应力值也在增加，当达到一定深度时，岩体会由弹性进入潜塑性状态，此时的深度叫临界深度 H_{cr}。

在临界深度，应力分量可用式（3-8）计算，即

$$\sigma_z = \gamma H_{cr} \qquad \sigma_x = \sigma_y = \frac{\mu}{1-\mu}\gamma H_{cr} \qquad (3-8)$$

当在 H_{cr} 处，应力状态应满足岩体 Hoek-Brown 准则，即

$$\sigma_1 = \sigma_3 + \sqrt{m\sigma_c\sigma_3 + s\sigma_c^2} \qquad (3-9)$$

当 $\sigma_z = \sigma_1$、$\sigma_x = \sigma_y = \sigma_3$，将式（3-8）代入式（3-9）得 H_{cr} 的表达式为

$$H_{cr} = \frac{\lambda m + \sqrt{(m\lambda)^2 + 4s(1-\lambda)^2}}{2\gamma(1-\lambda)^2} \qquad (3-10)$$

式中　m、s——岩体物理性质常数，与岩体结构有关，可查表得到。

σ_c——岩块的单轴抗压强度，MPa；

γ——上覆岩土体平均容重，土体部分取 20 kN/m³，岩体取 27 kN/

m³, 一般可取 25 kN/m³;

λ——侧压系数, $\lambda = \dfrac{\mu}{1 - \mu}$。

假设岩体为理想弹塑性体,则 H_{cr} 深度以下岩层中的应力可由式 (3-10) 得到,即

$$\begin{cases} \sigma_z = \gamma h \\ \sigma_x = \sigma_y = \sigma_z + \dfrac{1}{2}m\sigma_c\sigma_z - \sqrt{m\sigma_c\sigma_z + \dfrac{1}{4}m^2\sigma_c^2 + s\sigma_c^2} \quad (h > H_{cr}) \end{cases} \quad (3-11)$$

2. 构造应力场型

(1) 弹性状态。当构造应力较小,所有岩层均处于天然弹性状态时,假设岩层为各向同性,则地应力可简化为

$$\begin{cases} \sigma_v = \gamma h \\ \sigma_H = \lambda\sigma_v + \sigma_T = \dfrac{\mu}{-\mu}\sigma_v + \sigma_T \\ \sigma_h = \lambda\sigma_v + \lambda\sigma_T \end{cases} \quad (3-12)$$

式中 σ_v——垂直方向应力(国内外地应力实测结果表明,构造应力场中 σ_v 也近似为 γh);

σ_H——水平方向最大应力,MPa;

σ_h——水平方向最小应力,MPa;

λ——侧压系数;

σ_T——水平构造应力,MPa。

(2) 弹塑性状态。在构造应力场型中,当 σ_T 较大时,浅部一部分软弱岩层可能会进入天然塑性状态,但深部仍为弹性状态。这时浅部塑性和深部弹性的应力计算方法分别如下:

假设 σ_1、σ_2 在水平方向, σ_3 在垂直方向。此时,在 H_{cr} 处:

$$\begin{cases} \sigma_3 = \gamma H_{cr} \\ \sigma_1 = \lambda\sigma_3 + \sigma_T \end{cases} \quad (3-13)$$

同时,该点应力满足 Hoek-Brown 准则,将式 (3-13) 代入式 (3-9),可得 H_{cr} 为

$$H_{cr} = \frac{1}{\gamma} \frac{2\sigma_T(1-\lambda) + m\sigma_c - \sqrt{[2\sigma_T(1-\lambda) + m\sigma_c]^2 - 4(1-\lambda)^2(\sigma_T^2 - s\sigma_c^2)}}{2(1-\lambda)^2}$$

$$(3-14)$$

由式 (3-14) 可知, $H_{cr} = 0$ 的必要条件为

$$2\sigma_T(1-\lambda) + m\sigma_c = \sqrt{[2\sigma_T(1-\lambda) + m\sigma_c]^2 - 4(1-\lambda)^2(\sigma_T^2 - s\sigma_c^2)}$$

即

$$4(1-\lambda)^2(\sigma_T^2 - s\sigma_c^2) = 0$$

$$\sigma_T = \sqrt{s}\,\sigma_c \qquad\qquad (3-15)$$

当 $\sigma_T < \sqrt{s}\,\sigma_c$ 时岩体都为弹性状态，岩层中应力按式（3-12）求解计算；当 $\sigma_T = \sqrt{s}\,\sigma_c$ 时岩体处于由弹性进入塑性的临界状态，塑性区深度为零，即在地表处；当 $\sigma_T > \sqrt{s}\,\sigma_c$ 时浅部岩体要进入塑性，此时先按式（3-14）计算塑性区深度 H_{cr}，若岩层处于 H_{cr} 深度以下，按式（3-12）计算岩层应力，若处于 H_{cr} 以上，则按式（3-16）计算（假设岩体为理想弹塑体）岩层应力：

$$\begin{cases} \sigma_1 = \lambda\sigma_3 + \sigma_T \\ \sigma_3 = \gamma h \\ \sigma_1 = \sigma_3 + \sqrt{m\sigma_c\sigma_3 + s\sigma_c^2} \\ \sigma_2 = \lambda(\sigma_3 + \sigma_T) \end{cases} \qquad (3-16)$$

以上推导地应力计算公式假设岩层为各向同性，对近水平层状岩层和近垂直层状岩层均适用，但式中的 γ 和 λ 需要改变，具体做法同自重应力场型。

构造应力场型中岩层地应力值的预估，必须求出构造应力 σ_T，而 σ_T 只能由对部分硬岩层进行应力实测获取。假设已经实测了矿区某硬岩层中的应力，则其他岩层中（待估算岩层）的应力可简化计算得到。

已知硬岩层弹性模量 E_1、泊松比 μ_1、实测应力 σ_{H1}、σ_{h1}、σ_{v1}，要计算岩层地应力的岩层弹性模量 E_2、泊松比 μ_2。假设岩层为弹性岩层。

对近水平层状岩层，有：

$$\begin{cases} \varepsilon_1 = \dfrac{1}{E_1}[\sigma_{H1} - \mu_1(\sigma_{h1} + \sigma_{v1})] \\[2mm] \varepsilon_2 = \dfrac{1}{E_1}[\sigma_{H2} - \mu_2(\sigma_{h2} + \sigma_{v2})] \end{cases} \qquad (3-17)$$

对处于同一矿井中的各岩层，可近似认为它们具有同一构造变形，即有 $\varepsilon_1 = \varepsilon_2$，则：

$$\frac{E_1}{E_2} = \frac{\sigma_{H1} - \mu_1(\sigma_{h1} + \sigma_{v1})}{\sigma_{H2} - \mu_2(\sigma_{h2} + \sigma_{v2})} \qquad (3-18)$$

同时可得：

$$\sigma_{v2} = \gamma h_2 \qquad\qquad (3-19)$$

$$\sigma_{H2} = \frac{\mu_2}{1 - \mu_2}\sigma_v + \sigma_{T2} \qquad\qquad (3-20)$$

$$\sigma_{h2} = \frac{\mu_2}{1-\mu_2}(\sigma_{v2} + \sigma_{T2}) \qquad (3-21)$$

上述方程中有 4 个未知量 σ_{v2}、σ_{H2}、σ_{h2}、σ_{T2}，由式（3-18）~式（3-21）则可由已测地应力值计算其他岩层中地应力值。

3.5.2.2 估算步骤

根据上述分析可知预估地应力有两个关键问题：一是确定区域应力场类型，可由少量地应力实测成果判断；二是岩层所处的应力状态，可由弹塑性临界深度来判断。

1. 自重应力场型

（1）计算自重应力场型中岩层由浅部弹性状态进入塑性状态的 H_{cr}。

（2）将要计算地应力岩层所处的深度与临界深度 H_{cr} 进行对比，判断计算点岩层所处的应力状态（弹性状态或塑性状态）。

（3）根据岩层所处的应力状态，弹性状态根据式（3-7）或式（3-12）判断。塑性状态选用式（3-11）进行判断。

2. 构造应力场型

（1）根据已知岩层应力实测结果，根据式（3-18）~式（3-21）（近水平层状岩层），计算所求未知各岩层中的构造应力值 σ_T；然后根据式（3-15）判断岩层是否在浅部进入塑性状态 H_{cr}。

（2）计算构造应力场型中岩层由浅部塑性转为弹性的临界深度 H_{cr}。

（3）将要计算地应力岩层所处的深度与临界深度 H_{cr} 进行对比，判断计算点岩层所处的应力状态（弹性状态或塑性状态）。

（4）根据岩层所处的应力状态，弹性状态根据式（3-12）进行判断；塑性状态根据式（3-16）进行判断。

3.6 "两硬"煤矿地应力预估实例与巷道布置

3.6.1 "两硬"煤矿地应力预估实例

已测得"两硬"煤矿两个点的地应力，两个点分别布置在 8210 工作面 2210 巷 340 m 处（埋深 330 m）和 8701 工作面 5701 尾巷 1240 m 处（埋深 280 m）。地应力实测数据见表 3-7，预估"两硬"煤矿标高 430 m 处（第一个测点向下延伸 100 m 处）的地应力值。

根据测点处岩体的弹性模量，埋深 430 m 处岩石的弹性模量和泊松比估计为：$E_2 = 27$ GPa，$\mu_2 = 0.26$。

按照 3.5 节中的估算步骤来估算"两硬"煤矿埋深 430 m 处的地应力值。从实测结果中可以看出，两个测点处的 σ_1 均大于 σ_v，由此可以判断"两硬"煤矿属于构造应力场型，由测点 1 （8210 工作面 2210 巷测点）和测点 2 （8701 工作面 5701）来估算"两硬"煤矿标高 430 m 处的地应力值。

由测点 1 来估算"两硬"煤矿埋深 430 m 处的地应力值，将已知数据代入式（3-18）~式（3-21），则得到：

$$\begin{cases} \dfrac{24.53}{27} = \dfrac{12.46 - 0.26(7.47 + 8.55)}{\sigma_{H2} - 0.26(\sigma_{h2} + \sigma_{v2})} \\ \sigma_{v2} = 0.025 \times 430 \\ \sigma_{H2} = \dfrac{0.26}{1 - 0.26}\sigma_{v2} + \sigma_{T2} \\ \sigma_{h2} = \dfrac{0.26}{1 - 0.26}(\sigma_{v2} + \sigma_{T2}) \end{cases}$$

解以上方程组得：$\sigma_{v2} = 10.75$ MPa，$\sigma_{T2} = 9.78$ MPa，$\sigma_{H2} = 13.55$ MPa，$\sigma_{h2} = 7.21$ MPa。

由于 $\sigma_{T2} = 9.78$ MPa，$\sqrt{s}\,\sigma_c = 0.2 \times 124 = 24.8$ MPa，故 $\sigma_{T2} < \sqrt{s}\,\sigma_c$，所以岩体都为弹性，岩层中的应力应按式（3-12）来求解计算。

最终得"两硬"煤矿埋深 430 m 处的地应力值为：$\sigma_{v2} = 10.75$ MPa，$\sigma_{T2} = 9.78$ MPa，$\sigma_{H2} = 13.55$ MPa，$\sigma_{h2} = 7.21$ MPa。

同理，由测点 2 来估算"两硬"煤矿埋深 430 m 处的地应力值为：$\sigma_{v2} = 10.75$ MPa，$\sigma_{T2} = 10.81$ MPa，$\sigma_{H2} = 14.59$ MPa，$\sigma_{h2} = 7.57$ MPa。

最后由两个估算值的加权平均数作为最终的地应力估算值，由于测点 1 更接近待估点，所以将由其所计算的地应力值赋权为 6，权值系数为 $\dfrac{3}{5}$；由测点 2 所计算的地应力值赋权为 4，权值系数为 $\dfrac{2}{5}$，即 $\sigma = \dfrac{3}{5}\sigma_1 + \dfrac{2}{5}\sigma_2$（其中 σ_1 表示由测点 1 所计算的地应力值，σ_2 表示由测点 2 所计算的地应力值）。

最终算得"两硬"煤矿埋深 430 m 处的地应力值为：$\sigma_{v2} = 10.75$ MPa，$\sigma_{T2} = 10.19$ MPa，$\sigma_{H2} = 13.97$ MPa，$\sigma_{h2} = 7.35$ MPa。

同理可推算"两硬"煤矿埋深 480 m 处的地应力值为：$\sigma_{v2} = 12$ MPa，$\sigma_{T2} = 10.59$ MPa，$\sigma_{H2} = 14.8$ MPa，$\sigma_{h2} = 7.92$ MPa。

根据上述实测及反演分析数据可以得到地应力值与埋深的关系曲线，如图3-57所示。

利用现有实测的结果，通过对"两硬"煤矿反演分析和对采深 430 m 及 480 m 位置的地应力分析，得出了地应力随埋深的曲线，同时根据理论估算结果表明：

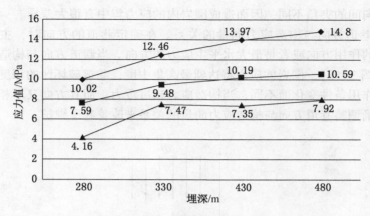

图 3-57 应力值与埋深关系曲线图

（1）"两硬"煤矿区岩层处于弹性状态。"两硬"煤矿区在埋深小于 480 m 时，岩层仍处于弹性状态。根据材料力学可知，处于弹性状态的材料（坚硬的岩层和煤层），具有很强的弹性应变能蓄积的能力。正是因为 480 m 以上的煤岩体在原岩应力状态下仍处于弹性状态和蓄积巨大的弹性应变能，才是在"两硬"大采高采场的地应力研究与控制的关键。

（2）"两硬"煤矿区应力场形式。两硬煤矿区为构造应力场型，其特点为：根据区域地质构造特征和井田地质构造，大同煤田为一开阔的、NE 向的向斜构造，由于受 EW 向构造体系的影响，其主干构造线（向斜轴和向斜东缘的压扭性断裂，山阴—怀仁—大同断裂）呈 NE 向。

晋华宫井田总体构造形态为一从南到北，轴向由 NE 转为 NW 的向斜，受青磁窑逆断层牵引影响地层倾角变大，甚至直立倒转，但范围有限，全区断裂构造简单，仅在井田河北区东部边缘发育一条断距大于 10 m 的青磁窑逆断层。

所以，从地质构造角度，晋华宫"两硬"煤矿区亦属构造应力场型，其特点是受 NE 向的主干构造线（向斜轴和向斜东缘的压扭性断裂，山阴—怀仁—大同断裂）控制。

（3）"两硬"煤矿区应力场属性。由实测及反演分析及图 3-57 可知，晋华宫"两硬"煤矿区为高地应力场，且地应力随埋深增加而增大，深度每增加 100 m，主应力 σ_1 增加 1 MPa 左右，σ_2 增加 0.5 MPa 左右，但是，σ_3 变化不大。

3.6.2 地应力与巷道布置关系

地应力对于巷道围岩的稳定性有着重要影响，为使井下巷道布置科学合理，必须充分考虑井下地应力的分布状况。

地应力引起巷道围岩变形量的一个重要原因和特点，就是由于巷道方向和应力作用方向间的夹角不同，因而造成围岩内的应力集中有很大差异。

（1）巷道方向与构造应力向量的关系。在确定巷道的方向时，主要是考虑构造应力的作用方向或者是最大水平主应力的方向。当巷道方向与构造应力向量正交时（图3-58），围岩的应力将达到最高集中度，巷道破坏区的深度也将随构造应力的作用条件变化而不同。当构造应力超过重力，而其方向又不相同时，就须依靠正确调整巷道方向与构造应力向量的关系来改善巷道维护。

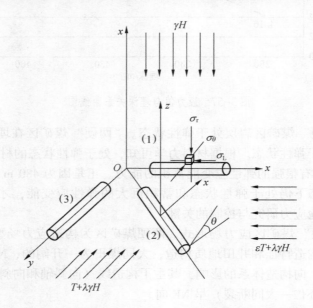

(1)—巷道受力最大；(2)—巷道受力一般；(3)—巷道受力最小

图3-58　巷道轴线方位与构造应力向量关系及巷道受力大小示意图

（2）巷道的轴线方向与褶曲构造的关系。巷道顶板垮塌，底鼓及两帮内挤都与地应力有着密不可分的关系。根据巷道不同的失稳形式，也可以大体判断该处地应力的主要特征。

在进行巷道布置时，应尽可能不沿岩层背斜顶部或向斜底部及平行于岩层断层布置巷道，应尽量垂直于断层带及背斜或向斜布置（图3-59）。巷道的轴线方向尽可能平行构造应力场的最大主应力方向（图3-60），避免巷道轴线与最大主应力方向相垂直。

（3）"两硬"煤矿巷道布置实例。"两硬"煤矿在开采8701工作面时，由于没有考虑地应力的影响，造成巷道在掘进过程中煤炮较多，巷道顶板维护困难。主要原因是因为巷道与构造应力方向相垂直（图3-61），在水平构造应力作用下，

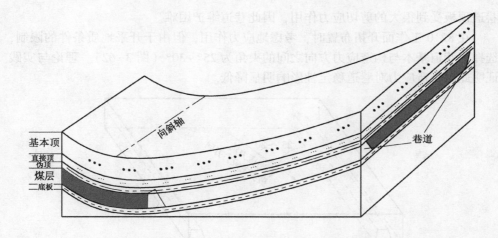

图 3-59 巷道的轴线方向与褶曲（向斜）构造的关系示意图

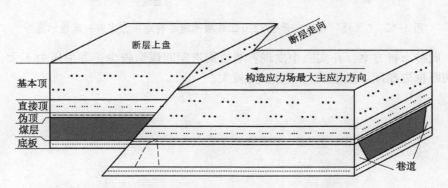

图 3-60 巷道的轴线方向平行于构造应力场的最大主应力方向示意图

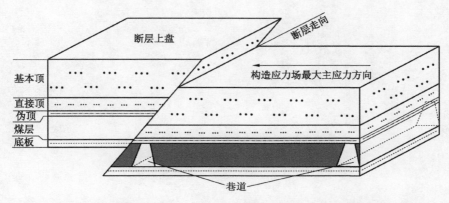

图 3-61 "两硬"煤矿在开采 8701 工作面巷道与构造应力方向相垂直示意图

巷道顶板受到很大的剪切应力作用，因此巷道维护困难。

在 8210 工作面开拓布置时，考虑地应力作用，但由于开采地质条件的限制，选择了巷道基本与构造应力方向之间的夹角为 25°~30°（图 3-62）。理论与实践证明此时构造应力对巷道稳定性影响明显降低。

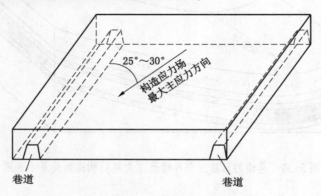

图 3-62　"两硬"煤矿在开采 8210 工作面巷道与构造应力方向一致性示意图

此种布置方案，在实践中发现：巷道掘进期间煤炮较少，巷道压力不大，而开切眼掘进期间煤炮频繁，巷道压力较大。

4 采场覆岩运动规律相似材料模拟与数值模拟

采煤工作面高度增加后，上覆岩层形成的结构及运动规律必然发生变化，尤其是采高大于 5 m 的坚硬顶板，这种变化将更加显著。因此，采用二维相似材料模拟试验研究方法和手段，对大采高条件下上覆岩层结构及运动特征、掌握工作面初次突变失稳、周期突变失稳规律，探讨地应力分布规律对开采工作面的影响都是极为重要的和必要的。

4.1 相似材料模拟试验

相似材料模拟试验是在实验室里利用相似材料，依据晋华宫井田地质柱状图和煤、岩石力学性质，按照相似材料理论和相似准则制作与现场相似的模型，然后进行模拟开采。在模型开采过程中，对由于开采引起的覆岩运动、支承压力分布等进行连续观测。总结模型中的实测结果，利用相似准则，求算或反推该条件下现场开采时的顶板运动规律和支承压力分布情况，以便为理论研究及现场实践提供可靠依据。

4.1.1 工作面基本条件

两硬煤矿 8210 工作面倾斜长度为 163.7 m，走向为 1700 m，平均煤厚为 5.7 m，其顶板岩层赋存条件见地层柱状图（图 2-3）。煤层及其覆岩岩石力学性质参数见表 4-1。

表 4-1 煤层及其覆岩岩石力学性质参数

岩性	厚度/m	容重/(g·cm⁻³)	弹性模量/MPa	泊松比	抗拉强度/MPa	内摩擦角/(°)	黏结力/kPa
中粗砂岩	40.00	2.62	18873.86	0.2325	15.57	40.00	1.02
细砂岩	40.00	2.50	14952.25	0.1996	14.77	46.00	0.82
中粗砂岩	40.00	2.62	18873.86	0.2215	15.77	40.00	1.02
7号煤层	2.60	1.50	2898.73	0.2900	1.72	39.80	0.22
细砂岩	16.90	2.50	14952.25	0.1996	14.47	46.00	0.82

表 4-1 (续)

岩性	厚度/m	容重/ (g·cm⁻³)	弹性模量/MPa	泊松比	抗拉强度/MPa	内摩擦 角/(°)	黏结力/kPa
8号煤层	0.20	1.50	2898.74	0.2433	14.03	39.80	0.22
深色粉砂岩	11.70	2.67	16841.44	0.2038	14.03	46.00	0.82
灰黑细砂岩	7.20	2.50	14952.25	0.2129	14.03	46.00	0.82
粉质泥岩	0.30	2.45	12850.31	0.3100	14.03	29.04	1.13
9号煤层	0.30	1.46	2898.73	0.2900	1.72	39.80	0.22
细砂岩	4.40	2.47	14952.25	0.1996	14.77	46.00	0.82
10号煤层	1.22	1.50	2898.73	0.2900	1.72	39.80	0.22
砂质页岩	5.22	2.60	10619.59	0.3400	14.77	27.57	0.85
11⁻¹号煤层	0.96	1.50	2898.73	0.2900	1.72	39.80	0.22
砂质页岩	5.21	2.60	10619.59	0.3400	10.21	27.57	0.85
细砂岩	1.60	2.62	14952.25	0.1996	14.77	46.00	0.82
砂质页岩	3.10	2.60	10619.59	0.3400	10.21	27.57	0.85
中粗砂岩	18.20	2.62	18873.86	0.2325	14.77	40.00	1.02
细砂岩	2.30	2.62	14952.25	0.2129	15.57	46.00	1.02
砂质页岩	0.90	2.60	10619.59	0.2129	10.21	27.57	0.85
12号煤层	5.70	1.50	2898.73	0.2900	2.62	39.80	0.22
细砂岩	50.00	2.50	14952.25	0.2129	14.77	40.00	1.02

4.1.2　试验模拟条件及参数

(1) 模拟试验台规格。长×宽×高为 3 m×0.3 m×2.8 m，有效试验高度为 1.8 m，根据工作面长度为 163.7 m 及埋深 323.81 m 确定几何相似比为 1:100。

从模型一侧向前推进时，模拟工作面的推进进尺应大于 163.7 m 的距离，否则试验结果将会因工作面推进度不符而失真。选用 1:100 的比例时，163.7 m 在模型上为 1.63 m，推进的模型尺寸必须大于 1.63 m，因此 1:100 的比例符合试验要求。

根据模型及矿井实际情况确定的几何相似比为 $c_1 = \dfrac{1}{100}$、$c_\gamma = \dfrac{1}{1.6}$，确定容重相似比、强度相似比、时间相似比，高度模拟 180 m，其余部分 (143.81 m) 采用荷载铁块、荷载袋等外力补偿荷载实现。

(2) 模拟试验相似材料。本次模拟试验在选取相似材料时，选用石英砂和云母作为制作模型的骨料，以石灰和石膏作为胶结材料，选择硼砂作为缓凝剂。相似材料配比是按不同的材料组分组合起来的，以使其达到模拟某种岩体的目的。

试验根据测定的岩石力学参数选取的配比及相似材料用料见表4-2，层理及节理由铺设云母解决。

表4-2　8210工作面开采原型及相似材料模型参数

标号	岩层	真实厚度/m	模拟厚度/cm	累厚/cm	岩层的真实强度/MPa	模拟岩层强度/MPa	模拟岩层取整/kPa	原型容重/(g·cm⁻³)	模型容重/(g·cm⁻³)
m20	中粗砂岩	40.00	40.00	208.01	124.22	0.776375	776	2.62	1.638
m19	细砂岩	40.00	40.00	168.01	103.72	0.648250	648	2.50	1.563
m18	中粗砂岩	40.00	40.00	128.01	124.22	0.776375	776	2.62	1.638
m17	7号煤层	2.60	2.60	88.01	32.25	0.201563	201	1.50	0.938
m16	细砂岩	16.90	16.90	85.41	103.72	0.648250	648	2.50	1.563
m15	8号煤层	0.20	0.20	68.51	32.25	0.201563	202	1.50	0.938
m14	深灰色粉砂岩	11.70	11.70	68.31	77.73	0.485813	486	2.67	1.669
m13	灰黑色细砂岩	7.20	7.20	56.61	77.73	0.485813	486	2.50	1.563
m12	粉质泥岩	0.30	0.30	49.41	77.73	0.485813	486	2.45	1.531
m11	9号煤层	0.30	0.30	49.11	32.25	0.201563	202	1.46	0.913
m10	细砂岩	4.40	4.40	48.81	62.50	0.648250	648	2.47	1.544
m9	10号煤层	1.22	1.22	44.41	32.25	0.201563	202	1.50	0.938
m8	砂质页岩	5.22	5.22	43.19	62.50	0.390625	391	2.60	1.625
m7	11⁻¹号煤层	0.96	0.96	37.97	32.25	0.201563	202	1.50	0.938
m6	砂质页岩	5.21	5.21	37.01	62.50	0.390625	391	2.60	1.625
m5	细砂岩	1.60	1.60	31.80	103.72	0.648250	648	2.62	1.638
m4	砂质页岩	3.10	3.10	30.20	62.50	0.390625	391	2.60	1.625
m3	中粗砂岩	18.20	18.20	27.10	124.22	0.776375	325	2.62	1.638
m2	细砂岩	2.30	2.30	8.90	103.72	0.648250	648	2.50	1.563
m1	砂质页岩	0.90	0.90	6.60	62.50	0.390625	391	2.60	1.625
m	12号煤层	5.70	5.70		32.25	0.201563	202	1.50	0.938

4.1.3　开采设计方案及测点布置

（1）开采设计方案。二维相似模型设计长3m，宽0.3m，高1.8m。模拟的煤层厚度为5.7m，分多阶段开采，模型自距离边界0.5m处开始布置工作面，实际1d（24h），模型时间相似比为1/10，可得模型的1d为$t_m = 24/10 = 2.4$h。

（2）二维相似材料模拟模型的建立。根据第 3 章煤岩体力学参数及其试验和晋华宫井田地层柱状图（图 2-3），建立了二维相似材料模拟模型，如图 4-1 所示。8210 工作面开采原型共 20 层，二维相似材料模拟模型由底部煤层向上至顶部共 21 层（开采含煤层）。

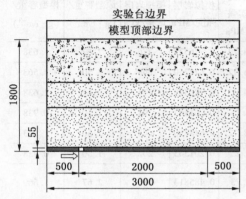

图 4-1　模型及尺寸开采示意图

（3）压力测点布置。共布置 6 条水平测线，测线间距为 200 mm，测线距离底板距离分别为 0、4 cm、25 cm、50 cm、90 cm、120 cm（可以根据铺设的岩层重新确定传感器位置）。应力测点如图 4-2 所示，合计应力测点 84 个。

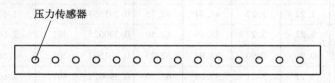

图 4-2　应力测点位置俯视图

（4）位移测点布置。为了更加精确地测量开采过程中上覆岩层的运移情况，在模型的正面不同层位布设了位移测点，用电子经纬仪来观测其随开采过程的变化情况。位移测点沿煤层上方共布设了 8 层，每层均匀布置，间距 200 mm，计 14 个测点，8 层计 112 个，如图 4-3 所示。

4.1.4　试验结果分析

试验于 2011 年 10 月 20 日 8：30 准时开始开采模拟。为了消除边界效应，在模型正面左侧留设 50 m 的边界。

根据现场实际开采情况，8210 工作面开采初期平均日采为 5 m 左右，因此，模拟试验设计初采为 5 cm；随工作面的推进逐渐加快推进速度，可以平均日采

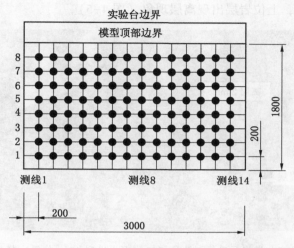

图 4-3 位移测点布置示意图

7 m、8 m、9 m、10 m，模拟试验相应的平均日采为 7 cm、8 cm、9 cm、10 cm。

4.1.4.1 采动覆岩破坏规律分析

（1）模拟开采第一阶段。工作面推进到距开切眼 30 m 位置时，砂质页岩（伪顶）开始初次垮落，初次垮落步距为 30 m，呈梯形状，垮落厚度为 0.9 m。直接顶层位上的两个位移测点未受到破坏，上位岩层出现离层现象（图 4-4）。

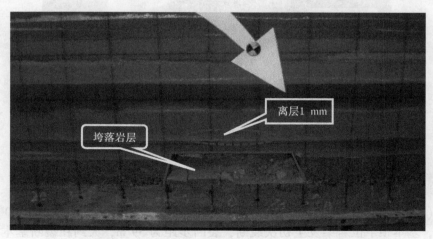

图 4-4 模拟开采第一阶段 [砂质页岩（伪顶）初次垮落] 模拟图

（2）模拟开采第二阶段。工作面继续向前推进，当开采到距开切眼 40 m 位置时，伪顶继续垮落，仍呈梯形状，垮落厚度为 3.2 m，直接顶层位上的 3 个位移测点受到破坏,上位岩层出现离层现象(图4-5)。

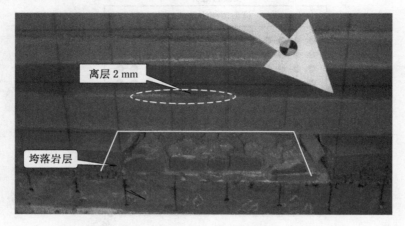

图4-5　模拟开采第二阶段(工作面推进到40 m位置)模拟图

(3)模拟开采第三阶段。工作面继续向前推进,当开采到距开切眼50 m位置时,直接顶出现悬顶,悬顶距离为15 m,悬顶厚度为3.2 m(图4-6)。

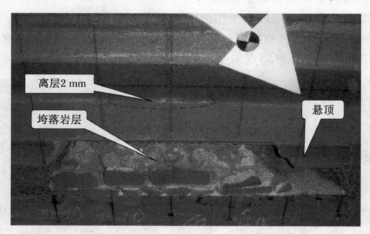

图4-6　模拟开采第三阶段(工作面推进到50 m位置)模拟图

(4)模拟开采第四阶段。工作面继续向前推进,当开采到距开切眼60 m位置时,基本顶下位岩梁发生初次裂断,裂断步距为59 m,大约在裂断基本顶上部5 m位置开始出现明显的裂隙,随采动会随时裂断。基本顶呈倒台阶垮落,垮落前后形状基本对称,垮落角为52°(图4-7)。

(5)模拟开采第五阶段。工作面继续向前推进,采到70 m时,再次出现悬

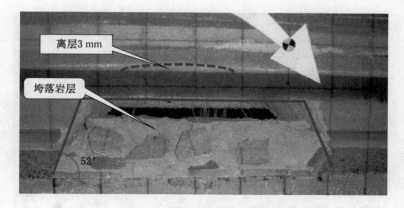

图 4-7 模拟开采第四阶段（工作面推进到 60 m 位置）模拟图

顶，悬顶距离为 14 m，悬顶厚度约为 8 m，在裂断基本顶上部 5 m 位置的离层进一步扩大，并在裂断基本顶上部 19 m 位置出现新的离层（图 4-8）。

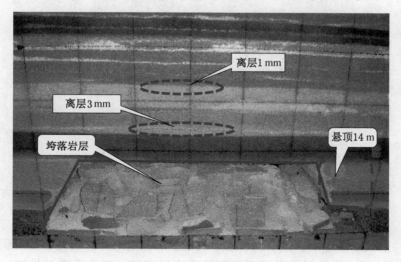

图 4-8 模拟开采第五阶段（工作面推进到 70 m 位置）模拟图

（6）模拟开采第六阶段。工作面继续向前推进，采到 90 m 时，18.2 m 厚的粉砂岩全部断裂，同时出现悬顶，悬顶距离为 14 m，悬顶厚度约为 8 m，在裂断基本顶上部多位置出现离层（图 4-9）。

（7）模拟开采第七阶段。工作面继续向前推进，采到 110 m 时，基本顶上位岩层裂断，裂缝带发展高度达 40 m，最大离层达到 5 cm（图 4-10）。

（8）模拟开采第八阶段（即最后阶段）在随后的开采过程中，随着工作面

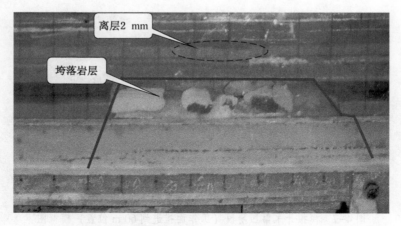

图 4-9　模拟开采第六阶段（工作面推进到 90 m 位置）模拟图

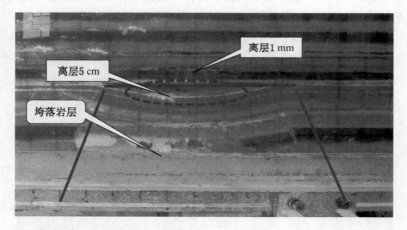

图 4-10　模拟开采第七阶段（工作面推进到 110 m 位置）模拟图

的推进，采到 170 m 时，基本顶岩层形成了新的稳定结构，裂缝带发展到最大高度 90 m（由于二维相似材料模型两侧没有边界束缚，工作面继续推进，裂缝带高度将继续向上发展），该位置离层达到 7 cm，基本顶进入周期来压阶段，来压步距基本保持在 20 m 左右，同时出现台阶式悬顶，最大近 16 m（图 4-11）。

4.1.4.2　支承压力分析

（1）应力和位移的试验数据的采集。进行相似模拟试验的过程中，可以获得大量应力和位移的试验数据。试验数据是用 YE2539 高速静态应变测试系统采集的。

YE2539 高速静态应变测试系统是一种内置单片机进行控制的工程型静态电

离层7 cm

垮落岩层

图 4-11　模拟开采最后阶段（工作面推进到 170 m 位置）模拟图

阻应变仪，可直接通过 YE29005（RS-232/RS-485 转换器）与计算机的 RS-232 串行口进行通信，构成适合在实验室各种应变应力测试领域广泛应用的高速数据采集处理系统。YE2539 高速静态应变仪上装有多重积分式 A/D 转换器，保证了数据的最佳转换速度和精度。

数据采集装置布置设备，如图 4-12 所示。

图 4-12　数据采集装置布置设备

（2）随开采推进支承压力分布。经过分类整理，得到了沿工作面开采方向煤壁前方不同煤岩层中支承压力的分布情况，如图 4-13 所示。该图显示了工作面初次突变失稳后，正常开采时煤壁前方支承压力分布情况。

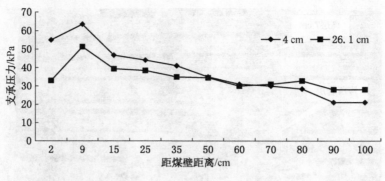

图 4-13　正常开采时支承压力分布

（3）支承压力分析结论。支承压力分布范围在工作面前方 90 m 左右；煤壁中的支承压力为 47.6 kPa，略大于顶板岩层（26.1 cm 层位为基本顶岩层）中的支承压力 28 kPa，煤壁中的支承压力略大于顶板岩层中的支承压力；支承压力在距离煤壁 9 m 左右处出现峰值，其值为 50~65 kPa，比开采前的原岩应力高 13~22 kPa，即应力集中系数为 1.2~1.6；通过本模拟试验，由上述 3 点可以确认前面的结论：①晋华宫煤矿区为典型的"两硬"结构；②煤岩体均属可蓄积巨大弹性应变能的强弹性体材料。

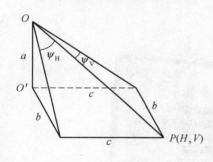

图 4-14　位移计算示意图

4.1.4.3　上覆岩层的位移观测与分析

模型表面位移测量采用画网格线方式，位移测点位置布置如图 4-3 所示，使用 DJ6 经纬仪测量各网格线交点对固定位置点角度变化（图 4-14），最终换算成位移来反映模型变形规律，具体换算公式如下：

$$H = a \sqrt{\frac{(\sin\psi_H)^2}{1 - (\sin\psi_H)^2 - (\sin\psi_V)^2}} \qquad (4-1)$$

$$V = a \sqrt{\frac{(\sin\psi_V)^2}{1 - (\sin\psi_H)^2 - (\sin\psi_V)^2}} \qquad (4-2)$$

其中，$OO' = a$ 是经纬仪到其在模型表面的距离，测设得出 OO' 的长度，通过经纬仪测出任一点 $P(H, V)$ 的水平角 ψ_H 和竖直角 ψ_V，通过式（4-1）和式（4-2）计算 P 点的坐标值。

根据观测的大量数据，经过分析整理，得到了上覆岩层的水平位移和垂直位移，图 4-15 及图 4-16 给出了开采 110 m 位置（测线 8）的水平位移和垂直位移图。

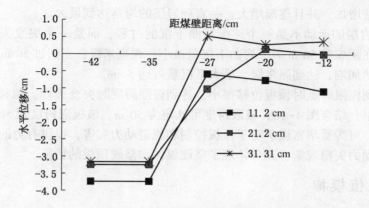

图 4-15 上覆岩层水平位移图

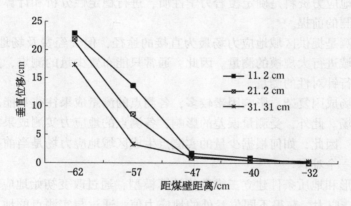

图 4-16 上覆岩层垂直位移图

由图 4-15 可得到如下基本结论:

(1) 上覆岩层的运移呈不定性,可能沿工作面推进的方向发生水平位移,也可能向工作面推进的反方向发生水平位移。

(2) 岩层层位不同,产生的水平位移大小也不同,而且下位岩层的水平位移大,层位越高,水平位移越小。

(3) 上覆岩层进入采空区后,水平位移将明显向工作面推进的反方向发生运移,当达到最大值后,又开始向工作面推进的方向运移。

由图 4-16 可得到如下结论:

(1) 上覆岩层的垂直位移一直在不断地增加,岩层层位的不同,垂直位移同样不同,层位越低,垂直位移越大。

(2) 上覆岩层的垂直位移在进入采空区后,距离工作面大约 13 m 的位置开始发生显著增加，并且逐渐增大，一直到岩层的垮落达到最大。

（3）岩层的运动不是一个逐渐弯曲下沉的过程，而是一个突变失稳的短暂过程。约在距煤壁 50 m 时，弯曲下沉量极小，在毫米级；当超过 50 m 后，弯曲下沉量陡然加剧，达到厘米级，最大下沉量可达 5 cm。

未达到极限跨度时顶板位移很小，达到极限跨度时突变失稳，位移剧增。根据试验结果，结合图 4-16，极限跨度可认定为 50 m。该极限跨度值 50 m，应该引起重视，可为晋华宫煤矿对于顶板控制和规避动力灾害，提供有力的依据。

上述动力失稳现象，充分体现了坚硬煤体和坚硬顶板的特征。

4.2 数值模拟

地应力是矿山开采过程中围岩、支护变形和破坏等矿井动力现象的根本作用力。精确的地应力资料是确定覆岩力学性质，进行稳定性分析和计算，矿井动力现象区域预测的前提。

现场实测是提供区域地应力场最为直接的途径，但受经费及场地等的限制，不可能对区域进行大规模的测量。因此，通常只能布置少量的测点，并且结合有关项目，进行针对性的测量。

地应力场成因复杂，影响因素较多，各测点的测量成果往往只能反映当地的局部地应力场。此外，受测量误差的影响，各测点的地应力实测成果往往具有一定的离散性。因此，如何根据少量的实测点生成区域地应力场是当前矿山开采工程中面临的一个难题。

根据地形和地质条件建立三维数值计算模型，通过改变初始地应力场水平方向的两个构造应力，获得不同位置处的地应力值，通过与实测点的地应力值的对比，反演出计算区域的初始地应力场，通过线性拟合获得该区域的地应力分布曲线。

具体到大同矿区的"两硬"条件下采高加大，使得开采更容易孕育顶板事故。评价煤层开采过程中顶板稳定性，除考虑顶板岩性变化和天然断裂构造因素外，重视地应力对煤层顶板稳定性的影响，对于煤炭开采具有理论和实际应用价值。

本书所进行的数值模拟分别采取 3 种方式：一是采用在模型边界施加水平构造应力；二是不施加水平构造应力两种工况，来探讨采动应力与原始应力场的叠加及相互作用对采动应力场的影响；三是与未考虑原始应力场的覆岩破坏特征进行对比，以得出水平构造地应力影响下的"两硬"采场的应力分布、覆岩破坏特征及煤层顶板稳定性规律，为矿区顶板预控提供理论依据。

4.2.1 有限差分程序 FLAC3D 概述

4.2.1.1 数值计算模拟方法选取

FLAC3D 是由美国 Itasca Consulting Group Inc 开发的三维显式有限差分法程

序。它可以模拟岩土及其他材料的三维力学行为。

FLAC3D 将计算区域划分为若干四节点平面应变单元，每个单元在给定的边界条件下遵循指定的线性或是非线性本构关系，如果单元应力使得材料屈服或是产生塑性流动，则单元网格及结构可以随着材料的变形而变形，非常适合模拟大变形问题。

FLAC3D 采用显式有限差分格式来求解场的控制微分方程，即首先由节点的应力和外力或速度变化和时间步长，利用差分原理求节点不平衡力和速度；再根据单元的本构方程，由节点速度求单元的应变增量、应力或是位移增量和总应力，进而进入新的循环，并应用混合单元离散模型，可以准确地模拟材料的屈服、塑性流动、软化直至大变形，尤其在材料的弹塑性分析、大变形分析以及模拟施工过程等领域有明显优势。

4.2.1.2　非线性大变形几何方程

采用基于拖带坐标系法的 FLAC3D 程序进行数值模拟研究。由于经典小变形理论在计算发生大位移的平面问题时误差较大，甚至发生错误，在 FLAC3D 中给出了应用拖带坐标系计算大变形。

陈至达教授提出了采用两个参照系统的方法来描述变形体的运动，其中一个为固定在空间的定系；另一个为嵌含在变形体中的动系，称为拖带坐标系（图 4-17）。这种坐标系随着变形体的变形而拖带伸展、缩短，并引起坐标系的曲率改变。

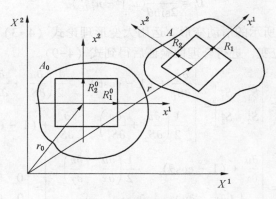

图 4-17　拖带坐标系

图 4-17 给出了一个连续变形体的大变形和大转动。随着时间的推移，A_0 连续发生变形，例如 $A_0(T_0)$、$A(T)$。在 T_0 时刻，拖带坐标系 $\{x^i\}$ 和固定坐标系 $\{X^i\}$ 相同，即 $X^{i(0)} = X^i(x^i,\ T_0) = x^{i(0)}$；在 T 时刻，$X^i = X^i(x^i,\ T)$。

局部基矢 $g_i^{\vec{0}} = \partial r^{\vec{0}}/\partial \vec{x}$；$\vec{g_i} = \partial \vec{r}/\partial \vec{x}$。其中，$r^{\vec{0}}$、$\vec{r}$ 分别为变形体 A 在 T_0 时刻和 T 时刻每一点的局部矢量。

基矢 $g_i^{\vec{0}}$ 从未变形状态变为变形状态 $\vec{g_i}$，变形张量 F_i^j 为

$$\vec{g_i} = F_i^j g_i^{\vec{0}} \tag{4-3}$$

根据 S-R 陈矢分解理论：

$$F_i^j = S_j^i + R_j^i = 应变张量 + 转动张量 \tag{4-4}$$

有限应变张量：

$$S_i^j = \frac{1}{2}(u^i|_j + u^j|_j^T) - (1 - \cos\theta)L_k^i L_j^k \tag{4-5}$$

有限平均局部转动：

$$R_j^i = \delta_j + L_j^i \sin\theta + (1 - \cos\theta)L_k^i L_j^k \tag{4-6}$$

局部转动的平均角：

$$\theta = \arcsin\left\{\frac{1}{2}\left[(u^1|_2 + u^2|_1)^2 + (u^2|_3 + u^3|_2)^2 + (u^3|_1 + u^1|_3)^2\right]^{\frac{1}{2}}\right\} \tag{4-7}$$

局部转动轴 $L = L^i g_j$，得

$$L_i^j = \frac{1}{2\sin\theta}(u_j|^i - u_i|^T) \tag{4-8}$$

对于图 4-17 所示的滑动变形，运用大变形理论式（4-3）～式（4-8）计算滑动体每一点的应变，进行合理性验证后得到式（4-9）。

$$
[S_j^i] = \begin{vmatrix} S_1^1 & S_1^2 \\ S_2^1 & S_2^2 \end{vmatrix} = \begin{vmatrix} \dfrac{\partial u}{\partial S_1} + (1-\cos\theta) & \dfrac{1}{2}\left(\dfrac{\partial u}{\partial S_2} + \dfrac{\partial v}{\partial S_1}\right) \\[2mm] \dfrac{1}{2}\left(\dfrac{\partial u}{\partial S_2} + \dfrac{\partial v}{\partial S_1}\right) & \dfrac{\partial v}{\partial S_1} + (1-\cos\theta) \end{vmatrix}
$$

$$
= \begin{vmatrix} \dfrac{\partial u}{\partial x} + (1-\cos\theta) & \dfrac{1}{2}\left(\dfrac{\partial u}{\partial x} + \dfrac{\partial v}{\partial y}\right) \\[2mm] \dfrac{1}{2}\left(\dfrac{\partial v}{\partial x} + \dfrac{\partial u}{\partial y}\right) & \dfrac{\partial v}{\partial y} + (1-\cos\theta) \end{vmatrix} = \begin{vmatrix} 0 & 0 \\ 0 & 0 \end{vmatrix} \tag{4-9}
$$

显然，利用拖带坐标系法建立非线性大变形几何方程，所获得结论较合理。

4.2.1.3　岩体屈服准则与参数选取

岩石的强度理论是研究岩石破坏的原因和建立岩石破坏准则的基础；基于对岩石破坏机理的认识不同，将会产生各种不同的岩石强度理论。

事实上，由于控制岩石破坏的内部条件（岩石的结构、构造力学属性等）及外部条件（受力性质、状态）等不同，岩石的破坏状态和规律也不同。因此，在研究岩石的破坏时，要根据具体的情况选择合适的强度理论。

本书采用准则为摩尔-库仑（Mohr - Coulomb）屈服准则，其描述岩体强度特征如下式所示：

$$f_s = \sigma_1 - \sigma_3 \frac{1 + \sin\varphi}{1 - \sin\varphi} - 2c\sqrt{\frac{1 + \sin\varphi}{1 - \sin\varphi}} \tag{4 - 10}$$

$$f_1 = \sigma_3 - \sigma_t \tag{4 - 11}$$

式中　　σ_1——岩石微元体的最大主应力，MPa；

　　　　σ_3——岩石微元体的最小主应力，MPa；

　　　　σ_t——岩石微元体的抗拉强度，MPa；

　　　　c——岩石的黏聚力，MPa；

　　　　φ——岩石的内摩擦角，(°)。

当 $f_s \leq 0$ 时，岩石将发生剪切破坏，当 $f_1 = 0$ 时，产生拉破坏；岩体应力达到屈服极限后将产生塑形变形，在拉应力状态下，如果拉应力超过岩体的抗拉强度，将会产生拉破坏；FLAC3D 中规定拉应力为正，压应力为负。

4.2.2　采场初始地应力的 FLAC3D 反演分析

4.2.2.1　模型基本假设

重力作用和构造运动是引起地应力的主要原因，水平方向的构造运动对地应力的形成影响最大。因此，选取以岩体自重和构造作用力为回归因素反演地应力场。

对于自重因素，计算时采用岩体实测密度，使重力沿着铅直方向作用于所有单元获得自重场，而对于构造应力场，采用的是在计算域施加水平方向均匀分布荷载来模拟构造压应力；假设初始地应力由自重应力场和构造应力场迭加而成，构造应力场主要由 5 种构造运动产生：x 向水平均匀挤压构造运动；y 向水平均匀挤压构造运动；水平面内的均匀剪切变形构造运动；x 向垂直平面内的竖向均匀剪切变形构造运动；y 向垂直平面内的竖向均匀剪切变形构造运动。

首先构造区域地应力场的三维数值实体和网格模型，然后按照各构造运动和自重等不同荷载组合工况进行三维弹塑性数值计算分析。根据多元回归法原理，将各测点的地应力回归计算值作为因变量，把各工况下各实测点处的应力计算值作为自变量，构建如下回归方程：

$$\sigma_{ij} = \sum_{i=1}^{n} L_i \sigma_{mn}^i \tag{4 - 12}$$

式中　　σ_{mn}^i——i 分项荷载模式下第 n 个观测点的第 m 个应力分量的数值计算值；

L_i ——相应于自变量的回归系数。

4.2.2.2　工作面推进及采空区垮落矸石处理

本计算分析中设计的开采方案是从开切眼开始回采（即后退式开采），以此往前推进，10 m 为一模拟开采步，以获得不同加载条件下覆岩的应力场及变形破坏特征。

考虑到煤层开采后的采空区垮落矸石是松散介质，其对煤层顶板的支撑可看作弹性支撑体，采空区垮落矸石的物理力学参数选取：工作面推进过程中垮落矸石在覆岩作用下逐渐被压实，岩体的容重 γ、弹性模量 E 和泊松比 μ 随时间和工作面推进距离而改变，即有：

$$\gamma = 1600 + 800(1 - e^{-1.25t}) \tag{4-13}$$

$$E = 15 + 175(1 - e^{-1.25t}) \tag{4-14}$$

$$\mu = 0.05 + 0.2(1 - e^{-1.25t}) \tag{4-15}$$

式中　t——时间，s。

一般综采工作面推进 40～60 m 后，后方采空区的垮落矸石逐渐被压实，其碎胀系数为 1.1～1.4。采空区垮落破裂岩石在覆岩压应力作用下，膨胀的体积又将缩小，即产生压密现象。

通过破碎岩石压缩性试验，结果表明：无论岩石强度与块度如何，碎胀系数与上覆岩层的压力之间呈对数关系，即

$$K = a\ln P + b \tag{4-16}$$

式中　K——碎胀系数；

a、b——回归系数；

P——上覆岩层的压力，MPa。

综合考虑采空区垮落矸石的物理力学特征及其变化规律的已有研究成果，结合晋华宫井田的岩层情况，在计算中，取采空区矸石的基本力学参数见表4-3。

表4-3　垮落矸石的物理力学参数

距离工作面/m	碎胀系数	弹性模量/MPa	泊松比	容重/(kg·m⁻³)
0～40	1.4	15.6	0.0567	2400
40～60	1.3	22.5	0.0633	2200

为了真实模拟实际回采过程中已垮落矸石的支撑作用，计算中动态改变局部材料物理力学特征，逐步提高采空区矸石的物理力学参数。

4.2.2.3　工作面的模型建立

（1）基本参数与数值。所选岩层为层状的沉积岩（粉砂互层砂岩、细砂岩和中粗砂岩），采煤工作面走向长度为 1740 m，倾斜长度为 163.7 m，煤层倾角 10°，煤层厚度为 5.5 m，平均采深 320 m，岩石物理力学参数见表 4-1 及表 4-3，岩层综合柱状如图 2-3 所示。

（2）FLAC3D 三维数值计算模型。地应力反演的三维数值计算模型，如图 4-18 所示。

图 4-18 初始地应力场的三维反演模型

（3）工作面模型。

① 结构模型尺寸。为了消除边界约束的影响，结构模型尺寸为长×宽×高 = 1000 m×480 m×307.99 m。

② 模型边界约束类型。模型上边界是自由边界，下边界为固定约束；侧边界为位移约束。

③ 模型的分层及其属性。模型岩层分为 15 层，模型中的重力加速度取值为 9.8 m/s²。应力场分为大地静应力场和考虑水平地应力两种情况，各岩层为整合接触的连续介质。模型上方至地表的岩体自重采用在模型顶端施加垂直方向的载荷进行补偿（$\sigma = \gamma h = 22000$ kN/m³×121.3 m = 2.67 MPa）。

④模型单元数。模型单元总数为 12000 个，节点总数为 203432 个。

4.2.2.4 地应力反演结果与分析

考虑构造基本特征及已测地应力的方向和角度等有关参数，通过 FLAC3D 数值模拟软件，得到了施加水平地应力条件下的地层不同应力曲线，如图 4-19~图 4-24 所示。

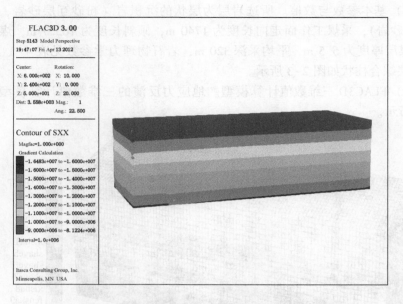

图 4-19　反演计算获得 S_x 应力等值线图（单位 Pa）

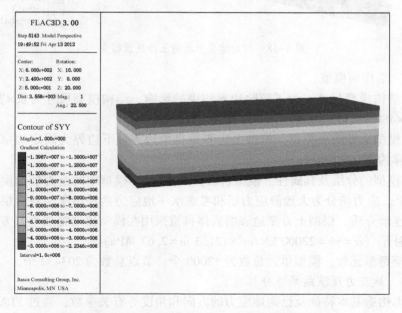

图 4-20　反演计算获得 S_y 应力等值线图（单位 Pa）

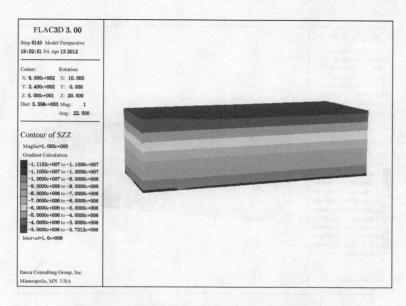

图 4-21 反演计算获得 S_z 应力等值线图（单位 Pa）

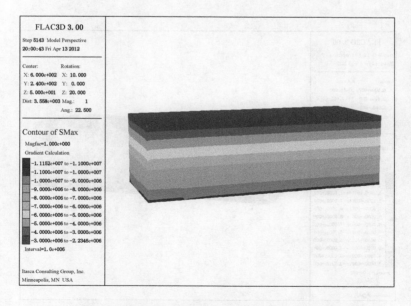

图 4-22 反演计算获得的最小主应力等值线图（单位 Pa）

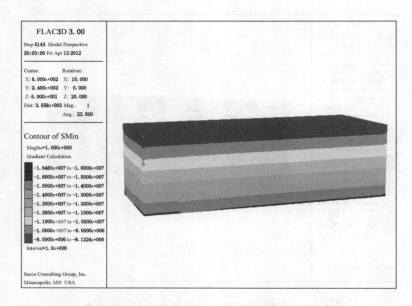

图 4-23　反演计算获得的最大主应力等值线图（单位 Pa）

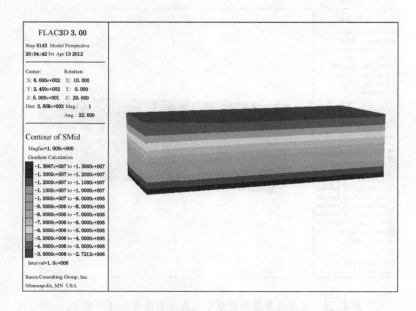

图 4-24　反演计算获得的中间主应力等值线图（单位 Pa）

　　以 8210、8701 工作面的几个实测点的数据为基础，利用多元线性回归反演方法，通过试算施加水平约束和水平地应力，并且监测实测点的应力值和数值计算相等，结合其他点的实测位移，得到图 4-25 所示的不同埋深的地应力线性拟合曲线。得到线性拟合曲线与实际情况基本吻合，为采场覆岩运动规律的研究及巷道布置、支护等奠定基础。

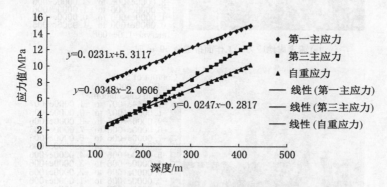

图 4-25　不同埋深的地应力拟合曲线

　　由图 4-25 得到线性拟合方程如下：

$$y_1 = 0.0231x - 5.3117 \quad （第一主应力） \quad (4-17)$$

$$y_3 = 0.0348x - 2.0606 \quad （第三主应力） \quad (4-18)$$

$$y_z = 0.0247x - 0.2817 \quad （自重应力） \quad (4-19)$$

　　由图 4-25 和得到的 3 个拟合方程可知：

　　（1）地应力与埋深为线性正相关，其中，第一主应力与自重应力的相关系数接近，均小于 0.025，第二主应力的相关系数接近 0.035。

　　（2）3 个应力值，即第一主应力、第二主应力和自重应力，均随埋藏深度的增加而增加；埋深在 450 m 时，它们的最大值分别为 16 MPa、14 MPa 和 10 MPa，即使在埋深 120 m 时，应力值也在 8 MPa、2 MPa 和大于 2 MPa 水平上。

　　（3）由此可以确定，晋华宫煤矿区属高地应力区。

4.2.2.5　应力场与塑性区三维数值模拟结果与分析

　　1. 垂直应力场分布特征分析

　　（1）覆岩垂直应力等值线分布云图。工作面不同推进距离时的垂直应力等值线分布云图如图 4-26 所示。

　　（2）垂直应力等值线分布云图特征分析。将图 4-26 垂直应力等值线分布云图特征分析汇总于表 4-4 和图 4-27 所示。

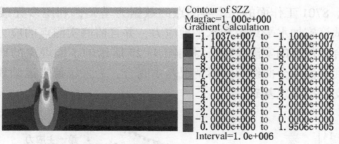

(a) 未考虑地应力、工作面推进至 50 m 时

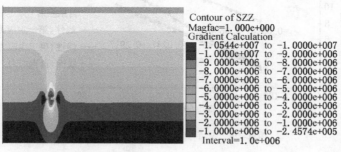

(b) 考虑地应力、工作面推进至 50 m 时

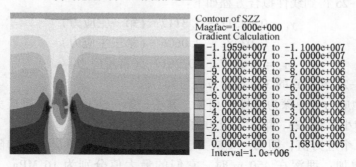

(c) 未考虑地应力、工作面推进至 100 m 时

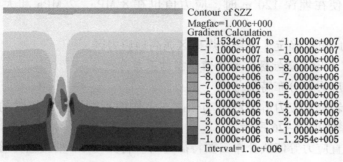

(d) 考虑地应力、工作面推进至 100 m 时

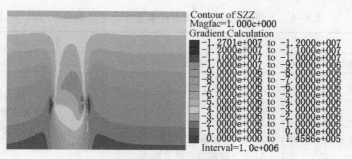

(e) 未考虑地应力、工作面推进至200 m时

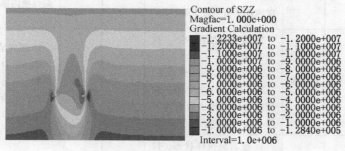

(f) 考虑地应力、工作面推进至200 m时

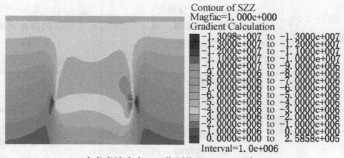

(g) 未考虑地应力、工作面推进至500 m时

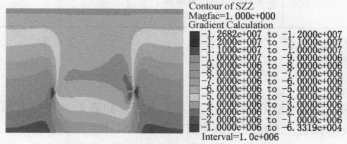

(h) 考虑地应力、工作面推进至500 m时

图4-26 工作面不同推进距离时的垂直应力等值线分布云图

表4-4　工作面不同推进距离时垂直应力等值线分布特征

工作面推进距离/m	未考虑地应力			考虑地应力	
	最大应力/MPa		覆岩应力状态	最大应力/MPa	覆岩应力状态
50	-11.037	+0.195	1. 采场覆岩呈拉伸状态,最大拉应力位于推进距离约1/2处 2. 应力峰值靠近煤壁处 3. 一个较宽的单峰顶端出现一个小的尖峰,向煤壁内部呈负指数下降	-10.544	—	1. 覆岩呈受压状态,但具有拉伸状态趋势 2. 应力峰值距煤壁稍远 3. 一个单峰近对称型,向煤壁内部呈负指数下降
100	-11.959	+0.160	1. 覆岩呈拉伸状态,拉伸区域增大 2. 应力峰值靠近煤壁处 3. 一个较窄的单峰,向煤壁内部呈负指数快速下降,然后去向平缓	-11.534	—	1. 覆岩呈受压状态 2. 应力峰值靠近煤壁处 3. 一个单峰近对称型,向煤壁内部呈负指数下降
200	-12.701	+0.146	1. 覆岩呈拉伸状态,拉伸区域进一步增大 2. 应力峰值靠近煤壁处 3. 一个较窄的单峰,向煤壁内部呈负指数快速下降,然后去向平缓	-12.233	—	1. 覆岩呈挤压状态 2. 一个较窄的单峰,向煤壁内部呈负指数快速下降,然后去向平缓
500	-13.098	+0.259	1. 覆岩呈拉伸状态,拉应力突增,最大拉应力始终靠近工作面 2. 应力峰值靠近煤壁处 3. 一个较窄的单峰,向煤壁内部呈负指数快速下降,然后去向平缓	-12.682	—	1. 覆岩呈挤压状态 2. 一个较窄的单峰,向煤壁内部呈负指数快速下降,然后去向平缓

注：1. 负值为挤压应力。

　　2. 正值为拉伸应力。

　　3. "—"负值。

基于图4-26模拟结果进行有关计算所得结果和表4-4可以看出,工作面推进到50~100 m位置,直接顶范围剪切和拉破坏状态,但位移量不大,顶板较稳定。虽然基本顶上方有塑性区破坏,但基本顶位置无塑性区变化;工作面推进到200~500 m位置,直接顶全部范围内呈现拉剪破坏状态,开切眼端部主要为拉破

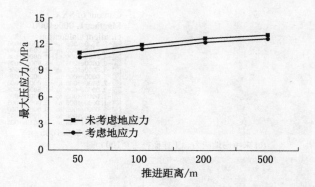

图 4-27 工作面推进 50 m、100 m、200 m 和 500 m 时覆岩垂直应力值图

坏，端部位移达到 0.37 m，出现明显位移变化；上覆岩层应力分布在顶板预裂范围内形成明显拱形，且基本顶范围内形成明显的低应力范围区，表示顶板在该位置已经开始破坏断裂。

2. 水平应力场分布结果与特征分析

（1）水平应力等值线分布云图。工作面不同推进距离时的水平应力等值线分布云图如图 4-28 所示。

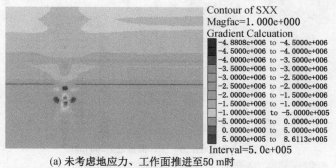

(a) 未考虑地应力、工作面推进至50 m时

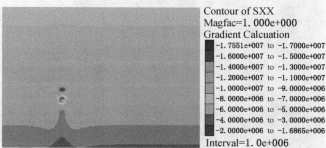

(b) 考虑地应力、工作面推进至50 m时

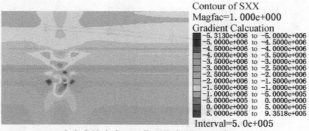

(c) 未考虑地应力、工作面推进至100 m时

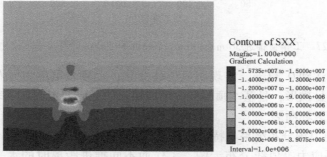

(d) 考虑地应力、工作面推进至100 m时

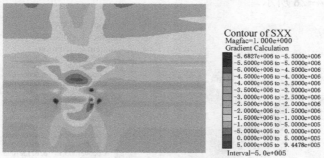

(e) 未考虑地应力、工作面推进至200 m时

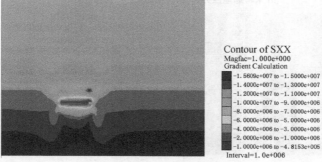

(f) 考虑地应力、工作面推进至200 m时

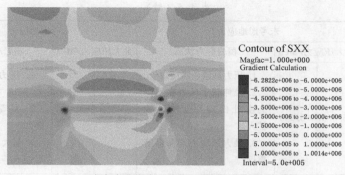

Contour of SXX
Magfac=1.000e+000
Gradient Calculation

-6.2822e+006 to -6.0000e+006
-5.5000e+006 to -5.0000e+006
-4.5000e+006 to -4.0000e+006
-3.5000e+006 to -3.0000e+006
-2.5000e+006 to -2.0000e+006
-1.5000e+006 to -1.0000e+006
-5.0000e+005 to 0.0000e+000
5.0000e+005 to 1.0000e+006
1.0000e+006 to 1.0014e+006

Interval=5.0e+005

(g) 未考虑地应力、工作面推进至500 m时

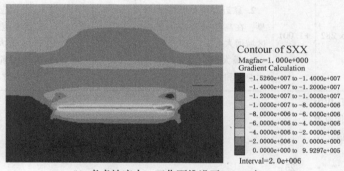

Contour of SXX
Magfac=1.000e+000
Gradient Calculation

-1.5260e+007 to -1.4000e+007
-1.4000e+007 to -1.2000e+007
-1.2000e+007 to -1.0000e+007
-1.0000e+007 to -8.0000e+006
-8.0000e+006 to -6.0000e+006
-6.0000e+006 to -4.0000e+006
-4.0000e+006 to -2.0000e+006
-2.0000e+006 to 0.0000e+000
0.0000e+000 to 9.9297e+005

Interval=2.0e+006

(h) 考虑地应力、工作面推进至500 m时

图4-28 工作面不同推进距离时的水平应力等值线分布云图

（2）水平应力等值线分布云图特征分析。将图4-28水平应力等值线分布云图特征分析汇总于表4-5和图4-29所示。

表4-5 工作面不同推进距离时水平应力等值线分布特征

工作面推进距离/m	未考虑地应力			考虑地应力	
	最大压应力/MPa		覆岩应力状态	最大压应力/MPa	覆岩应力状态
50	-4.881	+0.861	1. 形成压力拱 2. 拉伸 3. 垂向对应压力拱拱脚，在拉应力最大值的水平位置交叉点和拱顶位置出现3个最大压应力区位	-17.551	—	1. 形成压力拱 2. 受压 3. 压力拱拱顶位置出现1个最大压应力区位
100	-5.313	+0.935	压力拱增宽	-15.735	—	压力拱增宽

表 4-5（续）

工作面推进距离/m	未考虑地应力			考虑地应力	
	最大压应力/MPa		覆岩应力状态	最大压应力/MPa	覆岩应力状态
200	-5.683	+0.945	1. 压力拱进一步增宽 2. 拉伸状态区域在不同高度处出现，拉伸区域扩大 3. 最大压应力均向煤壁靠近	-15.609	— 1. 压力拱进一步增宽 2. 呈现拉伸状态趋势 3. 最大压应力向煤壁靠近
500	-6.282	+1.001	1. 压力拱几近消失 2. 靠近煤壁处拉应力明显，在高位处拉应力影响区域增大 3. 最大压应力靠近工作面前方和后方煤壁	-15.260	+0.993 1. 压力拱消失 2. 拉应力状态显著，且影响范围较大 3. 最大压应力靠近工作面前方煤壁，工作面后方不显著

注：1. 负值为挤压应力；
　　2. 正值为拉伸应力；
　　3. "—"负值。

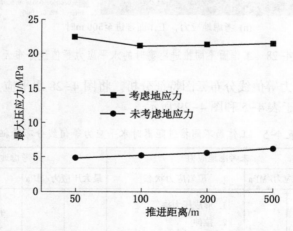

图 4-29　工作面推进 50 m、100 m、200 m 和 500 m 时覆岩水平应力值图

　　由图 4-26~图 4-29 和表 4-4~表 4-5 可知：随着工作面的推进，自开切眼起上覆岩层形成压力拱。不论是否考虑地应力叠加，在自重应力或水平应力作用下，开切眼上部都会形成压力拱，所不同之处在于，垂直应力作用下，开切眼所形成的压力拱拱形基本不变，变化的是作用范围。而水平应力作用下，随着开采

的推进，压力拱不但拱形发生改变，其作用范围也随之变化。

由于压力拱的作用，工作面处于压力降低区，模型开挖边界至采煤工作面控顶距末端为应力降低区。应力降低明显，如图 4-26 中显示，当考虑地应力、工作面推进至 200 m 时拱顶范围内的应力可以降为 1 MPa；当工作面推进至 500 m 时，随着工作面的推进，采空区的垮落矸石逐渐被压实，逐渐恢复至原岩应力，此时，拱顶内所产生的采动应力可以降低到零，只剩原岩应力的影响。

3. 获得结果和重要结论

由图 4-26~图 4-29 和表 4-4~表 4-5 可获得如下结果：

（1）随着工作面的推进，无论考虑与不考虑水平地应力条件下，自开切眼起上覆岩层形成压力拱，如图 4-28 所示（工作面推进 50 m、100 m 和 200 m 时）。

由于压力拱的作用，工作面处于压力降低区，模型开挖边界至采煤工作面控顶距末端为应力降低区。该范围内，随着工作面的推进，采空区的垮落矸石逐渐被压实，逐渐恢复至原岩应力。

（2）工作面控顶距内上部覆岩为应力释放区。在该区域内，煤层面上的应力很小，其应力分布形式与计算模型中支架施加给顶板的支护强度相对应。

工作面煤壁前方一定范围内为应力升高的塑性区，该范围内应力急剧增加，煤层发生压缩和破坏，是煤壁片帮破坏的关键区域。煤壁前方煤体应力集中，超前支承压力峰值在煤壁前方 10 m 位置，影响范围较大，在 120~180 m 之间。

（3）应力峰值点至模型右边界为应力恢复区。该区域内，远离应力峰值点煤岩层受开挖的采动影响越来越小，应力分布规律一般按负指数（$\sigma(x) = ae^{-bx}(x>0，a、b 为常数)$）规律递减，并逐渐恢复到原岩应力。

（4）由于煤岩体具有抗压、不抗拉的特性，煤岩体的拉应力区可视为最容易发生破坏的区域。就工作面顶板而言，由于采动推进，采空区形成拉应力区，而拉应力区是最容易发生冒顶和垮落的区域，从而诱发工作面发生支架倾倒失稳；因此，大采高综采工作面比普通综采工作面更容易发生支架倾倒失稳。

为了保证安全生产，对大采高综采工作面支架倾倒失稳采取相应的控制措施，通过对围岩拉应力区的范围进行预测，是必要的和有效的研究手段。

采空区上方覆岩发生冒顶和垮落，拉动工作面上方覆岩向采空区一侧移动，因此，拉应力区主要集中在靠近工作面的采空区一侧。

靠近工作面的采空区一侧形成拉应力区和拉应力集中后，大采高综采工作面在回采过程中，如果端面距过大，对顶板支护不利，易造成局部冒顶事故；同时，采高增加也是造成生产实践中大采高液压支架运行特性曲线呈降阻型居多的原因之一；垂直方向的最大拉应力一般位于支架顶梁的最前端，如果直接顶沿此处被拉断,支架很容易发生纵向倾倒而失去稳定性。

(5) 随着工作面的推进,超前支承压力向前移动;同时,应力峰值和影响区域也向前移动。工作面开采时,两侧煤体产生侧向最大支承压力,两帮的最大支承压力为 12.6 MPa,最大应力集中系数为 1.5 (图 4-30)。

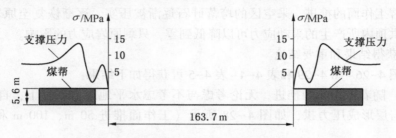

图 4-30　工作面两帮支承压力分布与应力集中

(6) 在分别考虑地应力与未考虑地应力条件下,在采煤工作面的顶板和底板均形成应力集中,相同推进距离时,两种情况对比而言,采空区上方的岩体受拉程度和两帮的应力集中现象都较未考虑水平地应力时的值要小。在有水平地应力同时作用时,顶板岩层更易于形成结构平衡,并保持稳定。

通过上述三维数值模拟结果及其分析,可以得出如下重要结论:

(1) 在一定的范围内,水平地应力的考虑对采煤工作面顶板稳定性是有利的。由于采动推进,工作面顶板在采空区形成拉应力区,从而最容易发生冒顶和顶板垮落;但是,因水平地应力的存在将会减弱拉应力对采空区顶板拉裂和冒顶与垮落的影响,保持采煤工作面顶板稳定性。

(2) 对坚硬顶板大采高开采却具有危险性。这是因为,坚硬顶板大采高采场必须控制初次突变失稳步距在合理长度,不宜过大,以避免采场高矿压环境的形成,进而避免大规模支架压死事故灾害和顶板断裂空气动力冲击灾害的发生。

(3) 在考虑(垂直和水平)地应力与未考虑(垂直和水平)地应力条件下,覆岩应力状态与应力分布和大小都有明显的差异。存在水平地应力时,有利于压力拱的形成与长时间(工作面长距离推进)存在,但覆岩明显处于拉应力状态;存在垂直地应力时,压力拱形成不显著,且覆岩不易形成拉应力状态。垂直应力作用下,开切眼所形成的压力拱拱形基本不变,只是作用增大范围;水平应力作用下,随着开采的推进,压力拱不但拱形发生改变,其作用范围也随之变化。

由于压力拱的作用,工作面及至采煤工作面控顶距末端为应力降低区。当考虑地应力、工作面推进至 200 m 时拱顶范围内的应力可以降为 1 MPa,当工作面推进至 500 m 时,拱顶内所产生的采动应力可以降低到零,只剩原岩应力的影响。

4. 塑性破坏屈服区特征

工作面不同推进距离时岩体塑性区分布图如图4-31所示。

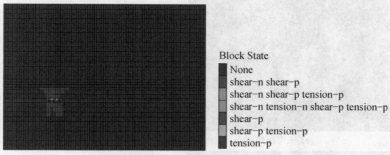

(a) 未考虑地应力、工作面推进至50 m时

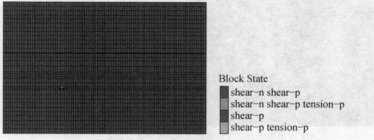

(b) 考虑地应力、工作面推进至50 m时

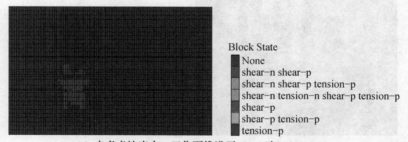

(c) 未考虑地应力、工作面推进至100 m时

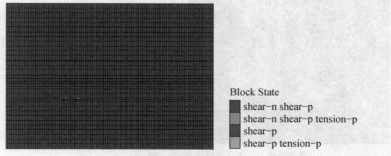

(d) 考虑地应力、工作面推进至100 m时

(e) 未考虑地应力、工作面推进至200 m时

(f) 考虑地应力、工作面推进至200 m时

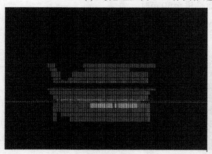

(g) 未考虑地应力、工作面推进至500 m时

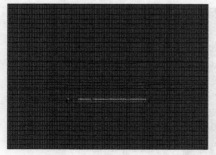

(h) 考虑地应力、工作面推进至500 m时

图4-31　工作面不同推进距离时岩体塑性区分布图

图4-31工作面不同推进距离时岩体塑性区分布特征汇总于表4-6。

表4-6　工作面不同推进距离时岩体塑性区分布特征

工作面推进距离/m	未考虑地应力		考虑地应力	
	剪切破坏（shear）	张拉破坏（tension）	剪切破坏（shear）	张拉破坏（tension）
50	1. 先期采场局部剪切破坏 2. 工作面前后方先期和当前剪切破坏	先期水平向延伸张拉破坏	1. 整体呈现剪切破坏 2. 微小局部出现先期剪切破坏 3. 存在当前剪切破坏	微小局部出现先期张拉破坏
100	1. 先期剪切破坏区域增大 2. 局部存在当前剪切破坏 3. 当前和先期剪切破坏叠加	1. 先期水平向延伸张拉破坏 2. 在前期剪切破坏区域内，发育先期张拉破坏 3. 局部存在微小张拉破坏	1. 整体呈现剪切破坏 2. 剪切破坏为主，影响区域增大 3. 局部存在先期和当前剪切与张拉破坏叠加	
	4. 先期和当前剪切与张拉破坏叠加			
200	1. 先期剪切破坏区域增大 2. 剪切破坏为主，影响区域增大 3. 局部存在先期和当前剪切与张拉破坏叠加		1. 整体呈现剪切破坏 2. 剪切破坏为主，影响区域增大 3. 先期剪切和张拉破坏叠加显著	
500	1. 先期剪切破坏区域增大 2. 剪切破坏为主，影响区域进一步增大 3. 当前张拉破坏仅出现在工作面前方		1. 整体呈现剪切破坏 2. 剪切破坏为主，影响区域进一步增大 3. 先期和当前剪切破坏叠加显著 4. 先期剪切和张拉破坏叠加显著 5. 无当前张拉破坏现象	

由图4-31和表4-6可以得到如下认知：

（1）未考虑水平构造应力时，随着工作面的推进，整个采场的顶板岩梁主要表现为压剪与张拉的破坏机制。这是因为，工作面后方出现了采空区，随着工作面推进距离加大，一方面工作面前方出现压应力集中，产生压剪应力，另一方面采空区顶板垮落，产生拉应力。

（2）直接顶的破坏机制主要表现为张拉破坏。随着工作面推进和顶板垮落，煤壁前方和煤层顶板的塑性破坏单元不断增加。

在直接顶未垮落前，塑性破坏集中在工作面前方的 1~3 m，顶板破坏集中在 5~10 m 范围内。

随着采场初次突变失稳和周期突变失稳，煤壁前方塑性区逐渐增大到 3~5 m，直接顶和基本顶的塑性破坏不断向工作面前方深处扩展。当推进 50 m 后，直接顶塑性破坏延伸到工作面支护范围，大采高工作面在采动作用下，顶板断裂，端面冒顶严重。基本顶断裂位置逐渐向煤壁深处延伸，支承压力影响范围增大，峰值位置远离煤壁。

支承压力峰值距离煤壁的位置，可根据煤壁前方塑性区的范围和基本顶断裂位置确定，一般位于煤壁前方约 2 倍塑性区宽度的位置。

（3）FLAC3D 中模拟结果是塑性破坏单元，破坏面积可由单元格数确定。

在实际生产中，未考虑水平构造应力时，覆岩的破坏区域以直接顶的张拉破坏和基本顶的剪切破坏为主，破坏区域为当工作面推进至 200 m 左右时，煤层上方 75 m 范围内岩体遭到了破坏。破坏区域的形状为"拱形—马鞍形—拱形"的演变，如图 4-32 所示。

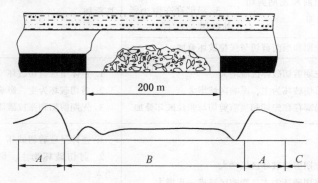

A—增压区；B—减压区；C—稳压区

图 4-32　覆岩破坏区域"拱形—马鞍形—拱形"的演变

由于垮落矸石的支撑作用，在开切眼处的覆岩破坏形状为马鞍形，而工作面推进的前方煤壁则形成拱形的破坏区域。

（4）考虑地应力时，覆岩的塑形破坏区域明显减小，仅见直接顶范围内的岩体遭受张拉破坏，工作面前方煤壁上容易产生张拉破坏并导致切顶破坏。可见地应力更容易使覆岩结构产生稳定，有利于顶板安全，但对坚硬顶板大采高开采更具有危险性。

因此，针对不同的采场，必须充分考虑地应力存在的效应，趋利避害。当以覆岩结构稳定为主要条件时，发挥地应力的有力作用；反之，对坚硬大采高采场,则选择规避地应力的影响作用。

4.3 二维相似材料模拟与 FLAC3D 数值模拟研究结果的比较

二维相似材料模型试验研究与 FLAC3D 地应力反演数值模拟研究,二者研究手段和方法不同,但是目的和目标是一致的,都是研究采场覆岩破坏特征和运动特征与规律,所不同的是侧重点,前者模拟了覆岩破坏特征和支承压力分布特征,后者模拟了矿压显现、覆岩运动地应力演化规律。

表 4-7 汇总了二维相似材料模拟与 FLAC3D 数值模拟研究结果。可以看出,两种模拟方法得出的结果,具有相同、相似性,也存在差异性。

4.3.1 二维相似材料模拟研究结果的特点

(1) 能够明显地划分出工作面推进过程中顶板结构变化的阶段性。

(2) 能够定性和定量化地直观显示工作面推进过程中顶板结构变化及其特征。

(3) 能够较真实地显示工作面推进过程中支承压力分布及其特征,与钱鸣高院士描述的工作面前后支承压力分布(图 4-33)基本吻合。

(4) 能够定量化地给出极限跨度即初次突变失稳步距。

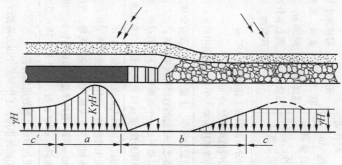

图 4-33　工作面前后支承压力分布示意图

4.3.2 FLAC3D 数值模拟研究结果的特点

(1) 能够定量化地描述覆岩剪切和张拉等破坏特征。

(2) 能够定量化地给出采场初次突变失稳和周期突变失稳步距,揭示直接顶和基本顶的塑性破坏特征和规律。

(3) 能够定量化地显示工作面推进过程中支承压力分布及其特征。

(4) 能够定量化和直观地揭示上覆岩层形成压力拱,以及煤层上方(75 m 范围内)岩体破坏区域的"拱形—马鞍形—拱形"的演变过程。

表 4-7　工作面推进过程二维相似材料模拟与 FLAC3D 数值模拟研究结果比较简表

模拟方法	模拟指标	工作面推进过程							
		第一阶段	第二阶段	第三阶段	第四阶段	第五阶段	第六阶段	第七阶段	最后阶段
相似材料模拟	覆岩破坏	伪顶初次垮落，垮落步距 30 m；上位岩层离层	距开切眼 40 m，直接顶垮落；上位岩层离层	距开切眼 50 m，直接顶出现悬顶	基本顶岩梁发生初次断裂，裂断步距 60 m；基本顶上部开始出现裂隙	开采至 70 m 时再次出现悬顶，基本顶断裂，上部岩层离层进一步扩大，出现新的离层	开采至 90 m 时，18.2 m 厚粉砂岩全部断裂，多位置出现离层	开采到 110 m 时，基本顶上位岩层裂断，裂缝带发展高度达 40 m，最大离层达到 5 cm	基本顶岩层形成新的结构，进入平稳来压阶段，来压步距大于 40 m
FLAC3D 数值模拟	支承压力	1. 支承压力分布范围在工作面前方 ±90 m 2. 支承压力峰值距煤壁 ±9 m 3. 煤壁中的支承压力大于顶板岩层中的支承压力							
	上覆岩层位移	1. 在顶板断裂过程中，上覆岩层几乎没有位移，而是垂直落下 2. 距离断裂步之上较远的岩层有向采空区移动的趋势 3. 岩层的运动不是一个逐渐弯曲下沉的过程，而是一个突变失稳过程，位移剧增 4. 位移很小，达到极限跨度 50 m 时突变失稳							
	覆岩破坏	1. 直接顶的破坏机制主要表现为张拉破坏 2. 在直接顶垮落前，塑性破坏集中在工作面前方的 1~3 m，顶板破坏集中在 5~10 m 范围内 3. 随着采场次变失稳和周期来压变化，直接顶和基本顶的塑性破坏不断向工作面向深处扩展 4. 当推进 50 m 后，直接顶塑性破坏延伸到工作面支撑范围，端面冒顶严重 5. 工作面推进至 200 m 时，煤层上方 75 m 范围内岩体遭到破坏，破坏区域的形状为拱形-马鞍形-拱形的演变							
	矿压显现	1. 自开切眼成上覆岩层压力拱 2. 由于压力拱的作用，工作面处于压力降低区							
	地应力演化	1. 自工作面控顶距内，煤壁和近距离煤墙范围内依次模拟给定了应力释放区，塑性应力升高和应力恢复区 2. 超前支承压力峰值在煤壁前方 10 m 位置，影响范围在 120~180 m 之间 3. 地应力更大更容易使覆顶岩结构产生不稳定，但对坚硬顶板安全，有利于顶板安全，但对坚硬顶大采高开采更具有危险性							

5 采场顶板结构演化及控制方法

地下采矿工程活动破坏了原岩初始应力状态，在工程围岩中引起应力重新分布，重新分布后的应力可能升高，也可能降低，如果升高后的应力达到岩体的破坏极限，则引起围岩的变形、破坏。因此，采矿工程中如何避免和控制采场、巷道围岩破坏是保障采矿安全生产的前提条件，也是必要条件。

大采高开采上覆岩层的结构及运动规律，必然不同于普通开采，而且大采高开采与普采及放顶煤开采上覆岩层结构及运动规律在机理上并不相同，显然适用于普通采高的顶板控制理论及技术已经不能有效地指导"两硬"大采高的顶板控制设计。

本章是从采场空间结构的发展变化规律、采场动态结构力学模型及数学模型的建立等方面进行研究，为安全开采奠定理论基础，进而为保障采场、巷道围岩安全稳定，研究其控制方法提供依据。

5.1 "两硬"大采高采场覆岩运动规律

5.1.1 普通采场覆岩运动规律

在一般采场条件下，随着采场的不断推进，采空区上覆岩层中的下位岩层失去了原始的平衡状态，发生离层、垮落，进而给上位岩层创造了发生运动的条件。

随着采场不断推进，采动范围逐渐扩大，上覆岩层从下而上依次发生运动，根据不同部位岩层运动幅度的差异，把采场上覆岩层自下而上依次划分为垮落带、裂缝带和弯曲下沉带（图5-1）。其中，垮落带，就是采场的直接顶，其作用力必须由采场支架全部承担；裂缝带中下位1~2个岩梁为采场的基本顶，可以将上覆岩层的重量传递到前方煤壁和后方采空区的矸石上。这些以传递岩梁为主要形式的覆岩结构既是采场支架的主要力源，也是保护支架免受全部上覆岩层重量的承载结构。

一般情况下，采场上覆岩层运动的发展过程为（图5-2）：随采场推进，上覆岩层悬露→在其重力作用下弯曲→岩层悬露达到一定跨度，弯曲沉降发展至一定限度后，在伸入煤壁的端部开裂→中部开裂形成"假塑性岩梁"→当其沉降值超过"假塑性岩梁"允许沉降值时，悬露岩层即自行垮落。

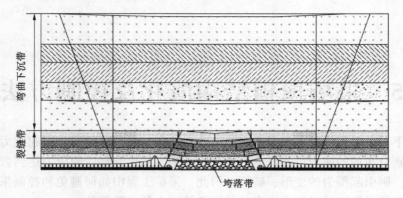

图 5-1 普通采场覆岩的"三带"分布示意图

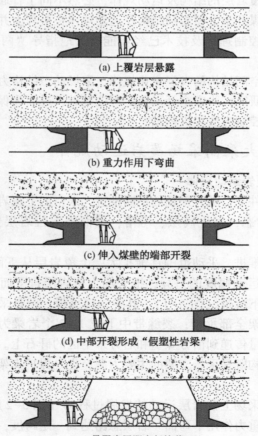

(a) 上覆岩层悬露

(b) 重力作用下弯曲

(c) 伸入煤壁的端部开裂

(d) 中部开裂形成"假塑性岩梁"

(e) 悬露岩层即自行垮落

图 5-2 上覆岩层运动发展过程

　　悬露岩层中部拉开以后，是否会发生垮落，则由其下部允许运动的空间高度决定。只有其下部允许运动的空间高度超过运动岩层的允许沉降值，岩层运动才会由弯曲沉降发展至垮落。否则，将保持"假塑性岩梁"状态，进而形成传递岩梁。

　　由此可知，一般采场条件下，上覆岩层由直接顶（垮落带）和基本顶（传递岩梁）组成，其运动过程是一个由下而上逐渐发展、弯曲沉降至垮落或触矸稳定形成传递岩梁的过程（图5-3）。

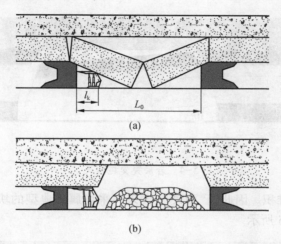

图5-3　岩层弯曲形成"假塑性岩梁"结构

5.1.2 "两硬"大采高采场覆岩运动规律

1. "两硬"大采高采场覆岩一般性运动规律

　　在"两硬"采场，由于上覆岩层厚度大、强度高，在采场推进过程中，岩层悬露后产生很小的弯曲变形，悬露岩层端部首先开裂（图5-4a），在岩层中部未开裂或开裂很少的情况下，突发性整体切断垮落（图5-4b）。

2. "两硬"大采高采场的失稳破坏模型

　　在这种采场条件下，从开切眼推进开始，坚硬岩层的离层量（下沉量）很小，几乎处于静止不动状态；随着采场不断推进，一旦达到极限跨度后，会发生突变失稳。岩层一般在煤壁处折断，失去向煤壁前方传递力的联系，不能形成能够传递力的岩梁（"砌体梁"或"传递岩梁"），全部重量均压在支架上。由于采高大，顶板岩块失稳过程中往往发生冲击，形成动载。在8210工作面开采过程中，发生了数次动载冲击现象，造成支架被压死的重大灾害。在初次运动阶段，岩层由固支梁，突变为块体。在周期运动阶段，由悬臂梁突变为块体。数层块体

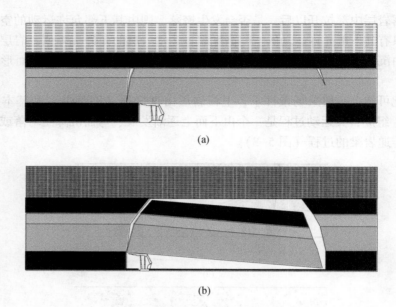

图 5-4　岩层突变运动失稳

叠加，形成砌体堆积。因此，"两硬"大采高采场属于典型的块体堆积—突变动载模型，如图 5-5 所示。

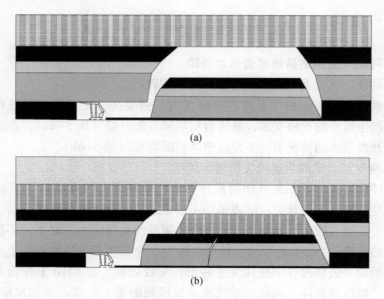

图 5-5　块体堆积—突变动载模型

3. "两硬"大采高采场的特点

（1）一般没有传统意义上的直接顶。也就是，没有在采空区及时垮落且垮落后产生体积碎胀能够对上位岩层起到支撑作用的强度较低的岩层；或者局部有很薄的伪顶，厚度较小，起不到对上位岩层的支撑作用。

（2）没有传统意义上的基本顶。在厚度和强度两方面足以保证顶板不能弯拉破坏的条件下，没有传统意义上的基本顶。岩层一般在煤壁处折断（图5-4和图5-5右侧），失去向煤壁前方传递力的联系，因此，不能形成能够传递力的岩梁（砌体梁或传递岩梁）。

（3）由于采高大，采场覆岩中较高位置的岩层有可能形成传递岩梁，但由于距离支架较远，运动及作用力滞后，一般情况下，支架阻力可以不考虑，只考虑靠近支架的下位1~2个岩层。

（4）岩块的运动不是一个逐渐弯曲下沉的过程，而是一个突变失稳的短暂过程。达到极限跨度之前时，顶板位移很小；达到极限跨度时，突变失稳，顶板位移急剧增加，如图5-6所示。图5-6中，h为顶板高度，L_{z0}为顶板初次断裂位置，折线为顶板断裂回转示意线。

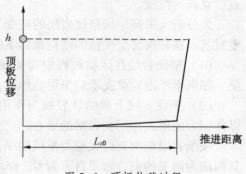

图5-6　顶板位移过程

（5）由于采高较大，顶板岩块在突变失稳的过程中，往往会发生冲击，对支架形成动载。顶板岩块突变失稳产生的冲击力如果较小，则动载荷可由支架承担，如果很大，则容易造成压架等顶板事故。

（6）岩块在突变失稳前处于水平状态，是一个水平状态的悬臂梁，全部重量作用在采场支架上；突变失稳后为一端在底板或已经运动结束的岩块上，另一端在支架上，其重量一部分由支架承担；运动结束后，为一水平状态的块体，在采空区与其他块体形成堆积。全部重量作用在底板或下部已经运动结束的岩块上。

（7）块体突变失稳表现为以完整的块体形式垂向向下移动；块体突变失稳后，以完整的块体形式堆积在采空区，本身不破碎，因此，碎胀系数接近于1.0。

5.2　顶板结构力学模型参数分析

众所周知，以往研究采场上覆岩层运动时，大多是以材料力学为基础，建立两端固支或简支梁的力学模型，并对岩梁中应力分布进行分析，从而进行岩层运动方式的判断和步距的确定。该模型和分析方法对薄梁力学分析及普通采高开采时较实用。

对于"两硬"大采高开采，顶板岩梁（板）已经不属于薄梁的范围，对其进行力学分析时，由于传统的模型和分析方法未考虑轴力、沿梁高度方向层间挤压应力及煤层倾角对整个梁内应力场分布的影响，若仍采用上述模型和方法，将不能满足大采高开采围岩控制的实际状况。

5.2.1　裂断岩层初次突变失稳力学模型和分析

5.2.1.1　裂断岩层初次突变失稳力学模型

由上述可知，两端固支或简支梁的力学模型，不适用"两硬"大采高采场上覆岩层运动规律和特征的研究，必须针对"两硬"大采高采场上覆岩层的特点建立新的模型。

为分析大采高采场坚硬岩层的突变失稳规律，针对坚硬岩层的运动特点，需要对基本顶初次突变失稳的结构做如下假定：

（1）坚硬岩层在运动过程中与实际受力情况较符合的力学模型为可变简支梁，如果不考虑岩梁支承端垫层的作用，可将坚硬岩层简化成两端固支梁模型。

（2）坚硬岩层上部的软岩视为作用在岩梁上的均布载荷，坚硬岩层的自重以体积力的形式作用在岩梁的形心。

裂断岩层初次突变失稳力学模型中，岩梁以 θ 角倾斜，其上作用均布载荷 q，其两端为固支约束，岩梁自重为 G，作用于其形心，岩梁的高度为 h（图 5-7）。

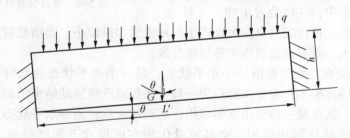

图 5-7　固支梁结构模型

5.2.1.2　裂断岩层初次突变失稳力学分析

随着采场的推进，促使围岩运动的矿山压力大小和分布是变化的，因此，受采动影响后上覆岩层中的应力分布，是分析坚硬岩层运动规律及步距的关键。

根据图 5-7 所示的概念力学模型，进一步发展了图 5-8 所示的计算力学模型。利用弹性理论，分析在自重力作用下的两端固支梁内应力分布，从而对坚硬岩层的运动规律进行研判。图 5-8 所示的计算力学模型，在图 5-7 力学模型的基础上，增加了便于计算的坐标系，将梁两端固支概化为约束类型符号。由材料力学可知：两端固支梁受自重作用时，在两固定端产生的约束力为竖向力和弯矩，约束力的大小和方向，如图 5-8 所示。

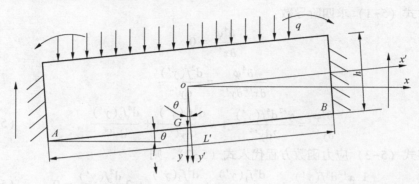

注：G——岩层的自重（体积力，$G = rmL'$，r 为岩石密度，kN/m³；m 为岩梁厚度，m；L' 为基本顶的初次来压步距，m）

图 5-8 固支梁力学模型示意图

建立图 5-8 所示的坐标系，其中 $x'y'$ 轴方向与岩层平行和垂直，xy 轴方向与水平面平行和垂直，岩层与水平面夹角为 θ，在工作面方向取单位宽度，故接近于平面应变问题。因此，利用弹性理论的半逆解法，可求解固支梁应力场的分布。

由材料力学可知：弯应力 $\sigma_{x'}$ 主要是由弯矩引起的，剪应力 $\tau_{x'y'}$ 主要是由剪力引起的，挤压应力 $\sigma_{y'}$ 主要是由直接荷载引起的。直接荷载是不随 x' 而变的常量，因此可以假设 $\sigma_{y'}$ 不随 x' 而改变，即 $\sigma_{y'}$ 只是 y' 的函数。则

$$\sigma_{y'} = f(y')$$

即

$$\sigma_{y'} = \frac{\partial^2 \varphi}{\partial x'^2} = f(y')$$

对 x' 积分，则有：

$$\frac{\partial \varphi}{\partial x'} = x'f(y') + f_1(y')$$

因此，可得平面应力函数：

$$\varphi = \frac{x'^2}{2}f(y') + x'f_1(y') + f_2(y') \tag{5-1}$$

其中 $f_1(y')$ 与 $f_2(y')$ 是任意待定函数。

根据弹性理论，如各应力分量满足相容方程，则应力函数即满足相容方程，

其相容方程为

$$\frac{\partial^4 \varphi}{\partial x'^4} + 2\frac{\partial^4 \varphi}{\partial x'^2 \partial y'^2} + \frac{\partial^4 \varphi}{\partial y'^4} = 0 \qquad (5-2)$$

对式（5-1）求四阶导数：

$$\frac{\partial^4 \varphi}{\partial x'^4} = 0$$

$$\frac{\partial^4 \varphi}{\partial x'^2 \partial y'^2} = \frac{\mathrm{d}^2 f(y')}{\mathrm{d}y'^2}$$

$$\frac{\partial^4 \varphi}{\partial y'^4} = \frac{x'^2 \mathrm{d}^4 f(y')}{2\mathrm{d}y'^4} + x\frac{\mathrm{d}^4 f_1(y')}{\mathrm{d}y'^4} + \frac{\mathrm{d}^4 f_2(y')}{\mathrm{d}y'^4} \qquad (5-3)$$

将式（5-3）应力函数方程代入式（5-2），则

$$\frac{1}{2}\frac{x'^2 \mathrm{d}^4 f(y')}{\mathrm{d}y'^4} + x\frac{\mathrm{d}^4 f_1(y')}{\mathrm{d}y'^4} + \frac{\mathrm{d}^4 f_2(y')}{\mathrm{d}y'^4} + 2\frac{\mathrm{d}^2 f(y')}{\mathrm{d}y'^2} = 0 \qquad (5-4)$$

上述方程为 x' 的二次方程，根据相容条件，整个岩层的 x' 均应满足相容条件，因此，该二次方程的系数和自由项均为零。即

$$\frac{\mathrm{d}^4 f(y')}{\mathrm{d}y'^4} = 0 \qquad (5-5)$$

$$\frac{\mathrm{d}^4 f_1(y')}{\mathrm{d}y'^4} = 0 \qquad (5-6)$$

$$\frac{\mathrm{d}^4 f_2(y')}{\mathrm{d}y'^4} + 2\frac{\mathrm{d}^2 f(y')}{\mathrm{d}y'^2} = 0 \qquad (5-7)$$

式（5-5）及式（5-6）应满足：

$$f(y') = Ay'^3 + By'^2 + Cy' + D \qquad (5-8)$$

$$f_1(y') = Ey'^3 + Fy'^2 + Gy' \qquad (5-9)$$

式（5-8）和式（5-9）中 A、B、C、D、E、F、G 为待定常数，下同。

式（5-9）中，$f_1(y')$ 中的常数已被省略（因在 φ 的表达式中为 x' 的一次项，不影响分量），因此方程（5-9）应满足：

$$\frac{\mathrm{d}^4 f_2(y')}{\mathrm{d}y'^4} = -2\frac{\mathrm{d}^2 f(y')}{\mathrm{d}y'^2} = -12Ay' - 4B \qquad (5-10)$$

即

$$f_2(y') = -\frac{A}{10}y'^5 - \frac{B}{6}y'^4 + Hy'^3 + Ky'^2$$

其中的一次项及常数项都被省略，因为它们不影响应力分量。将式（5-8）及式（5-10）代入式（5-1），得应力函数方程：

$$\varphi = \frac{x'^2}{2}(Ay'^3 + By'^2 + Cy' + D) + x'(Ey'^3 + Fy'^2 + Gy') - \frac{A}{10}y'^5 - \frac{B}{6}y'^4 + Hy'^3 + Ky'^2$$

$$(5 - 11)$$

式（5-10）和式（5-11）中，H、K 为待定常数，下同。

根据弹性理论，利用应力函数求应力分量：

$$\begin{cases} \sigma_{x'} = \dfrac{\partial^2 \varphi}{\partial y'^2} - X'x' \\[2mm] \sigma_{y'} = \dfrac{\partial^2 \varphi}{\partial x'^2} - Y'y' \\[2mm] \tau_{x'y'} = -\dfrac{\partial^2 \varphi}{\partial x'\partial y'} \end{cases} \qquad (5 - 12)$$

将式（5-11）代入式（5-12），得：

$$\begin{cases} \sigma_{x'} = \dfrac{x'^2}{2}(6Ay' + 2B) + x(6Ey' + 2F) - 2Ay'^3 - 2By'^2 + 6Hy' + 2K \\[2mm] \sigma_{y'} = Ay'^3 + By'^2 + Cy' + D \\[2mm] \tau_{x'y'} = -x'(3Ay'^2 + 2By' + C) - (3Ey'^2 + 2Fy' + G) - \gamma x' \end{cases}$$

$$(5 - 13)$$

由对称性可知，正应力 $\sigma_{x'}$、$\sigma_{y'}$、$\tau_{x'y'}$ 是 x' 的常数函数，因此，其系数 $E = F = G = 0$，则式（5-13）可等效为

$$\begin{cases} \sigma_{x'} = \dfrac{x'^2}{2}(6Ay' + 2B) - 2Ay'^3 - 2By'^2 + 6Hy' + 2K \\[2mm] \sigma_{y'} = Ay'^3 + By'^2 + Cy' + D \\[2mm] \tau_{x'y'} = -x'(3Ay'^2 + 2By' + C) - \gamma x' \end{cases} \qquad (5 - 14)$$

假设岩梁主要边界为上下边界，且需精确满足；次要边界根据圣维南原理，应近似满足。由此，可确定应力分量表达式中常数。

由边界条件可知：

$$\begin{cases} (\sigma_{y'})_{y' = \pm\frac{h}{2}} = 0 \\[2mm] (\tau_{x'y'})_{y' = \pm\frac{h}{2}} = 0 \\[2mm] \displaystyle\int_{-\frac{h}{2}}^{\frac{h}{2}} (\sigma_{x'})_{x' = \frac{L'}{2}} dy' = 0 \\[3mm] \displaystyle\int_{-\frac{h}{2}}^{\frac{h}{2}} (\sigma_{x'})_{x' = \frac{L'}{2}} y' dy' = -\frac{\gamma h L'^2}{8} \end{cases} \qquad (5 - 15)$$

将式（5-14）代入式（5-15），并由上下边界可得：

$$\frac{h^3}{8}A + \frac{h^2}{4}B + \frac{h}{2}C + D = 0 \qquad (5-16)$$

$$-\frac{h^3}{8}A + \frac{h^2}{4}B - \frac{h}{2}C + D = 0 \qquad (5-17)$$

因此

$$B = D = 0 \qquad A = -\frac{2\gamma}{h^2} \qquad C = \frac{\gamma}{2}$$

由 $\int_{-\frac{h}{2}}^{\frac{h}{2}} (\sigma_{x'})_{x' = \frac{L'}{2}} d_{y'} = 0$ 可得

$$\int_{-\frac{h}{2}}^{\frac{h}{2}} \left(-\frac{x'^2}{2}\frac{12\gamma}{h^2}y + \frac{4\gamma}{h^2}y^3 + 6Hy' + 2K \right)_{x'=\frac{L'}{2}} d_{y'} = 0 \qquad (5-18)$$

则

$$K = 0$$

由 $\int_{-\frac{h}{2}}^{\frac{h}{2}} (\sigma_{x'})_{x' = \frac{L'}{2}} y' d_{y'} = -\frac{\gamma h L'^2}{8}$ 可得

$$\left(-\frac{\gamma L'^2}{h^2}y'^3 + \frac{4\gamma}{5h^2}y'^5 + 2Hy'^3 \right)_{-\frac{h}{2}}^{\frac{h}{2}} = -\frac{\gamma h L'^2}{8}$$

因此

$$H = \frac{\gamma L'^2}{2h^2} - \frac{\gamma}{10} \qquad (5-19)$$

将已确定的常数代入式（5-13），可得两端固支梁应力分量的最后解析式：

$$\begin{cases} \sigma_{x'} = -\frac{6\gamma}{h^2}x'^2 y' + \frac{\gamma}{h^2}y'^3 + 6\left(\frac{\gamma L'^2}{2h^2} - \frac{\gamma}{10} \right)y' \\[2mm] \sigma_{y'} = \frac{\gamma}{2}\left(1 - \frac{4y'^2}{h^2} \right)y' \\[2mm] \tau_{x'y'} = \frac{6\gamma}{h^2}x'y'^2 - \frac{3}{2}\gamma x' \end{cases} \qquad (5-20)$$

　　根据应力分量的坐标变换，即物体内任意一点可用该点的直角坐标系上的应力分量进行表示，当坐标围绕着该点（原点）转动而变换为另一新坐标系时，由于点的位置未发生改变，因此，该点应力状态不会发生变化，但是在新坐标系中表示该点的应力状态分量将发生改变。

　　设物体内任意一点坐标系 xy（图5-8）中的应力分量为 σ_x、σ_y、τ_{xy}，两个坐标系在 O 点重合。则新坐标系 x、y 对旧坐标的 x'、y' 轴的方向余弦分别为

$\cos\theta$、$-\sin\theta$、$\sin\theta$、$\cos\theta$。因此，新坐标系应力分量解析表达式为

$$\begin{cases} \sigma_x = \sigma_{x'}\cos^2\theta + \sigma_{y'}\sin^2\theta + 2\cos\theta\sin\theta\,\tau_{xy} \\ \sigma_y = \sigma_{x'}\sin^2\theta + \sigma_{y'}\cos^2\theta + 2\cos\theta\sin\theta\,\tau_{xy} \\ \tau_{xy} = \sigma_{x'}\cos\theta\sin\theta + \sigma_{y'}\sin\theta\cos\theta + \tau_{xy} = -\left(\sigma_{x'} + \sigma_{y'}\right)\cos\theta\sin\theta + \tau_{xy} \end{cases}$$

$$(5-21)$$

表达式（5-21）即是求解固支梁应力场分布的各应力分量的数学计算式。

5.2.1.3　基本顶初次失稳步距确定

随着工作面推进，根据式（5-21）可以建立确定基本顶初次失稳步距的依据：两端固支梁内正应力、剪应力及挤压应力沿梁跨度和高度的方向分布；当岩梁内某点的正应力或者剪应力大于此点岩层的极限强度，可以确定为岩梁的跨度达到使其破坏的极限跨度，该极限跨度即为初次突变失稳步距。进一步，由式（5-21）和上述依据，确定基本顶初次失稳步距。

1. 基本顶弯拉破坏初次失稳步距

（1）岩梁上表面被拉开。对于两端固支梁的结构模型，随着工作面推进，其跨度不断增加，固支端处的支座负弯矩变大，固支端岩梁上表面处的拉应力 σ_x 大于该层岩梁的极限抗拉强度时，岩层在该处被拉开，如图5-9所示。

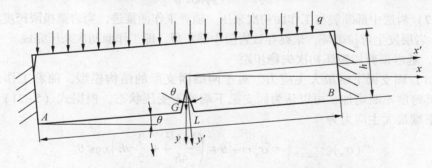

图5-9　两端拉断后成铰接结构的岩层力学模型

（2）岩梁转化为简支梁结构。随着拉开范围的增加，原有的固支梁结构模型将转化为简支梁结构，如图5-10所示。

（3）断裂后的两块岩梁以铰接的方式连接。中部弯矩增加，岩梁将在此处断裂，断裂后的两块岩梁将以铰接的方式连接在一起。

（4）固支端岩层上表面处的拉应力。由式（5-21）可知，岩梁在两固支端岩层上表面处的拉应力：

$$\left(\sigma_x\right)_{x=\frac{L'}{2},\,y=-\frac{h}{2}} = \sigma_{x'}\cos^2\theta = -\left(\frac{3\gamma L'^2}{4h} + \frac{1}{5}\gamma h\right)\cos^2\theta \qquad (5-22)$$

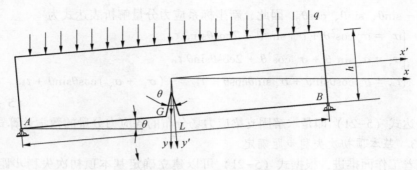

图 5-10 简支梁力学模型

（5）固支梁不被拉断的力学条件。假设岩层不发生断裂，则固支梁上表面处的拉应力应小于岩石的容许抗拉强度。固支梁不被拉断的力学条件为

$$(\sigma_x)_{x=\frac{L}{2},\ y=-\frac{h}{2}} \leqslant [\sigma_T]$$

（6）向简支梁模型转变及其极限跨度。岩梁由固支梁模型向简支梁模型转变，其极限跨度为

$$L \leqslant \sqrt{\frac{h(20[\sigma_T] - 4\gamma h)}{15\gamma \cos^2\theta}} \tag{5-23}$$

（7）岩层中部断裂与工作面初次来压。随着工作面推进，当岩梁极限跨度大于 L 时，岩层发生弯拉破坏，最终导致岩层中部断裂，即工作面初次来压完成。

2. 基本顶剪切破坏初次失稳步距

（1）固支梁下端最大主应力。对于两端固支梁的结构模型，随着工作面推进，其跨度不断增加，可以认为固支梁下端处于受压状态，根据式（5-21），固支梁下端最大主应力为

$$(\sigma_x)_{x=\frac{L'}{2},\ y=\frac{h}{2}} = \sigma_{x'}\cos^2\theta = \left(\frac{3\gamma L'^2}{4h} + \frac{1}{5}\gamma h\right)\cos^2\theta$$

（2）岩层破裂面的方向与最大主应力夹角。根据摩尔-库仑准则，岩石破裂面法线方向与最大主应力的夹角 $\theta_0 = 45° + \dfrac{\varphi}{2}$。由此可以确定，固支梁模型中岩层破裂面的方向与最大主应力夹角 $\theta_0 = 45° - \dfrac{\varphi}{2}$。

（3）破坏面上的应力分量。由图 5-11 可得，岩梁破坏面上的应力分量应为

$$\begin{cases} \sigma_\theta = \dfrac{1-\sin\varphi}{2}\left(\dfrac{3\gamma L'^2}{4h} + \dfrac{1}{5}\gamma h\right)\cos^2\theta \\ \tau_\theta = \dfrac{\cos\varphi}{2}\left(\dfrac{3\gamma L'^2}{4h} + \dfrac{1}{5}\gamma h\right)\cos^2\theta \end{cases} \tag{5-24}$$

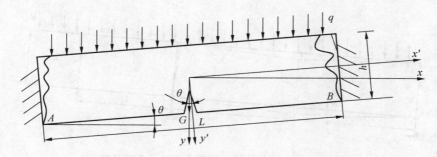

图 5-11 压剪破坏岩层断裂的结构力学模型

（4）岩梁不发生压剪破坏的极限跨度公式。根据摩尔库仑剪切破坏准则：

$$\tau_\theta = \tan\varphi\sigma_\theta + c \qquad (5-25)$$

式中 φ——顶板岩层内摩察角，（°）；

c——顶板岩层黏聚力。

将式（5-24）代入式（5-25），则得到岩梁不发生压剪破坏的极限跨度公式为

$$L \leqslant \frac{2}{15} \frac{\sqrt{15}\sqrt{\gamma h(\cos\varphi - \tan\varphi + \tan\varphi\sin\varphi)(-\gamma h\cos\varphi\cos^2\theta + 10c + \gamma h\tan\varphi\cos^2\theta - \gamma h\tan\varphi\cos^2\theta)}}{(\cos\varphi - \tan\varphi + \tan\varphi\sin\varphi)\gamma\cos\theta}$$

$$(5-26)$$

5.2.2 裂断岩层周期突变失稳力学模型和分析

5.2.2.1 裂断岩层周期突变失稳的结构假定与力学模型

为分析大采高采场坚硬岩层的周期突变失稳规律，针对坚硬岩层的运动特点，并考虑沿梁高度方向层间挤压应力及煤层倾角对整个梁内应力场分布的影响，对基本顶初次突变失稳的结构做如下 4 项假定：

（1）坚硬岩层在运动过程中与实际受力情况较符合的力学模型为可变简支梁。

（2）如果不考虑岩梁支撑端垫层的作用，可将坚硬岩层简化为一端固支梁一端简支梁模型和悬臂梁模型两种情况。

（3）坚硬岩层上部的软岩视为作用在岩梁上的均布载荷。

（4）坚硬岩层的自重以体积力 G 的形式作用在岩梁的形心。

据此，建立的力学模型如图 5-12 及图 5-13 所示。

5.2.2.2 裂断岩层周期突变失稳力学分析

1. 基本顶周期突变失稳力学分析（一端固支一端简支）

基本顶初次弯拉破坏突变失稳后，岩梁发生断裂，从而在力学上由两端固支变成一端固支一端简支的梁结构模型（图 5-14）。岩梁的固支端以煤壁为边界、

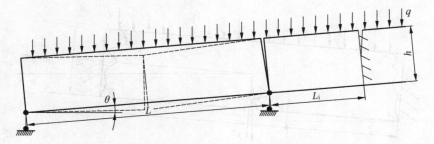

图 5-12　一端固支梁一端简支梁结构力学模型

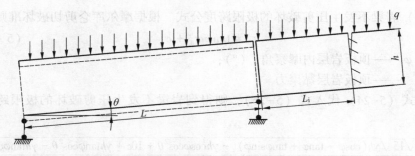

图 5-13　悬臂梁结构力学模型

岩梁与煤体上部顶板固定连接（未断裂）并向采空区伸出；简支端为断裂的顶板在断裂处由采空区另侧煤体支撑。利用弹性理论，分析在自重力及均布荷载作用下的两端固支梁内应力分布，从而对坚硬岩层的运动规律及步距进行判断。

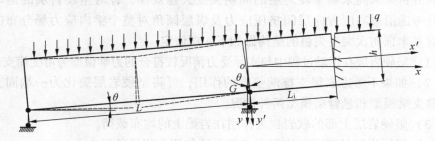

图 5-14　一端固支梁一端简支梁力学计算示意图

（1）岩梁本构方程。建立如图 5-14 所示的坐标系，其中 $x'y'$ 轴方向与岩层平行和垂直，xy 轴方向与水平面平行和垂直，岩层与水平面夹角为 θ，考虑 xy 面内的平面应力问题，容易得到岩梁本构方程如下：

$$\begin{cases} \dfrac{\partial u}{\partial x'} = \dfrac{1}{E}\sigma_{x'} - \dfrac{\mu}{E}\sigma_{y'} \\[2mm] \dfrac{\partial v}{\partial y'} = -\dfrac{\mu}{E}\sigma_{x'} + \dfrac{1}{E}\sigma_{y'} \\[2mm] \dfrac{\partial u}{\partial y'} + \dfrac{\partial v}{\partial x'} = \dfrac{2(1+\mu)}{E}\tau_{x'y'} \end{cases} \qquad (5-27)$$

其中，u 为位移分量，v 为位移分量，σ_x' 和 σ_y' 为应力分量，$\tau_{x'y'}$ 为剪应力，E 为弹性模量，μ 为泊松比。

（2）求解应力公式的过程待定系数与待定常数。用应力函数 φ 表示应力公式为

$$\sigma_x = \dfrac{\partial^2 \varphi}{\partial y^2} \qquad \sigma_y = \dfrac{\partial^2 \varphi}{\partial x^2} \qquad \tau_{xy} = \dfrac{\partial^2 \varphi}{\partial x \partial y} \qquad (5-28)$$

而应力函数 φ 满足如下协调方程：

$$\dfrac{\partial^4 \varphi}{\partial x^4} + \dfrac{\partial^4 \varphi}{\partial x^2 \partial y^2} + \dfrac{\partial^4 \varphi}{\partial y^4} = 0 \qquad (5-29)$$

图 5-14 所示的受均布荷载作用的一端固支梁一端简支梁，梁的跨度为 L，高为 h，宽度为单位长度。

取应力函数：

$$\varphi = a\left[y^5 - \dfrac{10}{-2\mu + 2(1+\mu)} x^2 y^3 \right] + bxy^3 + cy^3 + dx^2 y + exy + fx^2 \qquad (5-30)$$

式中 a、b、c、d、e 和 f 为 6 个待定系数，可以验证，式（5-30）满足协调方程式（5-29）。将式（5-30）代入式（5-28），得应力表达式：

$$\begin{cases} \sigma_x = 20a\left[y^3 - \dfrac{3}{-2\mu + 2(1+\mu)} x^2 y \right] + 6bxy + 6cy \\[3mm] \sigma_y = -\dfrac{20a}{-2\mu + 2(1+\mu)} y^3 + 2dy + 2f \\[3mm] \tau_{xy} = \dfrac{60a}{-2\mu + 2(1+\mu)} xy^2 - 3by^2 - 2dx - e \end{cases} \qquad (5-31)$$

将式（5-31）代入式（5-27），然后进行积分得位移表达式：

$$u = \dfrac{1}{E}\left[10a\mu x + 20ax - (2+\mu)b \right] y^3 + \dfrac{1}{E}\left[(-10ax^2 + 3bx + 6c) - \right.$$

$$\left. 2d\mu \right] xy - \dfrac{2f\mu}{E}x + wy + u_0 \qquad (5-32)$$

$$v = -\dfrac{5a\mu}{2E} y^4 + \dfrac{1}{E}\left[3\mu(5ax^2 - bx - c) + d \right] y^2 + \dfrac{2f}{E}y + \dfrac{5a}{2}x^4 -$$

$$\frac{bx^3}{E} - \frac{[3c - \mathrm{d}\mu + 2d(1 + \mu)]}{E}x^2 - \frac{2e(1 + \mu)}{E}x - wx - v_0 \qquad (5 - 33)$$

其中, u_0、v_0 和 w 是积分常数, 表示刚体位移。

应力分量与位移分量中, 共包含有 9 个待定常数, 分别是 a、b、c、d、e、f 和 u_0、v_0、w。该 9 个待定常数, 利用边界条件来确定。

(3) 边界条件。由 Cauchy 应力边界条件已知: $y = \dfrac{h}{2}$, $\sigma_y = 0$, $y = -\dfrac{h}{2}$, $\sigma_y = -q$, $y = \pm h/2$, $\tau_{xy} = 0$。左端的边界条件: $x = 0$, $y = 0$, $v = 0$; $N_0 = \displaystyle\int_{-\frac{h}{2}}^{\frac{h}{2}} \sigma_x(0, y)\mathrm{d}y = 0$; $M_0 = \displaystyle\int_{-\frac{h}{2}}^{\frac{h}{2}} \sigma_x(0, y)y\mathrm{d}y = 0$。对于右端的固支条件: Timoshen-ko 和 Goodier 给出形式: $x = L_i$, $y = 0$, $u = v = 0$, $\dfrac{\partial u}{\partial y} = 0$。

(4) 待定常数的确定。将应力表达式 (5-31) 和位移表达式 (5-32) 代入边界条件, 可得到 9 个方程, 恰好联立求解 9 个待定常数。可得: $a = \dfrac{q}{5h^3}$, $b = \dfrac{3qL_i(10L_i^2 + 12h^2 + 15\mu h^2)}{5h^3[8L_i^2 + 6(1 + \mu)h^2]}$, $c = \dfrac{q}{10h}$, $d = \dfrac{3q}{4h}$, $e = \dfrac{9qL_i[10L_i^2 + 12(1 + \mu)h^2 + 3\mu h^2]}{20h[8L_i^2 + 6(1 + \mu)h^2]}$, $f = -\dfrac{q}{4}$, $u_0 = \dfrac{-\mu qL_i}{2E}$, $v_0 = 0$, $w = \dfrac{qL_i[2L_i^2 + 6(1 + \mu)h^2][6(1 + \mu)h^2 + 9\mu h^2 - 10L_i^2]}{10h^3[8L_i^2 + 6(1 + \mu)h^2]}$。

(5) 应力分量解析表达式。将已确定的常数代入式 (5-31), 可得一端固支梁一端简支梁应力分量最后解析式:

$$\begin{cases} \sigma_{x'} = -\dfrac{6qx'^2y'}{h^3} + \dfrac{9qL_i}{2h^3}x'y' + 4\dfrac{qy'^3}{h'^3} + \dfrac{27(3 + 5\mu)qL_ix'y'}{10h[4L_i^2 + 3h^2(1 + \mu)]} - \dfrac{3qy'}{5h} \\[3mm] \sigma_{y'} = -\dfrac{q(y' + h)(2y' - h)^2}{2h^3} \\[3mm] \tau_{x'y'} = -\dfrac{9qL_i(4y'^2 - h^2)[10L_i^2 + 3(5\mu + 4)h^2]}{40h^3[4L_i^2 + 3h^2(1 + \mu)]} + \dfrac{3(4y'^2 - h^2)qx}{2h^3} \end{cases}$$

$$(5 - 34)$$

设物体内任意一点坐标系 xy (图 5-14) 中的应力分量为 σ_x、σ_y、τ_{xy}, 两个坐标系在 O 点重合。则新坐标系 x、y 对旧坐标的 x'、y' 轴的方向余弦分别为 $\cos\theta$、$-\sin\theta$; $\sin\theta$、$\cos\theta$, 因此, 新坐标系应力分量解析表达式为

$$\begin{cases} \sigma_x = \sigma_{x'}\cos^2\theta + \sigma_{y'}\sin^2\theta + 2\cos\theta\sin\theta\,\tau_{xy} \\[2mm] \sigma_y = \sigma_{x'}\sin^2\theta + \sigma_{y'}\cos^2\theta + 2\cos\theta\sin\theta\,\tau_{xy} \\[2mm] \tau_{xy} = \sigma_{x'}\cos\theta\sin\theta + \sigma_{y'}\sin\theta\cos\theta + \tau_{xy} = -(\sigma_{x'} + \sigma_{y'})\cos\theta\sin\theta + \tau_{xy} \end{cases}$$

$$(5 - 35)$$

至此，梁内应力及其分布可以确定，进而，可对坚硬岩层的运动规律及步距进行研判。

2. 基本顶周期突变失稳力学分析（悬臂梁）

初次剪切破坏突变失稳后，基本顶岩梁将形成悬臂梁结构模型，如图 5-15 所示。利用弹性理论，分析在自重力及均布荷载作用下的两端固支梁内应力分布，从而对坚硬岩层的运动规律及步距进行判断。

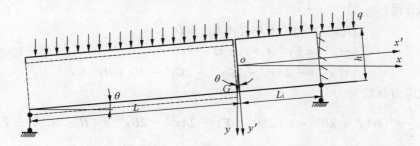

图 5-15　悬臂梁力学计算示意图

（1）岩梁本构方程。建立如图 5-15 所示的坐标系，其中 $x'y'$ 轴方向与岩层平行和垂直，xy 轴方向与水平面平行和垂直，岩层与水平面夹角为 θ，考虑 xy 面内的平面应力问题，容易得到岩梁本构方程如下：

$$\begin{cases} \dfrac{\partial \sigma_{x'}}{\partial x'} + \dfrac{\partial \tau_{x'y'}}{\partial y'} + f_{x'} = 0 \\[2mm] \dfrac{\partial \tau_{x'y'}}{\partial x'} + \dfrac{\partial \sigma_{y'}}{\partial y'} + f_{y'} = 0 \\[2mm] \nabla^2(\sigma_{x'} + \sigma_{y'}) = 0 \end{cases} \quad (5-36)$$

（2）应力分量。由于岩梁在上边界承受均布荷载作用，下边界不受力，且梁层与层之间的挤压与 x 无关，因此，可设：

$$\sigma_{y'} = f(y') \quad (5-37)$$

由方程（5-36）可得：

$$f'(y') + \frac{\partial \tau_{x'y'}}{\partial y'} = 0 \quad (5-38)$$

将式（5-38）移向积分后可得：

$$\sigma_{x'} = \frac{1}{2}x'^2 f'(y') - x'g'(y') + h(y') \quad (5-39)$$

将式（5-37）、式（5-38）代入式（5-36），可得：

$$\frac{1}{2}x'^2f'^{(IV)}(y') - x'g'''(y') + h''(y') + 2f''(y') = 0$$

由此可得:

$$\begin{cases} f'^{(IV)}(y') = 0 \\ g'''(y') = 0 \\ h''(y') + 2f''(y') = 0 \end{cases}$$

积分得:

$$\begin{cases} f(y') = Ay'^3 + By'^2 + Cy' + D \\ g(y') = Ey'^2 + Fy' + G \\ h(y') = -2Ay'^3 - 2By'^2 - 2Cy' - 2D + Hy' + I \end{cases} \quad (5-40)$$

故应力分量为

$$\begin{cases} \sigma_{x'} = \frac{1}{2}x'^2(6Ay' + 2B) - x'(2Ey' + F) - 2Ay'^3 - 2By'^2 + (H - 2C)y' + I - 2D \\ \sigma_{y'} = Ay'^3 + By'^2 + Cy' + D \\ \tau_{x'y'} = -x'(3Ay'^2 + 2By' + C) + Ey'^2 + Fy' + G \end{cases}$$

(3) 待定常数。应力分量中共包含有 9 个待定常数,分别是:a、b、c、d、e、f、w、u_0、v_0。

(4) 待定常数确定。利用边界条件来确定,由 Cauchy 应力边界条件已知:

$$\begin{cases} \sigma_{y'}\,|\,y' = \dfrac{h}{2} = 0 \\[2mm] \sigma_{y'}\,|\,y' = -\dfrac{h}{2} = -q \\[2mm] \tau_{y'x'}\,|\,y' = \pm\dfrac{h}{2} = 0 \end{cases}$$

岩梁左端(次要边界)的边界条件满足圣维南原理:

$$\begin{cases} \displaystyle\int_{-\frac{h}{2}}^{\frac{h}{2}} \tau_{x'y'}\,|\,x' = 0\mathrm{d}y' = 0 \\[4mm] \displaystyle\int_{-\frac{h}{2}}^{\frac{h}{2}} \sigma_{x'}\,|\,x' = 0\mathrm{d}y' = 0 \\[4mm] \displaystyle\int_{-\frac{h}{2}}^{\frac{h}{2}} y'\sigma_{x'}\,|\,x' = 0\mathrm{d}y' = 0 \end{cases}$$

(5) 悬臂梁应力分量解析式。根据边界条件,可得悬臂梁应力分量最后解析式:

$$\begin{cases} \sigma_{x'} = \dfrac{q}{h^3}\left(-6x'^2 + 4y'^2 + \dfrac{3}{5}h^2 \right)y' \\[3mm] \sigma_{y'} = -\dfrac{q}{2}\left(1 - \dfrac{3}{h}y' + \dfrac{4}{h^3}y'^3 \right) \\[3mm] \tau_{x'y'} = -\dfrac{3q}{2h}\left(1 - \dfrac{4}{h^2}y'^2 \right)x' \end{cases} \tag{5-41}$$

根据应力分量的坐标变换，可得新坐标系应力分量解析表达式为

$$\begin{cases} \sigma_x = \sigma_{x'}\cos^2\theta + \sigma_{y'}\sin^2\theta + 2\cos\theta\sin\theta\,\tau_{xy} \\[2mm] \sigma_y = \sigma_{x'}\sin^2\theta + \sigma_{y'}\cos^2\theta + 2\cos\theta\sin\theta\,\tau_{xy} \\[2mm] \tau_{xy} = \sigma_{x'}\cos\theta\sin\theta + \sigma_{y'}\sin\theta\cos\theta + \tau_{xy} = -(\sigma_{x'} + \sigma_{y'})\cos\theta\sin\theta + \tau_{xy} \end{cases}$$

$$\tag{5-42}$$

至此，悬臂梁梁内应力及其分布可以确定，进而，可对坚硬岩层的运动规律及步距进行研判。

5.2.2.3 裂断岩层周期突变失稳步距确定

1. 基本顶周期失稳步距（一段固支梁一端简支梁）

（1）两端固支梁转化为一端固支梁一端简支梁。对于一端固支梁一端简支梁的结构模型，随着工作面推进，其跨度不断增加，根据力学原理可知，固支端处的支座负弯矩变大。固支端岩梁上表面处的拉应力 σ_x 大于该层岩梁的极限抗拉强度时，岩层在该处被拉开，随着拉开范围的增加，原有的固支端将转化为简支梁结构，断裂后的两块岩梁将以铰接的方式连接在一起。

（2）固支端岩层上表面处的拉应力。由式（5-35）可知，岩梁在固支端岩层上表面处的拉应力：

$$(\sigma_x)_{x=L_i,\,y=-\frac{h}{2}} = \sigma_{x'}\cos^2\theta - q\sin^2\theta =$$

$$\left[\frac{3}{4}\frac{qL_i^2}{h^2} - \frac{q}{5} + \frac{27}{20}\frac{(3+5\mu)qL_i^2}{4L_i^2 + 3h^2(1+\mu)} \right]\cos^2\theta - q\sin^2\theta$$

（3）固支梁不被拉断的力学条件。假设岩层不发生断裂，则固支梁上表面处的拉应力应小于岩石的容许抗拉强度。固支梁不被拉断的力学条件为

$$(\sigma_x)_{x=L_i,\,y=-\frac{h}{2}} \leqslant [\sigma_{\mathrm{T}}]$$

（4）岩梁极限跨度。此时，岩梁极限跨度为

$$L_i = \frac{1}{30\cos\theta}\sqrt{15}\,[\,q(10q\sin^2\theta + 26q\cos^2\theta + 40\sigma_{\mathrm{T}} + 45q\cos^2\theta\mu + 1600q\sin^4\theta +$$

$$5680q^2\sin^2\theta\cos^2\theta + 3200q\sin^2\theta\sigma_{[\mathrm{T}]} + 7200q^2\sin^2\theta\cos^2\theta u + 1396q^2\cos^4\theta +$$

$$5680q\cos^2\theta\sigma_{[\mathrm{T}]} + 3060q^2\cos^4\theta\mu + 1600\sigma_{[\mathrm{T}]}^2 + 7200\sigma_{[\mathrm{T}]}q\cos^2\theta\mu +$$

$$2025q^2\cos^4\theta\mu^2)^{\frac{1}{2}}]^{\frac{1}{2}}h \qquad\qquad (5-43)$$

至此，岩梁极限跨度可以确定。

2. 基本顶破坏周期失稳步距（悬臂梁结构）

（1）一端固支梁转化为简支梁结构。对于悬臂梁结构模型，随着工作面推进，其跨度不断增加。根据力学原理可知，一方面固支端处的支座负弯矩变大，另一方面固支端岩梁上表面处的拉应力 σ_x 大于该层岩梁的极限抗拉强度时，岩层在该处被拉开；随着拉开范围的增加，原有的固支端将转化为简支梁结构，岩梁将在此处断裂。

（2）固支端岩层上表面处的拉应力。由式（5-35）可知，岩梁在固支端岩层上表面处的拉应力：

$$(\sigma_x)_{x=L_i,\ y=-\frac{h}{2}} = \sigma_{x'}\cos^2\theta + \sigma_{y'}\sin^2\theta = \frac{q\cos^2\theta}{2h}(1.6h^2 - 6L_i^2) - q\sin^2\theta$$

（3）固支梁不被拉断的力学条件。假设岩层不发生断裂，则固支梁上表面处的拉应力应小于岩石的容许抗拉强度。固支梁不被拉断的力学条件为

$$(\sigma_x)_{x=L_i,\ y=-\frac{h}{2}} \leqslant [\sigma_T]$$

（4）岩梁极限跨度。此时，岩梁极限跨度为

$$L_i = \frac{1}{15}\sqrt{\frac{-15qh(-4hq\cos^2\theta + 5q\sin^2\theta + 5\sigma_{[T]})}{q\cos\theta}} \qquad\qquad (5-44)$$

至此，悬臂梁结构岩梁极限跨度可以确定。

5.2.3　裂断岩层结构组成

需控制的岩层范围确定，除了采空区已垮落的直接顶外，更主要的要研究搞清运动明显影响的采场矿压显现的传递岩梁即基本顶组成，进而研究搞清采场上覆岩层运动破坏由下而上的运动发展规律。利用弹性理论，分别求解得到：

（1）两端固支梁、一端固支梁一端简支梁及悬臂梁模型的应力分量。

（2）给出了两种典型的岩层初次破坏及周期破坏的破坏方式及其力学准则。

在实际应用中，可以根据现场给定的岩层柱状图，利用上述方法，对不同覆岩组合的岩层运动方式进行判断。

根据采场岩层柱状图，找出确定对岩层运动起控制作用的坚硬岩层，计算不同运动方式下岩梁极限跨度。所得到的较小的极限跨度即为该岩层运动方式，以此类推，可以判断出坚硬岩层的运动方式及步距。

5.2.4　裂断拱高度的推断

理论研究和相似材料模拟试验的结果表明，在采场推进过程中，采场上覆岩

层中会形成一个梯形拱，即裂断拱，如图 5-16 所示。岩层的裂断是以台阶的方式向上发展，组成台阶结构。

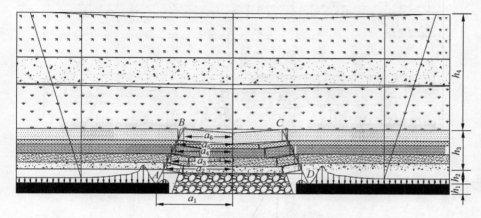

图 5-16 梯形拱高度示意图

由于裂断拱的拱高是一个叠加的过程，不能由哪一个方程求得，即

$$H_g = \sum h_i (i \in (1, \ n)), \ 满足 \ a_i \geqslant C_{0i}/2) \qquad (5-45)$$

通过式（5-45）分析可知，影响裂断拱方程状态的主要因素：①采场的短边长度（即 $2a_1$），a_1 越大，裂断拱的拱高 H_g 越大；②采场纳入裂断组内上覆岩层的层数 n，在同等岩性的情况下，煤层采高越大，H_g 越大；③岩层坚固性系数 f，每一层岩层的 f 越小，裂断拱的轴线越高，H_g 越大。

通过对式（5-45）分析，可知与现场的实际经验基本吻合，符合现场实际。

对采煤工作面的基本顶，可以从 3 个方面来理解其含义：①基本顶是裂断组的一部分，基本顶保留裂断组内岩梁的结构与特征；②并不是裂断组内所有的岩梁都是基本顶，只是裂断组内下部 1~2 个岩梁结构；③基本顶的范围是可知的，基本顶的状态是可控的。

目前国内对基本顶的范围没有做出定量的计算方法，只是从经验出发得出 10 倍采高之内的岩梁作为基本顶考查的范围。本文从裂断拱以及基本顶受力的角度，定量计算基本顶的高度。

图 5-17a 所示，随煤层 M_0 的推进，形成由 $M_1 \sim M_5$ 组成的裂断拱，$M_2 \sim M_5$ 组成了裂断组岩梁结构。对于 M_2 岩梁来说，由于岩梁裂断下沉，会有 A、B、C 或 A、B 形成一个拱桥结构，在这一个弱平衡的结构内，外力的增加会破坏其平衡状态。

下面以 M_2 形成 ABC 拱桥为例，M_3 的前方第一块岩石 F 的下沉，对 ABC 结

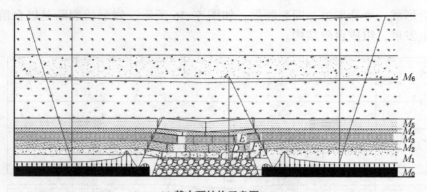

(a) 基本顶结构示意图

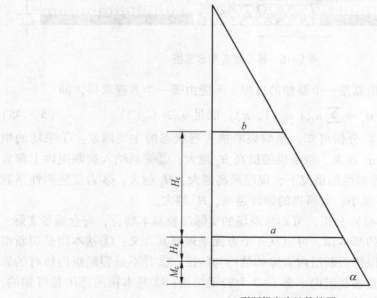

(b) 裂断拱高度计算简图

图 5-17　裂断拱高度计算图

构有较大的影响，特别对 AB 岩块形成的结构具有较大的影响，所以，M_3 对采煤工作面的支护具有较大的影响，是基本顶的一部分，同理 M_4 也是基本顶的一部分。而 M_5 的前方第一块岩体 G 的下沉，对 ABC 结构有影响，但是 E 的主要着力点在 C 岩体上，C 岩体是一个相对稳定的岩体，G 的下沉对于 AB 的弱稳定结构而言，影响不是很大，所以，从基本顶的概念上讲，M_5 不纳入基本顶的范围。

从图 5-17b 中得知：

$$H_c = (b - a)\tan\alpha \qquad\qquad (5-46)$$

式中　b——基本顶下位岩梁 2 倍的周期来压步距，m；

　　　a——基本顶上部第一个岩梁的周期来压步距，m；

　　　α——裂断拱的裂断角（°）。

正是由于该梯形拱的存在，使得工作面支架上所受的压力远远小于采场上覆岩层的总重量。该梯形拱的拱迹线为裂缝带中各传递岩梁的端部裂断线和裂缝带与弯曲下沉带的分界线。垮落带和导水裂缝带中已发生明显运动的岩层位于梯形拱内，而垮落带和导水裂缝带中尚未发生明显运动的部分岩层及弯曲下沉带岩层位于梯形拱外。

6　相关顶板运动的计算方法概述

　　煤层开采形成一定的悬空跨度后,其顶板将会发生运动。目前,关于顶板运动的计算方法,主要采用弹性力学和材料力学计算方法。

　　在采矿界,在地下数百米甚至上千米的深部矿产开采作业时,采场上覆岩层中必定存在着某种形式的大结构,基本顶的结构形式决定了其运动特征,也是决定顶板控制方式和方法的关键因素。

　　关于这种结构,比较直观的一种形式就是压力拱(压力拱假说),前拱脚为工作面前方的矿体,后拱脚为采空区已垮落的矸石或充填体(图6-1)。压力拱切断了拱内外岩石力的联系,承担了上部岩层的重量,两拱脚之间形成一减压区,从而采场支架的承载负担就大为降低。

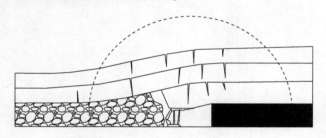

图 6-1　覆岩压力拱结构示意图

　　采场压力的另外一个特征就是具有周期性,用压力拱结构就很难解释得清楚了。因而,就有学者提出悬臂梁结构(悬臂梁假说),岩梁会随采场推进有规律地折断(图6-2),因此,很好地解释了采场压力的周期性。

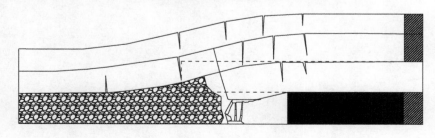

图 6-2　覆岩悬臂梁结构示意图

连续的岩梁破断形成一定尺度的岩块，具有保护采场上部覆岩的作用。因此，有学者认为，在足够的水平力的作用下，岩块间是相互咬合的，在运动过程中彼此受到牵制，建立了所谓的铰接岩梁假说（图6-3）。

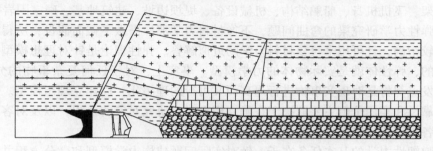

图6-3 铰接岩梁模型示意图

基于上述假说，可以得到一点共识，即采场上部的大结构是破断铰接成稳定结构的。因此，中国工程院院士钱鸣高教授以及中国科学院院士宋振骐教授分别提出了砌体梁结构和传递岩梁结构假说。这两种假说的共同前提是顶板是坚硬的，有预成裂隙，水平力的作用是岩块稳定的必不可少的条件。在两者的研究的侧重点上各有不同，砌体梁结构研究了岩块间形成结构的可能性和结构的平衡条件，并给出了确定支架荷载的有效方法；传递岩梁结构从支架可以改变铰接岩梁出发，研究了支架对岩梁的抵抗程度与支架压力的关系（支架与围岩的位态方程），为支护设计定量化提供了思路。

从广义上说，上述各种假说、模型及其所涉及的计算方法都属于材料力学范畴。

6.1 弹性力学计算方法

弹性力学是固体力学的重要分支，它研究弹性物体在外力和其他外界因素作用下产生的变形和内力，又称弹性理论。它是材料力学、结构力学、塑性力学和某些交叉学科的基础，广泛应用于采矿、建筑、机械、化工、航天等工程领域。

弹性体是变形体的一种，它的特征为：在外力作用下物体变形，当外力不超过某一限度时，除去外力后物体即恢复原状。

连续变形规律是指弹性力学在考虑物体的变形时，只考虑经过连续变形后仍为连续的物体，如果物体中本来就有裂纹，则只考虑裂纹不扩展的情况。这里主要使用数学中的几何方程和位移边界条件等方面的知识。

弹性力学的基本任务在于，针对实际问题建构力学模型和微分方程并设法求解它们，以获得结构在荷载作用下产生的变形、应力分布及结构强度等。

弹性力学实质性的任务是，发展描述材料变形特性的本构理论，它包括材料的变形机理、本构方程（例如应力与应变之间的关系）及特性参数。

6.1.1　研究对象与基本原理

弹性力学的研究对象可以是各种固体，特别是各种结构，包括建筑结构、车身骨架、飞机机身、船舶结构、机械设备、堤坝边坡、建筑地基、硐室围岩等。

弹性力学研究梁的弯曲问题，不像材料力学那样需做平截面假设，所得结果也比较精确，且可用来校核材料力学的近似解答。弹性理论是针对理想模型建立起来的，弹性体就是实际物体的力学模型。事实上，对于任何复杂事物的分析，其出发点都将是对现实事物进行逼真而又可行的理想化，以建立理想模型。分析的可靠性和实用价值主要取决于在确立模型时对研究对象的认识，以及对客观存在的各种有关控制条件和参数的正确反映程度。

弹塑性力学的基本任务在于，针对实际问题建构力学模型和微分方程并设法求解它们，以获得结构在荷载作用下产生的变形、应力分布及结构强度等。

求解一个弹性力学问题，就是设法确定弹性体中各点的位移、应变和应力共15 个函数。从理论上讲，只有 15 个函数全部确定后，问题才算解决。但在各种实际问题中，起主要作用的常常只是其中的几个函数，有时甚至只是物体的某些部位的某几个函数。所以常常用试验和数学相结合的方法，就可求解。

在近代，弹性理论把切应力的成对性发展为极性物质弹性力学；把协调方程（保证物体变形后连续，各应变分量必须满足的关系）发展为非协调弹性力学；推广胡克定律，除机械运动本身外，还考虑其他运动形式和各种材科的物理方程称为本构方程；对于弹性体的某一点的本构方程，除考虑该点本身外还要考虑弹性体其他点对该点的影响，发展为非局部弹性力学等。

弹性力学所依据的基本规律有 3 个：变形连续规律、应力—应变关系和运动或平衡规律，它们有时被称为弹性力学三大基本规律。弹性力学中许多定理、公式和结论等，都可以从三大基本规律推导出来。

1. 变形连续规律

弹性力学考虑到物体的变形，但只限于考虑原来连续、变形后仍为连续的物体，在变形过程中，物体不产生新的不连续面。如果物体中本来就有裂纹，则弹性力学只考虑裂纹不扩展的情况。

反映变形连续规律的数学方程有两类：几何方程和位移边界条件。

几何方程反映应变和位移的联系，它的力学含义是应变完全由连续的位移所引起，在笛卡尔坐标系中，几何方程为

$$\varepsilon_{ij} = \frac{1}{2}\left(\frac{\partial u_i}{\partial x_j} + \frac{\partial u_j}{\partial x_i}\right) \quad (i, j = 1, 2, 3) \tag{6-1}$$

式中　　x_i, x_j——坐标系的坐标；

u_i，u_j——与 x_i 相应的位移分量，与 x_j 相应的位移分量；

ε_{ij}——应变分量。

边界条件指物体边界上所受到的外加约束或作用。可能有 3 种情况，即应力边界条件（在边界上给定面力），位移边界条件（在边界上给定位移），混合边界条件（在部分边界上给定面力，部分边界上给定位移）。有时在同一部分边界上同时给定应力和位移这两种边界条件。这 3 种情况对应的问题分别称为第一、第二、第三边值问题。

在应力边界上，应力条件描述面力与应力之间的平衡关系：

$$n_j\sigma_{ij} = \bar{p}_i \quad (i,\ j = 1,\ 2,\ 3) \tag{6-2}$$

$$u = \bar{u}_i \quad (i = 1,\ 2,\ 3) \tag{6-3}$$

弹性力学问题的控制方程是普遍的，而边界条件则反映问题的个性。也就是说，边界条件不同，问题的解答不同，甚至求解方法也不同。因此，弹性力学问题常常被称为边值问题。

2. 应力—应变关系（本构方程）

弹性体中一点的应力状态和应变状态之间存在着一定的联系，这种联系与如何达到这种应力状态和应变状态的过程无关，即应力和应变之间存在一一对应的关系。若应力和应变呈线性关系，这个关系便叫作广义胡克定律，各向同性材料的广义胡克定律有两种常用的数学形式：

$$\begin{cases} \sigma_{11} = \lambda(\varepsilon_{11} + \varepsilon_{22} + \varepsilon_{33}) + 2G\varepsilon_{11}, \ \sigma_{13} = 2G\varepsilon_{23} \\ \sigma_{22} = \lambda(\varepsilon_{11} + \varepsilon_{22} + \varepsilon_{33}) + 2G\varepsilon_{22}, \ \sigma_{31} = 2G\varepsilon_{33} \\ \sigma_{33} = \lambda(\varepsilon_{11} + \varepsilon_{22} + \varepsilon_{33}) + 2G\varepsilon_{33}, \ \sigma_{12} = 2G\varepsilon_{12} \end{cases} \tag{6-4}$$

和

$$\begin{cases} \varepsilon_{11} = \dfrac{1}{E}\left[\sigma_{11} - v(\sigma_{22} + \sigma_{33})\right], \ \varepsilon_{23} = \dfrac{1}{2G}\sigma_{23} \\ \varepsilon_{22} = \dfrac{1}{E}\left[\sigma_{22} - v(\sigma_{33} + \sigma_{11})\right], \ \varepsilon_{31} = \dfrac{1}{2G}\sigma_{31} \\ \varepsilon_{33} = \dfrac{1}{E}\left[\sigma_{33} - v(\sigma_{11} + \sigma_{22})\right], \ \varepsilon_{12} = \dfrac{1}{2G}\sigma_{12} \end{cases} \tag{6-5}$$

式中　ε_{11}、ε_{22}、ε_{33}——应力分量；

　　　G——剪切模量；

　　　E——杨氏模量或弹性模量；

　　　v——泊松比。

式（6-4）适用于已知应变求应力的问题，式（6-5）适用于已知应力求应变的问题。

3. 运动或平衡规律

处于运动或平衡状态的物体，其中任一部分都遵守力学中的运动或平衡规律，即牛顿运动三定律，反映这个规律的数学方程有两类：运动或平衡微分方程和载荷边界条件。在笛卡尔坐标系中，运动或平衡微分方程为

$$\frac{\partial \sigma_{1i}}{\partial x_1} + \frac{\partial \sigma_{2i}}{\partial x_2} + \frac{\partial \sigma_{3i}}{\partial x_3} + f_1 = \rho \frac{\partial^2 u_i}{\partial t^2} \quad (i = 1, 2, 3) \tag{6-6}$$

式中　　t——时间，s；

ρ——材料密度，kg/m³；

f_1——作用在物体上的体力（外载荷的体积密度）分量，kg/m³。

式（6-6）实质上是从物体中隔离出来的一个微小平行六面体的运动方程。在平衡问题中，惯性力很小，忽略这些惯性力便得到弹性力学中的平衡微分方程。

对于均匀而且各向同性的物体，应力分量可按式（6-4）用应变分量表示，而应变分量又可按式（6-1）用位移分量表示。两个公式依次代入式（6-6），便得到用位移表示的运动微分方程：

$$(\lambda + G) \frac{\partial \theta}{\partial \chi_i} + G \Delta u_i + f_i = \rho \frac{\partial^2 u_i}{\partial t^2} \quad (i = 1, 2, 3) \tag{6-7}$$

式中 θ 为体应变，即

$$\theta = \frac{\partial u_1}{\partial \chi_1} + \frac{\partial u_2}{\partial \chi_2} + \frac{\partial u_3}{\partial \chi_3} \tag{6-8}$$

Δ 为拉普拉斯算符，即

$$\Delta = \frac{\partial^2}{\partial \chi_1^2} + \frac{\partial^2}{\partial \chi_2^2} + \frac{\partial^2}{\partial \chi_3^2} \tag{6-9}$$

在方程（6-7）中略去惯性力，便可得到用位移分量表示的平衡微分方程。

如果考虑物体一部分边界 B_2 是自由的，在它的上面有给定的外载荷，则根据作用力和反作用力大小相等方向相反的原理，在 B_2 上有如下载荷边界条件：

$$\alpha_1 \sigma_{1i} + \alpha_2 \sigma_{2i} + \alpha_3 \sigma_{3i} = \bar{P}_i \quad (i = 1, 2, 3) \tag{6-10}$$

其中，i 为边界外法线方向的方向余弦；等式右边为给定的边界载荷分量。

6.1.2 基本方法

1. 数学方法

数学方法可分成精确解法和近似解法两类，具体如下：

（1）精确解法。精确解法包括分离变量法和弹性力学的复变函数方法。弹性力学中的许多精确解是用分离变量法求得的。其步骤：根据物体的形状，选择一种合适的曲线坐标系，并写出相应于该坐标系的弹性力学微分方程和边界条

件，如果微分方程中的变量能够分离，通常便可求得问题的解。分离变量法求得精确解的问题有无限和半无限体的问题，球体和球壳的问题，椭球腔的问题，圆柱和圆盘的问题等。对于能化为平面调和函数或平面双调和函数的问题，复变函数方法是一个有效的求解工具，平面应变和平面应力问题以及薄板弯曲问题中的许多重要精确解都是用复变函数法求得的。

（2）近似解法。能量法是其中用得最多的一类方法。它把弹性力学问题化为数学中的变分问题（泛函的极值和驻值问题），然后再用瑞利-里兹法求近似解。能量法适应性很强，工程界当前广泛使用的有限元法是能量法的一种新发展。差分法也是一种常用的近似解法，其要点是用差商近似地代替微商，从而把原有的微分方程近似地化为代数方程。此外，边界积分方程、边界元法和加权残数法对解决某些问题也是有效的手段。

2. 数学-弹性力学复合方法

（1）一般性理论，它探讨解的共性和一般性的求解方法。一般性理论中，最核心的部分是能量原理（定理），包括虚功原理（虚位移原理、虚应力原理）、功的互等定理、最小势能原理、最小余能原理、赫林格-瑞斯纳二类变量广义变分原理和胡海昌-鹫津久一郎三类变量广义变分原理等。

解的存在性、唯一性、解析性、平均值定理以及近似解的收敛性等，也都和能量原理有密切联系。这些一般性理论，是建立各种近似解法和建立工程结构实用理论的依据。

一般性理论的另一重要方面是未知函数的归并理论，其主要内容是将弹性力学问题归为求解少数几个函数，这些函数常称为应力函数和位移函数。

（2）平面问题是弹性力学中发展得比较成熟、应用得比较广的一类问题。平面问题可分为平面应力问题和平面应变问题。两者的应用对象不同，但都可归为相同的数学问题（平面双调和函数的边值问题）。

平面问题，正是本书的命题，本书也正是将随着采场工作面的推进、顶板结构的演化和覆岩运动化解为平面应力问题和平面应变问题进行求解（图6-4、图6-5）。

平面应力问题适用于薄板，而顶板可视作为典型的薄板。若在薄板的两个表面上无外力，而在侧面上有沿厚度均匀分布的载荷（图6-4），则薄板中的位移和应力有如下特点：

$$\sigma_{xy} = \sigma_{yz} = \sigma_{xz} = 0 \qquad (6-11)$$

且 x、y 方向的位移 u、v 都与坐标 z 无关。对于各向同性材料，5个不等于零的量可以用一个应力函数 $\phi(x, y)$ 表示为

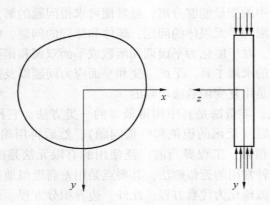

图 6-4　平面应力问题

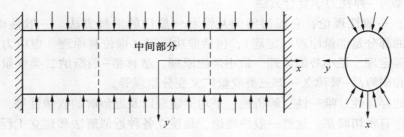

图 6-5　平面应变问题

$$
\begin{cases}
\sigma_{xx} = \dfrac{\partial^2 \phi}{\partial y^2}, \ \sigma_{yy} = \dfrac{\partial^2 \phi}{\partial x^2}, \ \sigma_{xy} = \dfrac{\partial^2 \phi}{\partial x \partial y} \\[2mm]
\dfrac{\partial u}{\partial x} = \dfrac{1}{E}\left(\dfrac{\partial^2 \phi}{\partial y^2} - v\dfrac{\partial^2 \phi}{\partial x^2}\right) \\[2mm]
\dfrac{\partial v}{\partial x} = \dfrac{1}{E}\left(\dfrac{\partial^2 \phi}{\partial x^2} - v\dfrac{\partial^2 \phi}{\partial y^2}\right) \\[2mm]
\dfrac{\partial u}{\partial x} + \dfrac{\partial v}{\partial x} = -\dfrac{2(1+v)}{E}\dfrac{\partial^2 \phi}{\partial x \partial y}
\end{cases}
\tag{6-12}
$$

而应力函数 ϕ 是一个平面双调和函数，即

$$
\nabla\nabla \phi = 0
$$

（3）工程结构元件的实用理论，如杆、板、壳的实用理论都是弹性力学的特殊分支，而且是最有实用价值的分支。这些实用理论分别依据结构元件形状及其受力的特点，对位移分布做一些合理的简化假设，对广义胡克定律也做相应的简化。这样，就能使数学方程既得到充分简化又保留了主要的力学特性。从弹性

力学看，这些结构元件的实用理论都是近似理论，其近似性大多表现为按照这些理论计算得到的应力和应变不能严格满足胡克定律。

6.1.3 弹性力学在采矿工程中的应用

由前述可知，晋华宫煤矿坚硬的顶板可视作薄板，同时，该坚硬顶板又满足弹性体特性。弹性力学在采矿工程中具有以下应用：

（1）能够建立裂断岩层初次突变失稳力学模型和裂断岩层初次突变失稳力学分析与求解固支岩梁内应力分布。

（2）分析在自重力及均布荷载作用下的两端固支梁内应力分布，从而对坚硬岩层的运动规律及步距进行判断。

（3）求解两端固支梁、一端固支梁一端简支梁及悬臂梁模型的应力分量；给出了两种典型的岩层初次破坏及周期破坏的破坏方式及其力学准则。

6.2 材料力学计算方法

6.2.1 基本原理与研究对象

材料力学是研究材料在各种外力作用下产生的应变、应力、强度、刚度、稳定和导致各种材料破坏的极限。材料力学、理论力学、结构力学并称三大力学。材料力学的研究对象主要是棒状材料，如杆、梁、轴等。对于桁架结构的问题在结构力学中讨论，板壳结构的问题在弹性力学中讨论。

材料力学基本任务是将工程结构和机械中的简单构件简化为一维杆件（简称为杆），计算杆中的应力、变形并研究杆的稳定性，以保证结构能承受预定的载荷；选择适当的材料、截面形状和尺寸，以便设计出既安全又经济的结构构件和机械零件。

在结构承受载荷或机械传递运动时，为保证各构件或机械零件能正常工作，杆必须符合的要求：不发生断裂，即具有足够的强度；构件所产生的弹性变形应不超出工程上允许的范围，即具有足够的刚度；在原有形状下的平衡应是稳定平衡，也就是构件不会失去稳定性。

对强度、刚度和稳定性这三方面的要求，有时统称为强度要求，而材料力学在这三方面对构件所进行的计算和试验，统称为强度计算和强度试验。

材料力学的研究内容包括两大部分：一部分是材料的力学性能或称机械性能的研究，材料的力学性能参量不仅可用于材料力学的计算，而且也是固体力学其他分支的计算中必不可少的依据；另一部分是对杆件进行力学分析。杆件按受力和变形可分为拉杆、压杆（见柱和拱）、受弯曲（有时还应考虑剪切）的梁和受扭转的轴等几大类。

在处理具体的杆件问题时，根据材料性质和变形情况的不同，可将问题分为如下三类：

（1）线弹性问题。在杆变形很小，而且材料服从胡克定律的前提下，对杆列出的所有方程都是线性方程，相应的问题就称为线性问题。对这类问题可使用叠加原理，即为求杆件在多种外力共同作用下的变形或内力，可先分别求出各外力单独作用下杆件的变形或内力，然后将这些变形或内力叠加，从而得到最终结果。

（2）几何非线性问题。若杆件变形较大，就不能在原有几何形状的基础上分析力的平衡，而应在变形后的几何形状的基础上进行分析。这样，力和变形之间就会出现非线性关系，这类问题称为几何非线性问题。

（3）物理非线性问题。在这类问题中，材料内的变形和内力之间（如应变和应力之间）不满足线性关系，即材料不服从胡克定律。在几何非线性问题和物理非线性问题中，叠加原理失效。解决这类问题可利用卡氏第一定理、克罗蒂-恩盖塞定理或采用单位载荷法等。

在许多工程结构中，杆件往往在复杂载荷的作用或复杂环境的影响下发生破坏。例如，杆件在交变载荷作用下发生疲劳破坏，在高温恒载条件下因蠕变而破坏，或受高速动载荷的冲击而破坏等。这些破坏是使机械和工程结构丧失工作能力的主要原因，所以，材料力学还研究材料的疲劳性能、蠕变性能和冲击性能。

6.2.2　基本方法

在材料力学中，研究对象被看作均匀、连续且具有各向同性的线性弹性物体。但在实际研究中不可能会有符合这些条件的材料，所以需要各种理论与实际方法对材料进行试验比较。具体如下：

（1）连续性假设，即组成固体的物质内毫无空隙地充满了固体的体积。

（2）均匀性假设，即在固体内任何部分力学性能完全一样。

（3）各向同性假设，即材料沿各个不同方向力学性能均相同。

（4）平截面假设，是材料力学计算理论的重要基础之一。雅各布·伯努利于 1695 年提出了梁弯曲的平截面假设，由此可以证明梁（中性层）的曲率和弯矩成正比。

（5）应力—应变关系。材料在机构中会受到拉伸或压缩、弯曲、剪切、扭转及其组合等变形。根据胡克定律（Hooke's law），在弹性限度内，材料的应力与应变成线性关系。

（6）梁的强度与变形计算问题。1826 年纳维在他材料力学讲义中得出了正确的挠曲线微分方程式及梁的弯曲强度的正确公式，为梁的变形与强度计算问题奠定了正确的理论基础。俄罗斯铁路工程师儒拉夫斯基（Журавскийди）于 1855 年得到横力弯曲时的切应力公式。

6.2.3 材料力学在采矿工程中的应用

材料力学主要研究工程中构件的强度、刚度和稳定性三大问题，涉及构件的剪切变形、扭转变形、弯曲变形、压缩变形和拉伸变形。在采矿工程中，常见的是煤体和顶板的强度问题，基本由剪切变形、弯曲变形、压缩变形和拉伸变形引起，严重的导致煤体和顶板的断裂破坏。因此，材料力学在采矿工程中具有广泛的应用。运用材料力学可以分析和确定煤层顶板岩梁结构的演变、约束形式、受力情况，以此来解决采场覆岩运动规律和特征问题。

煤层顶板岩梁在开采初始阶段，表现为弹性体，之后，演变为脆性材料。根据不同的力学性能、不同的受力情况（拉伸、压缩、剪切和弯曲），采用材料力学的理论、方法，对相关问题进行分析和求解。

6.3 基于"传递岩梁"模型的计算方法

传递岩梁模型的计算方法源自中国科学院院士宋振骐教授的传递岩梁理论。该理论揭示了岩层运动与采动支承压力的关系，并明确提出了内外应力场的观点，提出了限定变形和给定变形为基础的位态方程（支架围岩关系），进而提出了系统的顶板控制设计理论和技术。

传递岩梁模型是把每一组同时运动或近乎同时运动的岩层看成一个运动整体，这一组岩层具有传递力的功效和支撑覆岩的功效，故称作传递岩梁（图6-6）。

传递岩梁理论认为，在一定采高、推进速度和顶板组成的条件下，必然存在某种平衡结构。该平衡结构的核心是，力从结构向煤壁前方和采空区矸石传递；前提条件是，存在坚硬岩层和两个岩块组成的结构；坚硬岩层能在煤壁前方断裂。由于断裂岩块之间的相互咬合，始终能向煤壁前方及采空区矸石上传递作用力，因此，岩梁运动时的作用力无须由支架全部承担；支架承担岩梁作用力的大小，由对其运动的控制要求决定。基本顶岩梁给支架的力，一般取决于支架对岩梁运动的抵抗程度，存在给定变形和限定变形两种工作方式。

因为坚硬岩层能在煤壁前方断裂，根据传递岩梁理论，可以通过岩层运动与支承压力之间的关系，确定来压预报的机理和方法，采场支架可以改变铰接岩梁的位态，并以两块模型推导出了位态模型，为支护设计定量化提供了重要思路和方法。

图6-7为顶板结构模型理论发展过程，同时也是顶板结构演变过程。本书认为，采场顶板结构与基本顶的岩石物理力学性质和开采方法密切相关，见表6-1。

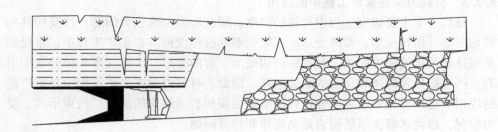

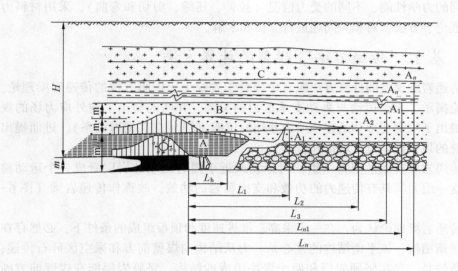

图6-6　基本顶传递岩梁模型

表6-1　顶板结构及其演变

顶板结构	软岩顶板	坚硬顶板	中小采高	大采高	跨度	
					小	大
压力拱	√		√		√	
铰接岩梁	√		√		√	
砌体梁		√		√		√
传递岩梁		√		√		√

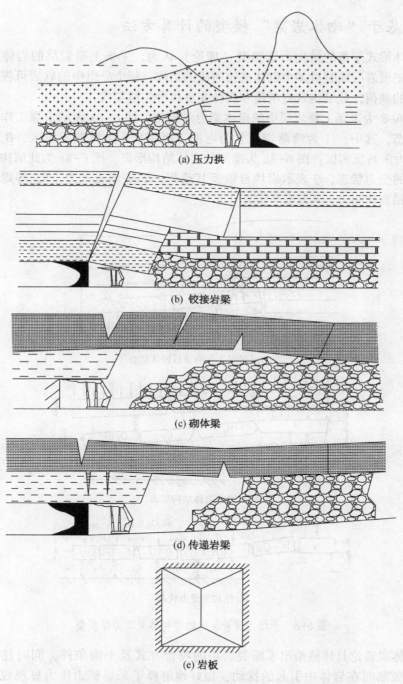

(a) 压力拱

(b) 铰接岩梁

(c) 砌体梁

(d) 传递岩梁

(e) 岩板

图 6-7　顶板结构模型理论发展过程与岩梁结构演变示意图

6.4　基于"砌体岩梁"模型的计算方法

　　砌体梁式平衡的结构力学模型（理论）认为，采场上覆岩层的岩体结构主要是由坚硬岩层断裂后多个砌体挤铰而成的结构，每个分组中的软岩可视为坚硬岩层上的载荷，此结构具有滑落和回转变形两种失稳形式。

　　图 6-8 为采场上覆岩层中的砌体梁力学模型，图 6-8a 表示采煤工作面前后岩体形态，其中，Ⅰ 为垮落带，Ⅱ 为弯曲下沉带，A 为煤壁支承区，B 为离层区，C 为重新压实区；图 6-8b 为推测的岩体结构形态；图 6-8c 为此结构中任一组结构的受力状态，Q 表示岩块自重及其载荷，R_i 表示支承力，R_{0-i} 等则表示岩块间的铅直作用力，T 为水平推力。

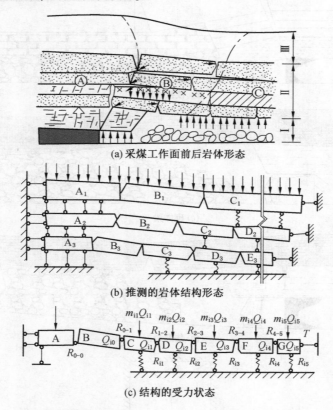

(a) 采煤工作面前后岩体形态

(b) 推测的岩体结构形态

(c) 结构的受力状态

图 6-8　采场上覆岩层中的"砌体梁"力学模型

　　砌体梁理论具体地给出了断裂岩块的咬合方式及平衡条件，同时注意到了基本顶破断时在岩体中引起的扰动，很好地解释了采场矿山压力显现规律，为采场矿山压力的控制及支护设计提供了理论依据。该理论得到现场观测和生产实践极好的验证，对我国煤矿采场矿压理论研究与指导生产实践都起到了重要作用。

6.5 弹性力学与材料力学方法对比分析

众所周知，传统的采场上覆岩层运动和破坏方式的研究方法有以下两点：

（1）在初次来压前阶段，将岩层视为两端固支梁，岩梁的自重和其上软岩的重量视为作用在岩梁的均布载荷，采用材料力学的方法求解岩层弯拉破坏的极限跨度。

（2）在周期来压阶段，将岩层视为简支梁进行求解。其岩层的运动方式大多考虑为整体运动，不进行岩层运动过程及方式进行分析，未考虑岩梁高度方向层间挤压力、煤层倾角和岩层轴力对应力场分布的影响。

将本章判断岩层运动规律的研究方法与基于材料力学的研究方法进行对比，来分析研究"两硬"大采高采场上覆岩层运动和破坏方式。以大同"两硬"煤矿大采高8210工作面为例，由岩层综合柱状图和岩石力学参数测试可知：

（1）基本顶的基本情况。基本顶主体为中粗砂岩，厚度为13.57~21.06 m，平均18.2 m，上部软岩层厚4.7 m，埋深323.91 m；下伏煤层倾角10°。

（2）基本顶岩石的力学性质。中粗砂岩容重 $\gamma = 27$ kN/m^3，单轴抗拉强度为15.57 MPa，抗压强度为124.22 MPa，泊松比为0.2215，内聚力为7.54 MPa，内摩擦角为37.5°。

6.5.1 弹性力学计算方法

6.5.1.1 初次突变失稳时

将相关数据代入式（5-23）及式（5-26）计算不同运动方式下极限跨度，计算结果见表6-2。

表6-2 不同岩层厚度及研究方法确定岩层运动步距及方式比较

项目		弹性理论计算方法			材料力学计算方法					
					砌体梁理论计算方法			传递岩梁理论计算方法		
岩层厚度/m		13.57	18.02	21.06	13.57	18.02	21.06	13.57	18.02	21.06
初次突变失稳	弯拉破坏极限跨度/m	107.33	123.51	133.39	113.26	150.40	175.78	128.22	147.76	159.74
	剪切破坏极限跨度/m	145.19	168.07	180.76						
	最小跨度/m	107.30	123.51	133.39	113.26	150.40	175.78	128.22	147.76	159.74

表 6-2（续）

项目		弹性理论计算方法			材料力学计算方法				
					砌体梁理论计算方法			传递岩梁理论计算方法	
周期突变失稳	固简支梁极限跨度/m	81.52	109.61	126.83				51.40	59.10	64.03
	悬臂梁极限跨度/m	40.87	54.81	63.43						
	最小跨度/m	40.87	54.81	63.40				51.40	59.10	64.03

（1）当弯拉破坏时，依岩层厚度的不同，弯拉破坏极限跨度分别为 107.33 m、123.51 m 及 133.39 m。

（2）当剪切破坏时，依岩层厚度的不同，剪切破坏极限跨度分别为 145.19 m、168.07 m 及 180.76 m。

由弹性力学计算方法计算，可以得出：两端固支梁模型变为简支梁模型时其跨度为最小，依次为 81.52 m、109.61 m 和 126.83 m。这说明坚硬岩层主要以弯拉破坏方式运动，岩层初次破断失稳后为两个岩石块体。

6.5.1.2　周期突变失稳时

将相关数据代入式（5-43）及式（5-44）计算不同运动方式下极限跨度，计算结果见表 6-2。

（1）当以固简支梁形式破坏时，依岩层厚度的不同，极限跨度分别为 81.52 m、109.61 m 及 126.83 m。

（2）当以悬臂梁结构破坏时，依岩层厚度的不同，极限跨度分别为 40.87 m、54.81 m 及 63.43 m。

由弹性力学计算方法计算，可以得出：在周期突变时稳时，是以悬臂梁运动方式为主。

6.5.2　材料力学计算方法

材料力学计算方法分为两种形式，即按砌体梁理论计算和按传递岩梁计算，计算结果见表 6-2。

1. 初次突变失稳时

（1）按砌体梁理论计算岩层整体运动发生破坏的初次垮落步距为 113.26 m、150.40 m、175.78 m。

（2）按传递岩梁计算岩层整体运动发生破坏的初次垮落步距为 128.22 m、147.76 m 及 159.74 m。

2. 周期突变失稳时

经计算，按传递岩梁计算岩层整体运动发生破坏的初次垮落步距为 51.40 m、59.10 m 及 64.03 m。

6.5.3 研究方法的比较与弹性理论方法的可靠性

根据表 6-2，绘出初次突变失稳岩层不同运动方式对比曲线，如图 6-9 所示。

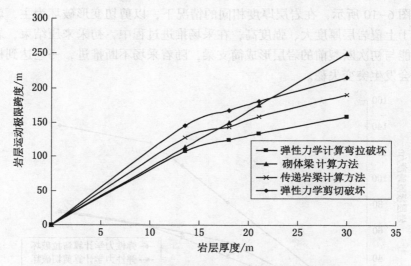

图 6-9 初次突变失稳岩层不同运动方式对比曲线

如图 6-9 所示，在岩层厚度相同的情况下，弹性力学方法确定的岩层极限跨度比传统方法确定的极限跨度小，主要原因：在研究岩层运动的方式时采用的分析方法不同。

传统的材料力学方法，不考虑层间挤压力的影响，对于高度较小的梁，其结果是较精确的。从材料力学可知，正应力分量中的第一项即为材料力学的解，而后面的两项为弹性力学的修正项，同时，岩层的挤压力使岩梁纵向伸长，但用材料力学无法解出。因此，材料力学方法对于坚硬厚岩层，其结果的误差较大（即超静定次数越多，材料力学方法误差越大）。

本书利用弹性理论，使得岩梁内的应力分布与材料力学方法分析的结果有较大差别，在分析过程中考虑了层间挤压力、轴力及倾角的影响，岩梁的极限跨度减小，即使岩层产生弯拉破坏，其整体运动的剧烈程度比利用传统材料力学方法所研究的弯拉破坏的剧烈程度减弱，因此，利用本章的判断方法更符合坚硬厚岩层的运动规律。但由于是大采高开采，其动载冲击仍很大。

另外，本书在第 4 章，已经研究并给出结论，大同两硬煤矿大采高 8210 工作面顶板属于较为典型的弹性岩体,在第 6 章叙述了弹性理论适用于薄板有关问题的研究和求解。因此,采用弹性理论进行岩梁内应力分布的研究与计算,方法与对象是统一一致的。就此而言,利用本章的判断方法符合坚硬厚岩层的运动规律。

6.5.4　岩梁破坏的主要形式与大采高诱发的动力灾害

如图 6-10 所示,在岩层厚度相同的情况下,以剪切变形破坏为主,就其原因是由于上覆岩层厚度大、强度高,在采场推进过程中,初采来压结束,岩层悬露端未能与初次断裂前的岩层形成简支梁,随着采场不断推进,一旦达到极限跨度后,会发生突变失稳。

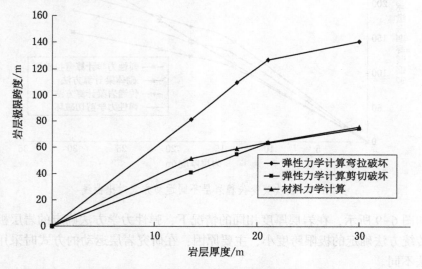

图 6-10　周期突变失稳岩层不同运动方式对比曲线

岩层一般在煤壁处折断,失去向煤壁前方传递力的联系,不能形成能够传递力的岩梁(砌体梁或传递岩梁),全部重量均压在支架上。由于采高大,顶板岩块失稳过程中往往发生冲击,形成动载。因此,大采高开采往往容易发生重大灾害事故。

7 "两硬"大采高采场顶板灾害控 制 方 法

理论与生产实践证明,由于工作面回采,使采场覆岩中的下位岩层发生离层、垮落,一方面造成下位岩层失去原始的平衡状态,另一方面因离层、冒落形成空隙和空间,进而因各种应力和岩层自身重力叠加给上位岩层创造了发生运动的条件。

由于采动条件和地质条件的差异,采场上覆岩层在工作面推进过程中会形成不同的结构。这些不同的覆岩结构既是采场支架的主要力源,也是保护支架免受全部上覆岩层重量的承载结构。

所以,研究上覆岩层在工作面推进过程中,不同的覆岩结构和承载结构,是确定"两硬"大采高采场顶板控制方法的关键。

前已述及,地下开采和工作面推进,会造成覆岩中的下位岩层发生离层、冒落,进而引发上位岩层发生运动,这是采场围岩灾害(大面积冒顶、支架压死等)发生的主动原因,被动原因主要是支架性能(工作阻力与活柱缩量)与覆岩结构之间不协调,不平衡造成的。

主动原因无法排除,只可控制;被动原因不可排除,必须优化。控制主动原因的根本手段是优化被动原因,基本目标是使支架性能与覆岩结构之间达到平衡状态;或者,前者强于后者。

"两硬"大采高采场重大围岩灾害包括:大面积巨厚坚硬顶板灾变失稳压死支架、区段煤柱剧烈变形失稳和煤壁片帮等主要形式。其中工作面支架被压死是严重影响工作面安全、制约工作面产量的灾害形式。

7.1 顶板突变失稳致灾机理及控制

7.1.1 顶板突变失稳致灾机理

大面积巨厚坚硬顶板灾变失稳压死工作面支架,是严重影响工作面安全、制约工作面产量的重大灾害形式。初次运动阶段顶板突变失稳及周期突变失稳时,对采场支架的作用力分布如图 7-1 和图 7-2 所示。

初次顶板突变失稳和周期突变失稳的过程,实际上是顶板岩层以煤壁为支

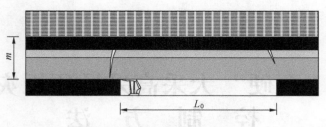

图 7-1　初次运动阶段力学模型

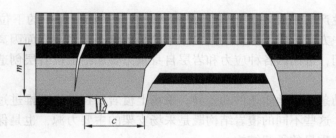

图 7-2　周期运动阶段力学模型

点，在自身重力作用下回转下沉的动载过程，当失稳过程发生并与构造应力重合叠加的时候，更容易发生顶板事故。

假设支架实际的支护阻力为 R^*，顶板对采场支架的作用力为 R，则有：①如果 $R < R^*$，则支架工作阻力足够大，不会发生压死支架等围岩灾害；②如果 $R > R^*$，则支架工作阻力不足以支撑顶板，极易发生压死支架等顶板事故。

7.1.1.1　顶板初次断裂位移和能量聚集

煤层开采后，坚硬顶板将悬露、下沉，当其悬露到一定极限跨度后，岩体内应力超过其抗拉强度时，将发生断裂失稳，形成初次断裂。形成初次断裂后，随着工作面推进，顶板岩层必定形成"传递岩梁"结构，发生周期性断裂。

坚硬顶板初次断裂前的顶板状况，如图 7-3 所示。坚硬顶板压力分布曲线为坚硬顶板层位的岩层压力；S_x 为开采工作面超前支承压力影响范围，单位为 m；L 为初次断裂前基本顶悬露长度，单位为 m；θ 为煤层倾角，单位为（°）；M_1、M_2、M_3、$M_4 \cdots M_8$ 为上覆顶板岩层；煤壁上方长"V"形为坚硬顶板初次开裂之裂隙。

坚硬顶板在煤壁前方的部分，可视为在覆岩压力作用下的变系数平面应变弹性基础梁，可简化为图 7-4 所示的常系数弹性基础梁。

对常系数弹性基础梁基本假设为：q_0 为超前集中应力荷载，单位为 Pa；

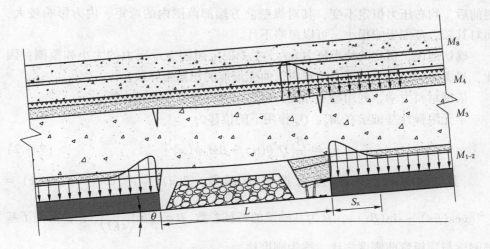

图 7-3　坚硬顶板初次裂断前岩层结构及应力状态

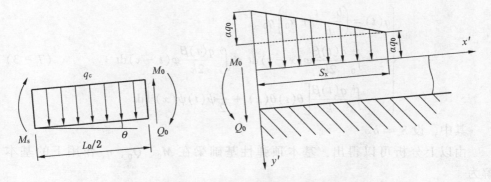

图 7-4　坚硬顶板初次断裂前力学模型

αq_0 为基本顶的均布覆岩压力，单位为 Pa；q_c 为悬伸基本顶岩梁的分布载荷，包括基本顶自重及上部软岩层所受重力，单位为 Pa；θ 为煤层倾角，单位为（°）。

由煤层、直接顶组成 Winkler 基础，竖向位移与压力集度成正比，即

$$q(x') = -ky(x') \qquad (7-1)$$

式中　$q(x')$ ——坚硬顶板上的覆岩压力增量，Pa；

　　　　k ——地基刚度，N/m，与基本顶下部的直接顶、煤层与底板的厚度和力学性质有关。

根据工程实践可知，支承压力影响范围远远大于支承压力高峰区。因此，煤壁前方基本顶可作为半无限长弹性基础梁；对于覆岩的均布压力 αq_0，基本顶断

裂前后，均布压力恒定不变，其对煤壁前方端部范围内的弯矩、内力影响较大，而对其较远范围影响很小，可以忽略不计。

确切地说，覆岩的均布压力 αq_0，主要决定超前支承压力的大小和范围；因此，只需研究超前支承压力范围内弯曲变形能的积聚与释放。

依据材料力学，利用叠加原理，可求出弹性基础梁的基本解。

半无限弹性基础梁在 M_0、Q_0 作用下的位移为

$$y_1 = \frac{2\beta}{k}\left[Q_0\theta(x) + \beta M_0\psi(x)\right] \tag{7-2}$$

其中，$\theta(x)$、$\psi(x)$ 为克雷洛夫函数，$\theta(x) = e^{-\beta x}\cos(\beta x)$，$\psi(x) = e^{-\beta x}\left[\cos(\beta x) - \sin(\beta x)\right]$，$\beta$ 为基础梁的特征参数，$\beta = \dfrac{1}{T} = \left(\dfrac{k}{4EI}\right)^{\frac{1}{4}}$，$\beta$ 反映了基础刚度与顶板弯曲刚度之比，称为刚度比。

图 7-4 所示的分布载荷作用下的位移表达式可由积分得到：

$$\begin{cases} q(t) = \left(\dfrac{b-t}{b} + a_0\right)q_0 \\ y_2 = \displaystyle\int_0^x \dfrac{q(t)\beta}{2k}\varphi(x-t)\mathrm{d}t + \int_x^b \dfrac{q(t)\beta}{2k}\varphi(t-x)\mathrm{d}t + \\ \displaystyle\int_0^b \dfrac{q(t)\beta}{k}\left[\theta(t)\theta(x) + \dfrac{1}{2}\psi(t)\psi(x)\right]\mathrm{d}t \end{cases} \tag{7-3}$$

其中，设 $S_x = b$。

由以上分析可以得出，基本顶弹性基础梁在 M_0、Q_0、q_x 作用下的基本解为

$$\begin{cases} y = y_1 + y_2 \\ y = \dfrac{2\beta}{k}\left[Q_0\theta(x) + \beta M_0\psi(x)\right] + \dfrac{q_0}{4k\beta b}\left[4\beta(b-x) + \psi(b-x) - 2\xi(b)\theta(x) - \right. \\ \left. \varphi(b)\psi(x)\right] + \dfrac{aq_0}{2k}\left[2 - \theta(b-x) + \xi(b)\psi(x) - \psi(b)\theta(x)\right] \end{cases}$$

$$\tag{7-4}$$

由边界条件知，弹性地基梁在 M_0、Q_0、q_x 作用下，基本顶端部 $x = 0$ 截面的转角 $y_0' \neq 0$，基本顶端部为非固定支承。但在煤层开采中，其转角 y_0' 很小，将其视为固支条件，因此，根据力学原理可知：$Q_0 = \dfrac{1}{2}q_e L$，$M_0 = \dfrac{1}{12}q_e L^2$。

由 $M = EIy''$ 得弯矩表达式为

$$M(x) = \frac{1}{\beta}[Q_0\xi(x) + \beta M_0\varphi(x)] + \frac{q_0}{8b\beta^3}[\varphi(b-x) - 2\xi(b)\xi(x) - \varphi(b)\varphi(x)] +$$

$$\frac{aq_0}{4\beta^2}[\xi(b)\varphi(x) - \psi(b)\xi(x) - \xi(b-x)] \qquad (7-5)$$

其中,$\xi(x) = x\beta$。

根据弹性梁上微单元能量 $\mathrm{d}U = \frac{1}{2EI}M^2(x)\mathrm{d}x$,弹性梁的弯曲变形能为

$$U = \frac{1}{2EI}\int M^2(x)\mathrm{d}x \qquad (7-6)$$

将式(7-5)代入式(7-6),进行积分,得:

$$U = \frac{1}{2EI\beta^2}\{Q_0^2 A(x) + \beta^2 M_0^2 B(x) + 2\beta Q_0 M_0 C(x) + 2SQ_0[D(x) - 2\xi(b)A(x) -$$

$$\varphi(b)C(x)] + 2S\beta M_0[E(x) - 2\xi(b)C(x) - \varphi(b)B(x)] + S^2[F(x) +$$

$$4\xi(b)D(x) - 2\varphi(b)E(x) + 4\xi(b)\varphi(b)C(x)] + 2Q_0 R[\xi(b)C(x) -$$

$$\psi(b)A(x) - G(x)] + 2\beta M_0 R[\xi(b)B(x) - \psi(b)C(x) - H(x)] +$$

$$2SR[\xi(b)E(x) + \psi(b)D(x) - I(x) - 2\xi(b)\xi(b)C(x) - \psi(b)A(x) -$$

$$G(x) - \varphi(b)\xi(b)B(x) - \psi(b)C(x) - H(x)] + R^2[\xi^2(b)B(x) +$$

$$\psi^2(b)A(x) + J(x) - 2\xi(b)\psi(b)C(x) - 2\xi(b)H(x) + 2\psi(b)G(x)]\}$$

$$(7-7)$$

$$A(x) = \frac{e^{-2\beta x}}{8\beta}\{2\sin(\beta x)[\sin(\beta x) + \cos(\beta x)] + 1\}$$

$$B(x) = \frac{e^{-2\beta x}}{4\beta}[2 + \sin(2\beta x) + \cos(2\beta x)]$$

$$C(x) = \frac{e^{-2\beta x}}{8\beta}\{\sin(2\beta x) + \cos(2\beta x) + 2\sin(\beta x)[\sin(\beta x) + \cos(\beta x)] + 1\}$$

$$D(x) = \frac{e^{-\beta b}}{4\beta}\{\sin[\beta(2x-b)] - \cos[\beta(2x-b)] + 2\beta x[\cos(\beta b) - \sin(\beta b)]\}$$

$$E(x) = \frac{e^{-\beta b}}{2\beta}\{2\beta x\sin(\beta b) + \sin[\beta(2x-b)]\}$$

$$F(x) = \frac{e^{-2\beta(b-x)}}{4\beta}\{2 + \sin[2\beta(x-b)] + \cos[2\beta(b-x)]\}$$

$$G(x) = \frac{e^{-\beta b}}{4\beta}\{\sin[\beta(2x-b)] - 2\beta x\cos(\beta b)\}$$

$$H(x) = \frac{e^{-\beta b}}{4\beta}\{2\beta x\sin(\beta b) + \cos(\beta b) + \cos[\beta(b - 2x)] + \sin[\beta(2x - b)]\}$$

$$I(x) = \frac{e^{-2\beta(b-x)}}{8\beta}\{2\sin[2\beta(b - x)] + \cos[2\beta(b - x)] - 2\sin^2[\beta(b - x)] - $$

$$2\sin[\beta(b - x)]\cos[\beta(b - x)] - 1\}$$

$$J(x) = \frac{e^{-2\beta(b-x)}}{8\beta}\{2\sin^2[\beta(b - x)] + 2\sin[\beta(b - x)x]\cos[\beta(b - x)] + 1\}$$

式中　S——增量应力影响因子，且 $S = \dfrac{q_0}{8b\beta^2}$;

　　　R——覆存压力影响因子，且 $R = \dfrac{aq_0}{4\beta}$;

A、B、C、D、E、F、G、H、I、J 为式 (7-6) 的系数表达式。

7.1.1.2　顶板初次断裂后位移及能量分布

1. "两硬"采场顶板的断裂位置可按最大弯矩所在位置求解

由材料力学知，梁在横向载荷作用下，梁内将出现最大弯矩，而最大弯矩产生最大拉应力和压应力；当最大拉应力大于梁的极限拉应力时，导致梁发生强度破坏；对于脆性材料，所表现的形式是拉裂严重时拉断。因此，最大弯矩所在位置是梁（即顶板）断裂位置。

依此原理，下面求解最大弯矩所在位置、即"两硬"采场顶板的断裂位置。对式 (7-4) 求导，可得：

$$M' = Q_0 e^{-\beta x}[\cos(\beta x) - \sin(\beta x)] - 2M_0\beta e^{-\beta x}\sin(\beta x) + $$

$$\frac{q_0}{8b\beta^2}\{[2e^{-\beta(b-x)}\sin[\beta(b - x)] - 2\xi(b)e^{-\beta x}[\cos(\beta x) - $$

$$\sin(\beta x)] + 2\varphi(b)e^{-\beta x}\sin(\beta x)\} + \frac{aq_0}{4\beta}\{-2\xi(b)e^{-\beta x}\sin(\beta x) - $$

$$\psi(b)e^{-\beta x}(\cos\beta x - \sin\beta x) - e^{-\beta(b-x)}\sin[\beta(b - x)]\cos[\beta(b - x)]\}$$

$$(7 - 8)$$

在矿山开采中，支承压力分布范围较大，因此，$e^{-\beta b} \rightarrow 0$，则上式 $M' = 0$。对式 (7-8) 进行变换，则：

$$\left[Q_0 + \frac{2q_0\xi(b)}{4b\beta^2} - \frac{aq_0\psi(b)}{4\beta}\right]\cos(\beta x) = $$

$$\left[Q_0 + 2\beta M_0 - \frac{2q_0[\varphi(b) + \xi(b)]}{8b\beta^2} + \frac{2aq_0\xi(b)}{4\beta} - \frac{aq_0\psi(b)}{4\beta}\right]\sin(\beta x)$$

$$(7 - 9)$$

对式（7-8）求解，则可得到最大弯矩所在位置 x_0 为：

$$x_0 = \frac{1}{\beta}\text{arctan}\left\{\frac{4b\beta^2 Q_0 + [2\xi(b) - ab\beta\psi(b)]q_0}{4b\beta^2 Q_0 + 8b\beta^3 M_0 - [\varphi(b) - \xi(b) - ba\beta(2\xi(b) - \psi(b))]q_0}\right\}$$

$$(7-10)$$

这个最大弯矩所在位置 x_0，就是"两硬"采场顶板的断裂位置，如图7-5所示。

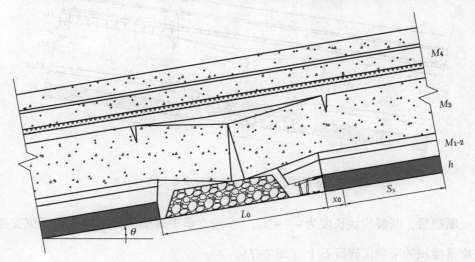

图7-5　"两硬"采场顶板的最大弯矩（x_0）所在位置与断裂位置

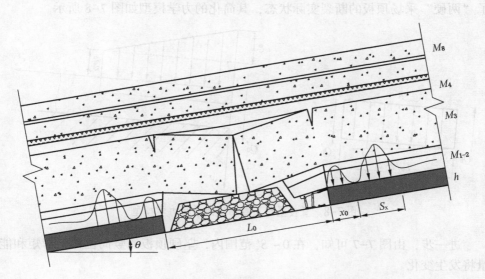

图7-6　支承压力成内外两个应力场示意图

2. 断裂前方的位移和能量变化

坚硬顶板在煤壁前方 x_0 位置断裂后，煤层的支承压力将形成内外两个应力场（图7-6），其岩层结构及应力状态如图7-7所示。

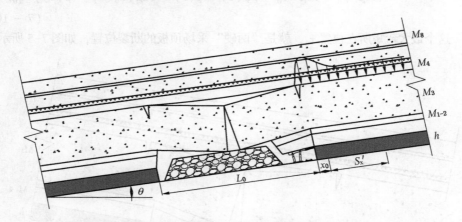

图7-7　坚硬顶板断裂后岩层结构模型及应力分布

断裂后，断裂岩块长度为 $\dfrac{L_0}{2} + x_0$，一端支承于煤壁，另一端旋转下沉支撑在垮落堆积的采空区碎矸石上（图7-7）。

图7-7一方面二维直观地描述了岩层结构及应力状态，另一方面直观地给出了"两硬"采场顶板的断裂实际状态，其简化的力学模型如图7-8所示。

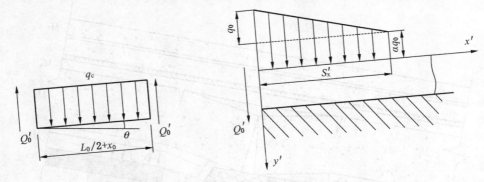

图7-8　直接坚硬顶板初次断裂后力学模型

进一步，由图7-7可知，在 $0 \sim S'_x$ 范围内，坚硬顶板的竖向位移、弯矩和能量将发生变化。

设 $S'_x = b'$，则 $b' = b - x_0$。此时，M 将变为 0，已运动岩块的剪切应力为

Q_0'，则：

$$Q_0' = \frac{1}{2}q_c\left(\frac{L_0}{2} + x_0\right) = \frac{1}{4}q_c(L_0 + 2x_0)$$

因此，坚硬顶板岩层的竖向位移（y）、弯矩（M）和能量（U）将变化为：

$$y = \frac{2\beta}{k}Q_0'\theta(x) + \frac{q_0}{4k\beta b}[4\beta(b' - x) + \psi(b' - x) -$$

$$2\xi(b')\theta(x) - \varphi(b')\psi(x)] + \frac{aq_0}{2k}[2 - \theta(b' - x) +$$

$$\xi(b')\psi(x) - \psi(b')\theta(x)] \qquad (7 - 11)$$

$$M(x) = \frac{1}{\beta}Q_0'\xi(x) + \frac{q_0}{8b\beta^3}[\varphi(b' - x) - 2\xi(b')\xi(x) -$$

$$\varphi(b')\varphi(x)] + \frac{q_0}{4\beta^2}[\xi(b')\varphi(x) - \psi(b')\xi(x) -$$

$$\xi(b' - x)] \qquad (7 - 12)$$

$$U = \frac{1}{2EI\beta^2}\{Q_0^2 A(x) + 2SQ_0'[D(x) - 2\xi(b')A(x) - \psi(b')C(x)] + S^2[F(x) +$$

$$4\xi^2(b')A(x) + \phi^2(b')B(x) - 4\xi(b')D(x) - 2\phi(b')E(x) +$$

$$4\xi(b')\phi(b')C(x)] + 2Q_0'R[\xi(b')C(x) - \psi(b')A(x) - G(x)] +$$

$$2SR[\xi(b')E(x) + \psi(b')D(x) - I(x) - 2\xi(b')(\xi(b')C(x) -$$

$$\psi(b')A(x) + G(x)) - \varphi(b')(\xi(b')B(x) - \psi(b')C(x) - H(x))] +$$

$$R^2[\xi^2(b')B(x) + \psi^2(b')A(x) + J(x) - 2\xi(b')\psi(x)C(x) -$$

$$2\xi(b')H(x) + 2\psi(b')G(x)]\} \qquad (7 - 13)$$

根据式（7-10）、式（7-11）及式（7-12），可求得坚硬顶板岩层的断裂前方的位移 y、弯矩 M 和能量 U 变化。

3. 断裂后方的位移和能量变化

顶板断裂后，在 $0 \sim -x_0$ 范围内，作用在弹性梁上的弯矩消失，顶板发生反弹，弹性变形随之恢复，弹性变形能随之释放。同时，断裂岩梁上的作用力达不到平衡，将发生回转、下沉，在采场空间内将呈新的平衡结构。

7.1.2 采场顶板控制设计

支架和围岩的相互作用，包括支架对直接顶的控制方式和支架对基本顶岩梁的控制方式，二者是矛盾体的两方，其中围岩作用是主体，支架是被动体。支架必须具有承载和遏制顶板破坏继续发展的两种作用。因此，从研究和生产实践角度，支架需要转变为主动体，主动承载围岩的作用、主动遏制顶板的破坏及主动遏制顶板的继续发展破坏。

在大采高条件下，由于直接顶可能出现大跨度悬顶结构，因此搞清采场上覆岩层（顶板）结构组成，包括各岩层的厚度和岩性强度，同时针对采高正确地确定垮冒岩层厚度和出现悬顶的可能性，准确地确定悬顶位置、厚度及可能的最大悬跨距离，是大采高采场顶板控制设计及支架选型计算的关键。

7.1.2.1　直接顶控制设计

由于直接顶在采空区内已经垮落，所以进行顶板控制设计时的基本原则是：

（1）必须按最危险状态（沿煤壁处切断）为基准考虑。

（2）在顶板岩层沉降过程中，支架对顶板的工作状态按"限定变形"（即"给定载荷"）考虑。

（3）在上述工况方案条件下，支架阻力按平衡（对抗）直接顶裂断垮落时可能的最大作用力设计，以遏制直接顶下沉和大跨度悬顶裂断垮落时的动压冲击。

根据上述基本原则，建立如图 7-9 所示结构模型。

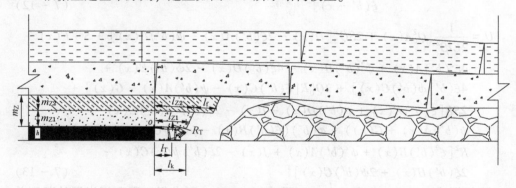

图 7-9　"限定变形"采场结构模型

设采场处于相对平衡稳定状态，根据力学平衡方程，对 O 点取矩，则工作阻力 R_T 为

$$R_T l_T = m_{z1} \gamma_{z1} l_{z1} \frac{l_{z1}}{2} + m_{z2} \gamma_{z2} l_{z2} \frac{l_{z2}}{2} = \frac{1}{2} \left[m_{z1} \gamma_{z1} l_{z1}^2 + m_{z2} \gamma_{z2} (l_k + l_f)^2 \right]$$

$$(7-14)$$

令 $l_{z1} = l_k$，则：

$$R_T l_T = \frac{1}{2} \left[m_{z1} \gamma_{z1} l_k^2 + m_{z2} \gamma_{z2} (l_k + l_f)^2 \right]$$

$$= \frac{1}{2} \left(m_{z1} \gamma_{z1} l_k^2 + m_{z2} \gamma_{z2} l_k^2 + m_{z2} \gamma_{z2} l_f^2 + 2 m_{z2} \gamma_{z2} l_k l_f \right)$$

令 $R_T = Al_k$，其中，$A = m_{Z1}\gamma_{Z1} + m_{Z2}\gamma_{Z2} + m_{Z2}\gamma_{Z2}\left[\left(\dfrac{l_f}{l_k}\right)^2 + \dfrac{l_f}{l_k}\right]$

令 $l_f = 0$，则：$A = m_{Z1}\gamma_{Z1} + m_{Z2}\gamma_{Z2} = m_Z\gamma_Z$

令 $l_f = l_k$，则：$A = m_{Z1}\gamma_{Z1} + 3m_{Z2}\gamma_{Z2}$

令 $m_{Z1} = m_{Z2}$，则：$A = 4m_{Z2}\gamma_{Z2}$

式中　　m_{Z1}、m_{Z2}——不同层位的直接顶厚度，m；

　　　　　γ_{Z1}、γ_{Z2}——与 m_{Z1}、m_{Z2} 对应的直接顶容重，kg/m³；

　　　　　　　l_k——支架控顶距，m；

　　　　　　　l_T——支架合力作用点，距煤壁距离，m；

　　　　l_{Z1}、l_{Z2}——与 m_{Z1}、m_{Z2} 对应的直接顶跨度，m；

　　　　　　　A——直接顶作用力，KN。

7.1.2.2　基本顶控制设计

（1）基本顶控制设计的目的：防止上位岩梁动压冲击，把采场顶板下沉量控制在支架收缩量允许的范围内。

（2）基本顶控制设计的基本方案：基本顶岩梁断裂后，在运动过程中给支架的作用力，由支架对岩梁运动的抵抗程度（或对岩梁位态控制的要求）决定。因此，岩梁运动结束时支架可在以下两种状态下工作，即"给定变形"和"限定变形"两种方案。

"给定变形"即岩梁的位态（或某一控顶距条件下的采场顶板下沉量）没有受到支架阻抗力的限制，由岩梁的力学特性和两端支承情况所决定。"限定变形"即岩梁的位态由支架阻抗力决定。

（3）基本顶控制设计的基本原则：①当基本顶岩梁为单岩梁结构时，按"给定变形"计算工作面阻力；②当基本顶为多岩梁结构时，对下位岩梁按"限定变形"计算工作面阻力，对上位岩梁按"给定变形"计算工作面阻力。

7.1.2.3　基本顶为单岩梁结构

1. 基本顶岩梁初次突变失稳"给定变形"控制设计

该工况方案条件下，即保证岩梁末端（采空区）处触矸的工作状态，在岩梁由端部裂断到沉降至最终位态的整个运动过程中，支架只能在一定范围内降低岩梁运动速度，但并不能对岩梁的运动起到阻止作用。此时，支架阻力不需要超过直接顶作用力（A）和岩梁下沉到底给支架的作用力（K_A）之和，但也不能低于直接顶作用力。基本顶岩梁初次突变失稳"给定变形"结构模型如图7-10所示。

假设采场处于相对平衡稳定状态，根据力学平衡建立位态方程，则支架最大支护强度 P_{GTmax} 为直接顶作用力（A）和岩梁下沉到底给支架的作用力（K_A）之

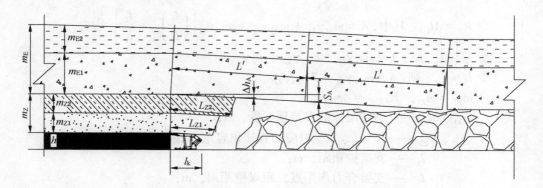

图 7-10　单岩梁结构控制设计模型

和，即：

$$P_{GTmax} = A + K_A \qquad K_A = \frac{m_E L' \gamma_E}{2 K_T l_k} \qquad (7 - 15)$$

式中　　m_E——基本顶岩梁厚度，m；

　　　　γ_E——基本顶岩梁容重，kg/m³；

　　　　L'——基本顶岩梁初次失稳步距，m；

　　　　K_T——考虑支架承担岩梁重量的比例系数；

　　　　l_k——支架控顶距，m。

$$P_{GTmin} = A \qquad (7 - 16)$$

式中　　A——直接顶作用力，kN。

　　为了保证支架不被压死，要求支架缩量 ε_T 为

$$\varepsilon_T \geqslant \Delta h_A - \sum h_i \qquad (7 - 17)$$

式中　　　Δh_A——岩梁裂断触矸处的采场顶板下沉量，$\Delta h_A = \dfrac{2 l_k S_A}{L'}$，m；

　　　　　S_A——岩梁触矸处沉降值，$S_A = h - m_Z(K_A - 1)$，m；

　　　　$\sum h_i$——基本顶来压时刻未采尽的顶煤、底板以及护顶、垫底等辅助性

　　　　　　　支护结构的压缩量的总和，m；

　　　　　h——采高，m；

　　　　　m_Z——已冒落岩层的厚度，m；

　　　　　K_A——碎胀系数，由冒落带各岩层岩性强度确定，岩性强度越高，碎

　　　　　　　胀系数越大，一般可取 $K_A = 1.25 \sim 1.35$。

　2. 基本顶岩梁周期突变失稳"给定变形"控制设计

该工况方案条件下，即保证岩梁末端（采空区）触矸的工作状态，在岩梁由端部裂断到沉降至最终位态的整个运动过程中，支架只能在一定范围内降低岩梁运动速度，但并不能对岩梁的运动起到阻止作用。此时，支架阻力不需要超过直接顶作用力（A）和岩梁下沉到底给支架的作用力（K_A）之和，但也不能低于直接顶作用力，结构模型如图7-10所示。

假设采场处于相对平衡稳定状态，根据力学平衡建立位态方程，则支架最大支护强度P_{GTmax}亦为直接顶作用力（A）和岩梁下沉到底给支架的作用力（K_A）之和，即

$$P_{GTmax} = A + K_A \qquad K_A = \frac{m_E L_i \gamma_E}{2K_T l_k} \qquad (7-18)$$

为保证支架不被压死，其要求支架缩量ε_T同式（7-16）。

7.1.2.4 基本顶为多岩梁结构

1. "给定变形"工作状态

该工况方案条件下，即保证基本顶岩梁末端（采空区）触矸的工作状态，在岩梁由端部裂断到沉降至最终位态的整个运动过程中，支架只能在一定范围内降低岩梁运动速度，但并不能对岩梁的运动起到阻止作用。此时，支架阻力不需要超过直接顶作用力（A）和基本顶岩梁下沉到底给支架的作用力（K_A）之和，但也不能低于直接顶作用力，结构模型如图7-9所示，计算公式同单岩梁结构初次突变及周期突变失稳控制设计。

2. "限定变形"工作状态

（1）采场初次突变失稳顶板控制设计。该工况方案条件下，即保证岩梁末端（采空区）触矸且进入稳定的工作状态，在岩梁由端部裂断到沉降至最终位态的整个运动过程中，支架阻止基本顶岩梁沉降至裂断处触矸，此时，要求控制采场顶板下沉量（Δh_T）必须小于岩梁裂断处触矸时的采场顶板下沉量（Δh_A），支架阻力必须满足基本顶岩梁作用力和直接顶作用力两部分，结构模型如图7-11所示。

假设采场处于相对平衡稳定状态，根据力学平衡建立位态方程，则最大支护强度P_{GTmax}为

$$P_{GTmax} = A + K_A \frac{\Delta h_A}{\Delta h_T} \qquad (7-19)$$

为保证支架不被压死，要求支架缩量同式（7-16）。

（2）采场正常推进突变失稳顶板控制设计。该工况方案条件下，即保证岩梁末端（采空区）触矸且进入稳定的工作状态，在岩梁由端部裂断到沉降至最终位态的整个运动过程中，支架阻止基本顶岩梁沉降至裂断处触矸，此时，要求

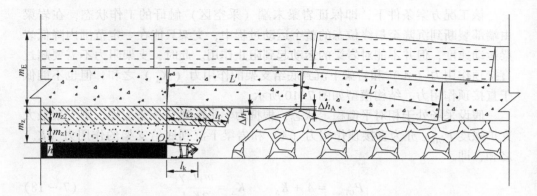

图 7-11　基本顶为多岩梁结构 "限定变形" 条件下控制设计模型

控制采场顶板下沉量（Δh_{T}）必须小于岩梁裂断处触矸时的采场顶板下沉量（Δh_{A}），支架阻力必须满足基本顶岩梁作用力和直接顶作用力两部分，结构模型如图 7-11 所示。

假设采场处于相对平衡稳定状态，根据力学平衡建立位态方程，则最大支护强度 P_{GTmax} 为

$$P_{\mathrm{GTmax}} = A + \frac{\Delta h_{\mathrm{A}}}{\Delta h_{\mathrm{T}}} \qquad (7-20)$$

为保证支架不被压死，要求支架缩量同式（7-16）。同时，在支架选型计算中，由于采高大，顶板坚硬，在顶板断裂后，采空区无充足的矸石作为垫层，因此，在活柱快速下沉过程中，容易造成大量液体对液压支架液压阀的破坏，因此在支架选中必须改进传统支架液压控制阀，保证液压控制阀及时卸压，以避免液压控制阀受到较大冲击力而遭到破坏。

7.1.3　顶板覆岩运动参数预控预测

7.1.3.1　覆岩运动参数预控技术内涵

"两硬" 大采高采场重大围岩灾害包括大面积巨厚坚硬顶板灾变失稳压死支架、区段煤柱剧烈变形失稳和煤壁片帮等主要形式。其中，工作面支架被压死是严重影响工作面安全、制约工作面产量的灾害形式。

理论与生产实践证明，由于工作面回采，使采场覆岩中的下位岩层失去了原始的平衡状态，发生离层、冒落，进而给上位岩层创造了发生运动的条件。由于采动条件（采高、倾角等）和地质条件（覆岩岩性、厚度及强度等）的差异，采场上覆岩层在工作面推进过程中会形成不同的结构。这些不同的覆岩结构既是采场支架的主要力源，也是保护支架免受全部上覆岩层重量的承载结构。采场围岩灾害（大面积冒顶、支架压死等）的发生主要是支架性能（工作阻力与活柱

伸缩量）与覆岩结构之间不协调，不平衡造成的。

目前，采场围岩灾害控制的一般思路是：通过理论分析和工程实测，获得覆岩结构及其运动参数，在此基础上选择与覆岩运动结构参数匹配的支架结构与参数。

随着采高的不断增大，尤其是在"两硬"采场条件下，支架参数越来越大，工作阻力越来越高，有些工作面支架工作阻力接近 20000 kN，工作面设备投入成本急剧上升。即便如此，在很多采场条件下，支架仍然不能满足控制顶板的要求，顶板来压压死支架等灾害仍时有发生。

因此，必须改变目前这种支架被动地适应上覆岩层覆岩结构的技术思路，采取主动控制上覆岩层覆岩结构的技术路线，将覆岩结构控制在普通支架可以承受的范围之内，实现采场的协调支护。在保证采场安全的前提下，降低采场设备投入。

从理论上讲，采场重大灾害的控制，是一个围岩结构与采场支架之间的力学平衡，二者之间存在一种此消彼长的对立统一关系。因此，采取一定的工程技术手段，改变采场上覆岩层运动参数，可以极大降低采场发生重大灾害的可能性，使采场不具备孕育重大灾害的基本条件，从而可以减轻支架的阻力，降低支架的吨位，减少采场设备投入，提高采场安全和经济效益。

7.1.3.2 覆岩运动参数预测

大同"两硬"塔山煤矿开采的 8210 工作面，倾斜长度为 163 m，基本顶岩梁厚度为 18.2 m，初次突变失稳步距达到 120 m 以上，悬露面积为 19560 m²。

基于上述煤岩层条件，以及基本顶岩梁厚度、初次突变失稳步距与悬露面积综合条件下，若不对坚硬顶板采取控制措施，势必引发重大灾害事故发生。

根据上节分析，结合大采高坚硬顶板特点，针对突变失稳步距较大这一客观事实，首先，在开切眼处采取顶板强制放顶措施，进行初步放顶，达到改变初次突变失稳步距的目的；然后，在正常推进过程中，采取局部切顶方法，控制爆破实施局部切顶。具体步骤为：

（1）地质条件调查。地质条件调查就是查明煤层赋存状态和厚度；煤层顶底板尤其基本顶岩梁岩性及其厚度和硬度；地质构造及其对地应力的影响作用。

（2）地应力与矿压显现。结合地质条件，确定初次突变失稳步距与悬露面积，突变失稳步距。

（3）开切眼处采取顶板强制放顶措施。确定为"两硬"采场后，须对坚硬顶板进行预控。预控措施的第一步就是在开切眼处进行初步放顶，达到改变初次突变失稳步距的目的。

（4）局部切顶方法。在正常推进过程中，采取局部切顶方法，即控制爆破实施局部切顶。

覆岩运动参数预测包括：初次裂断失稳步距 L（参见式（5-26））和基本顶周期断裂失稳步距 L_i（参见式（5-51））。预测初次裂断失稳步距和基本顶周期断裂失稳步距的目的是为避免顶板大面积来压，发生动载冲击。

采用局部切顶方法进行覆岩运动控制的关键环节是钻孔爆破。因此，有关钻孔的主要参数以及爆破参数的设计控制，必须审慎研究计算。这里，结合大同晋华宫煤矿的实例，做简要介绍。

1. 炮孔设计

炮孔设计的目的是，合理有效地对坚硬顶板进行局部切顶，使坚硬顶板随着工作面推进即时垮落。

炮孔设计内容包括：炮孔直径、炮孔布置（包括炮孔间距和炮眼排距）、炮孔深度、孔底高度和封孔长度等。

（1）炮孔直径。受现场和施工工具等条件的限制，加之顶板极其坚硬，实施坚硬顶板的钻孔相当困难。因此，对于超前深孔预裂松动爆破来说，炮孔直径不宜较大、也很难较大，一般炮孔直径选取 60~90 mm。实践证明，这种尺寸的孔眼，能够满足超前深孔爆破预裂松动，进而达到局部切顶的目的。

（2）钻孔布置。炮孔布置一般为单向法和双向法两种，本书中采取两种方法的结合。单向法就是在风巷或机巷向另一端巷道打斜深孔，为了保证另一端巷道的安全，通常孔底距另一端巷道的水平距离要大于 20 m，如图 7-12 所示。双向法即在风巷与机巷同时向岩体内部钻斜深孔，两炮孔底水平距离不应小于 20 m，但是同样不能大于炸药的两倍抵抗线半径，否则会造成岩石大块率较大，如图 7-13 所示。

① 炮孔间距。炮孔间距制约爆破后厚且坚硬顶板的裂隙发育程度，合理的炮孔间距可以保证厚坚硬顶板的裂隙发育完全，即裂隙发育贯穿顶板的顶底面；同时，因裂隙发育完全，可保证坚硬顶板不会形成大的悬顶结构。根据断裂力学理论，可以计算确定超前深孔预裂松动爆破炮孔间距。

当炮孔与工作面平行时（图 7-14），可以得到超前深孔预裂松动爆破炮孔间距公式：

$$a = Kr_{\rm b}f^{1/3} \tag{7-21}$$

式中　a——炮孔间距，m；

　　　K——调整系数，一般取 10.0~15.0；

　　　$r_{\rm b}$——炮孔半径，mm；

　　　f——岩石普氏系数。

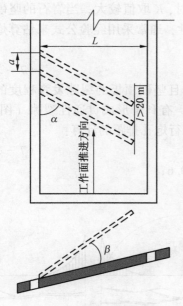

图 7-12 单向法炮孔布置

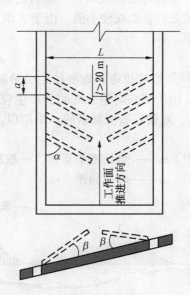

图 7-13 双向法炮孔布置

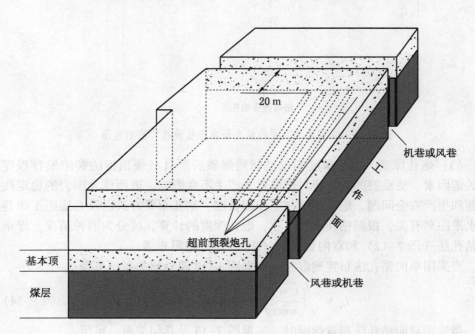

图 7-14 超前深孔预裂松动爆破炮孔与工作面平行示意图

　　实验与实践表明：当岩石的坚硬程度较大时，K 取值较大；当岩石的坚硬程度较低时，K 取较小值。由于 K 取值的不确定性，通常采用经验公式来估算炮孔间距，即

$$a = 70 \sim 90r_b \tag{7-22}$$

　　② 炮孔排距。炮眼排距也是制约爆破后厚且坚硬顶板的裂隙发育程度的因素。由于爆破时炮孔之间会产生应力集中现象，有利于形成贯通性裂隙（图7-15），致使岩石更加破碎。采用以下经验公式进行炮孔排距的计算：

$$b = ma \tag{7-23}$$

式中　m——炮孔密集系数，一般取值为 0.4~0.6；

　　　　a——炮孔间距，m。

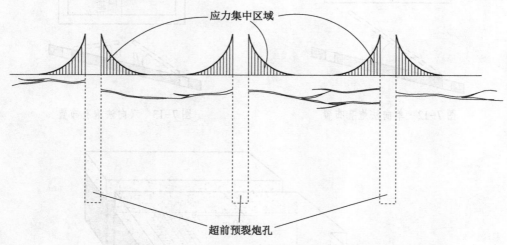

图7-15　爆破时炮孔间的应力集中与贯通性裂隙示意图

　　（3）炮孔深度。炮孔深度不仅是制约爆破后厚且坚硬顶板的裂隙发育程度的关键因素，更重要的是，将对爆破效果产生不良影响，进而诱发围岩的稳定性问题和生产安全问题。炮孔深度与工作面长度、钻孔布置方式以及孔底距工作巷的水平距离有关，根据钻孔布置方法，炮孔深度的计算，区分为两种情况，即单向钻孔法（图7-12）和双向钻孔法（图7-13）炮眼布置。

　　当采用单向钻孔法布置炮眼时，根据图7-12及几何关系，可得：

$$L_b = \sqrt{\left(\frac{L-l}{\sin\alpha}\right)^2 + [\tan\beta(L-l)]^2} \tag{7-24}$$

　　当采用双向钻孔法布置炮眼时，根据图7-13及几何关系，可得：

$$L_b\sqrt{\left(\frac{L-l}{2\sin\alpha}\right)^2+\left[\tan\beta\left(\frac{L-l}{2}\right)\right]^2} \tag{7-25}$$

式中　L——开采工作面长度，m；

　　　l——孔底距风巷或机巷的水平距离，m；

　　　α——炮孔与风巷或机巷的夹角，(°)；

　　　β——炮孔与顶板岩层的夹角，(°)。

根据实际经验，采用单向钻孔法布置炮眼时，炮孔深度一般取 30~50 m；采用双向钻孔法布置炮眼时，则需按式（7-25）计算。

（4）孔底高度。掌握孔底高度的意义在于，从该角度可以预知炮孔钻进深度，以避免盲目性地按照式（7-24）和式（7-25）计算钻进深度，而造成不必要的浪费和工时，同时给正常生产进度带来影响。

顶板垮落后会在采空区形成岩石垫层，垫层的高度如果能够达到上覆岩层（即充满采空高度时），对顶板的支撑效果为最佳。此时孔底距煤层的高度 h 为

$$h=\frac{M}{K_P-1} \tag{7-26}$$

式中　M——煤层高度，m；

　　　K_P——岩石碎胀系数，一般取 1.12~1.15。

（5）封孔长度。为了使顶板岩层 l_{max} 充分松动破碎，需要合理确定封孔长度。

① 最大封孔长度。最大封孔长度就是使堵塞材料在炮孔中的运动初始加速度为零的长度，即

$$l_{max}=\frac{r_b}{2f'\lambda} \tag{7-27}$$

式中　f'——封堵材料与炮孔岩壁的摩擦系数，一般取值为 0.02~0.06；

　　　λ——侧压系数，与材料泊松比有关，$\lambda=\frac{1}{1-\mu}$；

　　　μ——泊松比；

　　　r_b——炮孔半径，m。

该条件下，炮泥将不发生运动。同时材料越软，f' 越低。

② 最小封孔长度。在对工作面进行深孔卸压时，堵塞材料在被破坏前，应满足式（7-28）：

$$t_s\geq t_d \tag{7-28}$$

式中　t_s——堵塞材料在炮孔中作用时间，s；

　　　t_d——岩石破碎所需要的时间，s。

堵塞材料在炮孔中的作用时间应该包括两部分：受应力波压缩作用的时间和堵塞材料在炮孔中运动的时间。但由于应力流的传播速度很快，而堵塞材料在炮孔中的运动速度较慢，故可忽略受应力波压缩作用的时间。另外，根据研究资料和数值计算结果，堵塞材料在炮孔中运动的加速度变化不大，故可近似地认为堵塞材料在炮孔中的运动速度为匀加速度。因此堵塞材料在炮孔中的运动时间可表示为

$$t_s = \frac{2l_s}{\sqrt{\dfrac{2P_0 l_0}{(r-1)l_s \rho_s}\left[1 - \left(\dfrac{l_c}{l_b}\right)^{r-1}\right]}} \qquad (7-29)$$

式中　　l_c——炮孔装药长度，m；

　　　　l_b——钻孔深度，m；

　　　　r——绝热系数，一般取 3；

　　　　ρ_S——封孔材料密度；

　　　　l_s——堵塞材料长度，m；

　　　　P_0——爆炸气体初始压力，Pa；

　　　　l_0——空气柱长度，m。

岩石破碎所需要的时间（不包括破碎后岩石运动时间）为

$$t_d = \frac{2w}{v_P} + \frac{w}{v_R} \qquad (7-30)$$

式中　　w——炸药最小抵抗线；

　　　　v_P——岩石内部纵波波速；

　　　　v_R——岩石内部横波波速；

将式（7-29）和式（7-30）代入式（7-28），可得

最小封孔长度为

$$l_{min} = \sqrt[3]{\frac{P_d l_c \left[1 - \left(\dfrac{l_c}{l_b}\right)^{r-1}\right]\left(\dfrac{2w}{v_P} + \dfrac{w}{v_R}\right)}{2(r-1)\rho_s}} \qquad (7-31)$$

式中　　P_d——冲击波对炮孔壁的初始压应力峰值。

根据实际现场施工经验，封孔长度取炮孔深度的 25%～40%，一般为 5～8 m。

2. 炮孔装药量设计与计算

炮孔装药量一方面同样直接影响爆破后厚且坚硬顶板的裂隙发育与贯穿程度，另一方面会造成意想不到的不良后果。

在岩石条件、炮孔参数与炸药品种不变的情况下，装药量的多少直接决定着爆破效果的好坏。装药量超出合理范围，轻者会造成冲孔，重者产生大量飞石与冲击波，破坏巷道及其内的设备等造成灾害事故；若装药量过少，爆炸后，只在岩体内形成小裂隙，达不到局部切顶和要求的破裂效果。

装药量与岩石结构、体积、炸药类型、炮孔参数等因素有关，且这些因素具有很大的影响力。因此，确定每个炮眼的合理装药量应根据具体岩石因素、爆破条件与爆破工艺、操作技术水平与组织管理等综合考虑。

（1）按体积法计算装药量。根据布隆伯格的岩石爆破相似法则，在无限均质连续岩体内，随着炸药量的增加，岩石破碎体积也随之增加。伏奥邦在此基础上提出了岩石破碎体积与炸药量成正比，即

$$Q = qV$$

式中　q——单位体积耗药量，kg/m^3；

　　　V——预计爆破体积，m^3。

根据实际经验，对于深孔松动爆破，装药量一般采用修正后的鲍列夫斯公式，即

$$Q = K_s(0.4 + 0.6n^3)qV^3 \qquad (7-32)$$

式中　q——单位体积耗药量，kg/m^3；

　　　V——预计爆破体积，m^3；

　　　K_s——松动系数；

　　　n——爆破作用指数，一般取值 0.75。

（2）按经验公式计算装药量。根据现场实践，不同的学者均提出了适用于深孔松动爆破的经验公式，来确定每个炮眼实际装药量，主要有：

$$Q = \frac{aqgl_bwn_C}{\sqrt{1 + n_C^2}} \qquad (7-33)$$

式中　a——暴力系数，取 1.0~1.3；

　　　q——标准抛掷爆破单位耗药量，kg/m^3；

　　　g——炮眼堵塞系数；

　　　n_C——炮眼深度对单位体积炸药消耗量的影响系数；

其余参数同前。

进一步，通过对大量实验模型数据数学回归分析，有：

$$Q = (0.4 + 0.6)n^3\left[\sqrt{\frac{f-4}{1.8}} + 4.8 \times 10^{-0.1S}\right]CK\phi ew^3 \qquad (7-34)$$

式中　f——岩石坚固系数；

    C ——装药直径系数,当炮孔直径为 32 cm 时,$C = 1$,随着炮孔直径的增大,C 随之适当上升;

    K ——炮孔深度系数,当孔深为为 2.5 m 时,取 0.8;随深度的增加,K 值上升;

    ϕ ——装药密度的校正系数;

    e ——炸药暴力系数;

    S ——岩石坚固系数。

其余参数同前。

    对于式(7-32)及式(7-33)两种经验公式,如果能取得较准确的参数,则计算结果较符合实际清况。

    对于中等威力炸药,例如铵油炸药、膨化硝铵炸药等,装药量也可以根据简化公式(7-35)来确定:

$$Q = 0.187qV^3 \qquad (7-35)$$

7.2 区段煤柱变形失稳机理

    工作面推进后方两侧煤体并非立即进入卸压状态,而是在相当长时间内仍处于残余支承压力影响范围内。通过分析煤柱受采动影响后的稳定性,从而确定合理的煤柱宽度及支护方式。

7.2.1 受一侧采动影响的煤柱稳定性

    煤柱受到回采引起的侧向支承压力作用后,一般可分为破裂区、塑性区和弹性区。侧向支承压力的分布形态与煤柱尺寸大小有关。不同煤柱尺寸的侧向支承压力分布状态如图 7-16 所示。

    对于长壁工作面,其间煤柱为长条型,煤柱长度远大于其宽度,则单位宽度内煤柱受力状态的求解一般可简化为平面应变问题进行分析。因此,建立煤柱受一侧采动影响后弹塑性区应力计算模型如图 7-17 所示。

    考虑到煤层为缓倾斜煤层,为方便计算、简化模型,本次计算时煤层假设为水平煤层。煤柱边缘煤体先遭到破坏,产生塑性变形,煤柱中央仍处于弹性应力状态。

    在煤柱的极限平衡区内取一宽度为 dx 的单元体,促使单元体向采空区方向压出的是水平挤应力,而阻止单元体挤出的是内聚力及煤柱与顶底板接触面之间的摩擦力,故单元体处于平衡状态的方程式为

$$2(c + f\sigma_y)dx + M\sigma_x - M\left(\sigma_x + \frac{d\sigma_x}{dx}dx\right) = 0 \qquad (7-36)$$

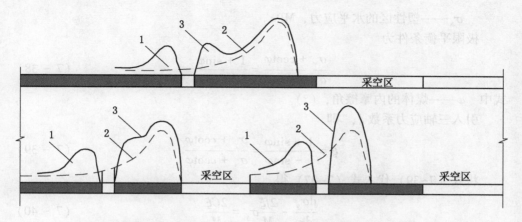

1—巷道开掘后形成的支承压力；2—回采后形成的支承压力；3—叠加的支承压力

图 7-16 不同煤柱一侧采动后支承压力分布

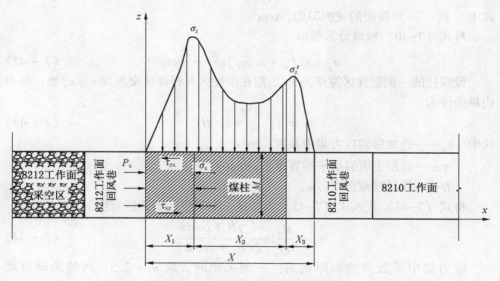

图 7-17 煤柱屈服区应力计算图

$$2c + 2f\sigma_y - M\frac{d\sigma_x}{dx}dx = 0 \qquad (7-37)$$

式中 c——煤体的内聚力，MPa；

       M——煤层开采厚度，m；

       f——煤层与顶底板接触面的摩擦系数；

       σ_y——塑性区的垂直应力，MPa；

σ_x——塑性区的水平应力，MPa。

极限平衡条件为

$$\frac{\sigma_y + c\cot\varphi}{\sigma_x + c\cot\varphi} = \frac{1 + \sin\varphi}{1 - \sin\varphi} \qquad (7-38)$$

式中　φ——煤体的内摩擦角，(°)。

引入三轴应力系数 ξ，即

$$\xi = \frac{1 + \sin\varphi}{1 - \sin\varphi} = \frac{\sigma_y + c\cot\varphi}{\sigma_x + c\cot\varphi} \qquad (7-39)$$

将式（7-39）代入式（7-37）得

$$\frac{d\sigma_y}{dx} - \frac{2f\xi}{M}\sigma_y = \frac{2C\xi}{M} \qquad (7-40)$$

在煤柱边缘 $x = 0$ 处，应力边界条件为

$$\sigma_x \big|_{x=0} = P_x \qquad (7-41)$$

式中　P_x——对煤帮的支护阻力，t/m^2。

对式（7-40）解微分方程得

$$\sigma_y = \xi(P_x + c\cot\varphi)e^{\frac{2\xi f}{M}x} - c\cot\varphi \qquad (7-42)$$

设煤柱的一侧塑性区宽度为 x_0，则在塑性区与弹性区交界面 $x = x_0$ 处，应力边界条件为

$$\sigma_y \big|_{x=x_0} = k_0 \gamma H \qquad (7-43)$$

式中　k_0——叠加后的应力集中系数；

　　　γ——煤层上覆岩层平均容重，kN/m^3；

　　　H——煤层埋藏深度，m。

将式（7-43）代入式（7-42）得煤柱一侧采空区塑性区宽度 x_0 为

$$x_0 = \frac{M}{2\xi f} \ln \frac{k_0 \gamma H + c\cot\varphi}{\xi(P_x + c\cot\varphi)} \qquad (7-44)$$

应力集中系数的选取原则为：一侧采动时，取 $k_0 = 2.5$，两侧采动时取 $k_0 = 4.0$。

7.2.2　两侧采动的煤柱压力计算

当煤柱两侧采动时，巷道煤柱上的支承压力是两侧支承压力之和，煤柱宽度不够大会给此处布置的巷道维护造成困难。巷道的合理位置应避开支承压力的高峰区，可以选择留较大尺寸煤柱，也可以不留煤柱，减轻巷道受压。

采用长壁工作面采煤，垮落法管理顶板，垮落带之上的顶板岩层大部分处于悬空状态，这部分岩层将自身重量以及上覆岩层的载荷转移到采空区两侧煤柱上，

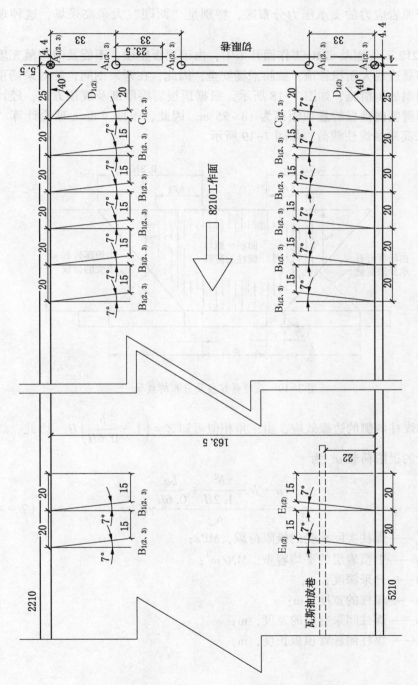

图7-18 工作面切眼切断、初次放顶孔及步距放顶孔平面布置图

形成高于原岩应力的支承压力分布区，特别是"两硬"大采高采场，这种现象更加严重。

在 8212 工作面及 8210 工作面开采中，由于顶板坚硬，不能及时垮落充填采空区，容易造成大面积悬顶，威胁采场安全，因此，在开采期间，针对采场顶板进行了强制放顶措施，如图 7-18 所示，根据顶板岩层厚度及放顶方式，经计算可知，煤壁侧向顶板的悬顶距离为 18~25 m。因此，根据 Wilson 理论计算"两硬"大采高采场煤柱载荷，如图 7-19 所示。

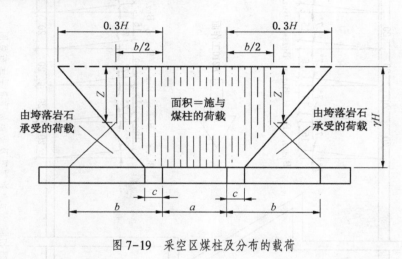

图 7-19　采空区煤柱及分布的载荷

考虑煤柱两侧的边缘效应，由三角相似可知 $Z = \left(1 - \dfrac{b}{0.6H}\right)H$，因此，煤柱实际承受的极限荷载 σ_p 为

$$\sigma_p = \frac{a + b - \dfrac{b^2}{1.2H} + \dfrac{bc}{0.6H}}{a}\gamma H \qquad (7-45)$$

式中　σ_p——煤柱实际承受的极限荷载，MPa；

　　　γ——上覆岩层的平均容重，MN/m^3；

　　　H——开采深度，m；

　　　a——煤柱的宽度，m；

　　　b——煤柱间采空区的宽度，m；

　　　c——煤柱侧悬臂顶板长度，m。

7.3 煤壁片帮失稳机理及控制

7.3.1 煤壁片帮失稳机理

无论是现场观测、理论推导还是数值模拟均已表明，采高的增大必然引起煤壁片帮的可能性增大，就目前来说，影响煤壁片帮的因素有很多（采高、支架的工作阻力、煤层的强度、端面距等）。煤壁发生片帮后会进一步引起端面冒露，而端面冒露会使得支架接顶不实，支架不能很好地承担起支撑顶板的作用，此时很容易引发顶板事故。片帮是大采高工作面尚需进一步研究解决的问题。

就目前而言，研究煤壁片帮机理的力学模型相对比较少，本节主要应用材料力学中的挠度理论来分析煤壁片帮的机理，旨在分析煤壁挠度曲线的最大值点，也就是最容易发生片帮破坏的地方。

7.3.1.1 煤壁力学模型建立

煤壁承受来自工作面前方煤体的水平挤压力和顶板压力，可以认为是一端固定，一端简支或者是自由端的等截面梁。为了比较方便地分析煤壁水平向上所产生的挠度，可以对其进行适当的简化：

（1）不考虑煤壁自身重力。煤壁自身的重力与原岩应力相比影响甚微，同时其对煤壁挠度的影响也比较小，因此可以忽略。

（2）不考虑煤壁在竖直方向上的压缩变形。因为主要研究的是煤壁在水平方向上的挠度，因此可以忽略掉煤壁在竖直方向上的压缩变形对挠度的影响。

简化后的力学模型如图 7-20 所示。

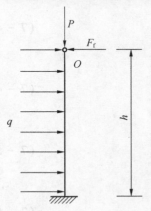

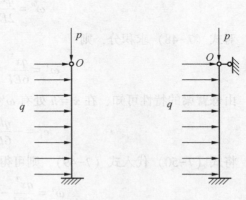

q—水平荷载的集度；F_f—煤层与顶板之间的摩擦阻力；P—顶板压力；h—采高

图 7-20 简化后的力学模型　　　图 7-21 简化后的力学　　图 7-22 简化后力学
　　　　　　　　　　　　　　　　　　模型（$Z \geqslant 0$）　　　模型（$Z < 0$）

这样在煤层与顶底板之间的摩擦阻力 F_f 与均布荷载 qh 之间存在着一种关系，假设 $Z = qh - F_f$，当 $Z \geq 0$ 时，模型可简化为图7-21；当 $Z < 0$ 时，模型可简化为图7-22。

7.3.1.2 煤壁片帮力学分析

1. 当 $Z \geq 0$ 时

简化后的计算模型如图7-23所示，在这种清况下，工作面煤壁可以看成为一端固定一端自由的悬臂梁。对该梁进行受力分析，取 O 点为坐标原点，竖直向下为 x 轴，水平向右为 y 轴，建立平面直角坐标系，取梁 L 的任一截面 x 作为研究对象进行受力分析，如图7-23所示。

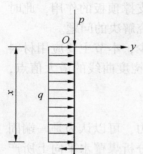

图7-23 任一截面 x 受力分析图

对任一截面 x 的形心取矩，即

$$M + \frac{1}{2}qx^2 = 0$$

则：

$$M = -\frac{1}{2}qx^2 = 0 \tag{7-46}$$

而根据材料力学中，挠曲线的近似微分方程为

$$\omega'' = -\frac{M_{(x)}}{EI} \tag{7-47}$$

联立式（7-46）及式（7-47），可得

$$\omega'' = \frac{qx^2}{2EI} \tag{7-48}$$

对式（7-48）求积分，则

$$\omega' = \frac{qx^3}{6EI} + c_1 \tag{7-49}$$

由悬臂梁的特性可知，在 $x = h$ 处有 $\omega' = 0$，即

$$c_1 = -\frac{qh^3}{6EI} \tag{7-50}$$

将式（7-50）代入式（7-49），则可得

$$\omega' = \frac{qx^3}{6EI} - \frac{qh^3}{6EI} \tag{7-51}$$

对式（7-51）积分得

$$\omega = \frac{qx^4}{24EI} - \frac{qxh^3}{6EI} + c_2 \tag{7-52}$$

而由悬臂梁的特性可知，在 $x = h$ 处有 $\omega = 0$，即

$$c_2 = \frac{qh^4}{8EI} \qquad (7-53)$$

将式 (7-53) 代入式 (7-52) 则可得到其挠度方程：

$$\omega = \frac{qx^4}{24EI} - \frac{qxh^3}{6EI} + \frac{qh^4}{8EI} \qquad (7-54)$$

对式 (7-54) 求极大值，当在 $x = 0$ 处，式 (7-53) 的极大值为

$$\omega_{\max} = \frac{qh^4}{8EI} \qquad (7-55)$$

也就是说，$x = 0$ 时挠度取得极大值，煤壁最大的挠度值点发生在煤层与顶板接触处，也就是采高 h 处。

基于现场观测煤壁的片帮建立的煤壁片帮计算模型如图 7-24 所示。

从现场的观测可以证明理论推导完全可以指导现场生产。

2. 当 $Z < 0$ 时

该种情况下，简化后的力学模型如图 7-25 所示，即一端固支一端简支的等截面梁，取 O 点为坐标原点，竖直向下为 x 轴，水平向右为 y 轴，建立平面直角坐标系进行受力分析，如图 7-25 所示。

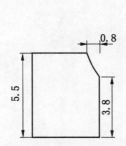

图 7-24　煤壁片帮计算模型

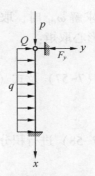

图 7-25　任一截面 x 受力分析图

本模型是一个超静定梁，在支座 O 处存在有多余的支反力 F_y，现在先对这个多余的支反力进行求解。由于是超静定梁，在这里采用变形相容条件求解，在 O 点处的总挠度 $\omega = 0$。在这里计算挠度的时候运用叠加原理，可以把一端固支一端简支的悬臂梁的挠度分解成悬臂梁在均布荷载和顶板压力作用下的挠度和悬臂梁在集中荷载和顶板压力作用下挠度的叠加，而根据相容方程二者在 O 点处的挠度为零，即

$$\omega_{OP} + \omega_{OF} = 0 \qquad (7-56)$$

式中　ω_{OP}——悬臂梁在均布荷载和顶板压力作用下 O 点处的挠度值，图 7-26；

　　　ω_{OF}——悬臂梁在集中荷载和顶板压力作用下 O 点处的挠度值，图 7-27。

针对式（7-56）分别求解 ω_{OP} 及 ω_{OF}。

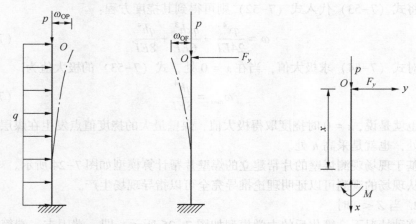

图 7-26　在均布荷载和　　　　图 7-27　在集中荷载和　　　图 7-28　任一截面 x
顶板压力下的挠度　　　　　　顶板压力下的挠度　　　　　　受力分析图

（1）当求解 ω_{OP} 时，取梁上任一截面 x 进行受力分析，如图 7-28 所示，对截面 x 上的形心取矩：

$$M = F_y x \tag{7-57}$$

联立式（7-57）及式（7-47），则可得

$$\omega'' = -\frac{F_y x}{EI} \tag{7-58}$$

对式（7-58）进行积分，得

$$\omega' = -\frac{F_y x^2}{2EI} + c_1 \tag{7-59}$$

由悬臂梁特性可知，在 $x = h$ 处有 $\omega' = 0$，将其代入式（7-59），可得

$$c_1 = \frac{F_y h^2}{2EI} \tag{7-60}$$

将式（7-60）代入式（7-59），则可得

$$\omega' = -\frac{F_y x^2}{2EI} + \frac{F_y h^2}{2EI} \tag{7-61}$$

对式（7-61）积分，则可得

$$\omega = -\frac{F_y x^3}{6EI} + \frac{F_y x h^2}{2EI} + c_2 \tag{7-62}$$

由悬臂梁特性可知，在 $x = h$ 处有 $\omega = 0$，则

$$c_2 = -\frac{F_y h^3}{3EI} \tag{7-63}$$

将式（7-63）代入式（7-62），则可得到其挠度曲线方程：

$$\omega_{OP} = -\frac{F_y x^3}{6EI} + \frac{F_y x h^2}{2EI} + \frac{F_y h^3}{3EI} \tag{7-64}$$

无需推论，根据材料力学有：

①悬臂梁在集中荷载作用下 O 点处的挠度值：

$$\omega_{OF} = -\frac{F_y l^3}{3EI} \tag{7-65}$$

②悬臂梁在均布荷载作用下 O 点处的挠度值为

$$\omega_{OP} = \frac{q l^4}{8EI} \tag{7-66}$$

联立式（7-56）、式（7-65）、式（7-66）得

$$F_y = \frac{3}{8} q l \tag{7-67}$$

（2）取任一截面 x 建立直角坐标系进行受力分析，如图 7-29 所示，求解超静定等截面悬臂梁的挠度方程。

对任一截面 x 形心取矩，则有：

$$M = \frac{3qhx}{8} - \frac{qx^2}{2} \tag{7-68}$$

联立式（7-47）、式（7-68）可得

$$\omega'' = \frac{qx^2}{2EI} - \frac{3qhx}{8EI} \tag{7-69}$$

由悬臂梁特性可知，在 $x = h$ 处有 $\omega'' = 0$，代入式（7-69），并对 ω'' 积分，可得

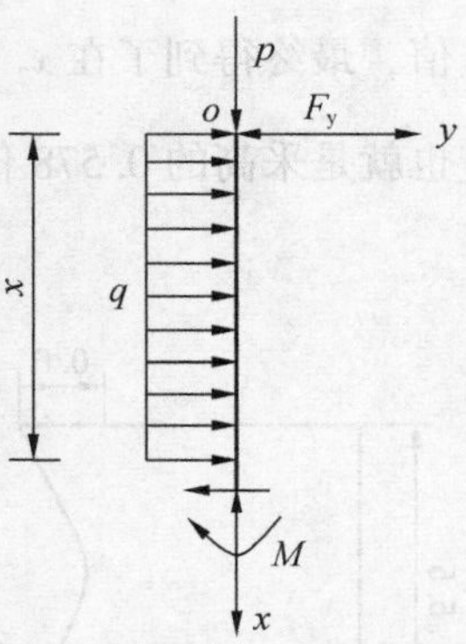

$$w' = \frac{qx^3}{6EI} - \frac{3qhx^2}{16EI} + c_1 \tag{7-70}$$

由悬臂梁特性可知，在 $x = h$ 处有 $w' = 0$，代入式（7-70），并对 w' 积分，可得

$$\omega = \frac{qx^4}{24EI} - \frac{qx^3 h}{16EI} + \frac{qh^3 x}{48EI} + c_2 \tag{7-71}$$

图 7-29　任一截面 x 受力分析图

由悬臂梁特性可知，在 $x = h$ 处有 $\omega = 0$，代入式（7-71）可得

$$c_2 = 0 \qquad\qquad (7-72)$$

将式（7-72）代入式（7-71）得

$$\omega = \frac{qx^4}{24EI} - \frac{qx^3h}{16EI} + \frac{qh^3x}{48EI} \qquad\qquad (7-73)$$

对式（7-73）求导，可得其极大值：

$$\omega' = \frac{qx^3}{6EI} - \frac{3qx^2h}{16EI} + \frac{qh^3}{48EI} \qquad\qquad (7-74)$$

令 $\omega' = 0$，即

$$\frac{qx^3}{6EI} - \frac{3qx^2h}{16EI} + \frac{qh^3}{48EI} = 0 \qquad\qquad (7-75)$$

求其驻点：

$$x_1 = h \qquad\qquad (7-76)$$

$$x_2 = \frac{1 + \sqrt{33}}{16}h \qquad\qquad (7-77)$$

$$x_3 = \frac{1 - \sqrt{33}}{16}h \qquad\qquad (7-78)$$

通过分析，式（7-76）及式（7-78）均不满足在 $x \subset [0, h]$ 挠度的最大值，最终得到了在 $x_2 = \dfrac{1 + \sqrt{33}}{16}h$ 处，挠度取得了最大值即在距顶板 $0.422l$ 处，也就是采高的 0.578 倍处，在该点的最大挠度值为

$$\omega_{\max} = \frac{13qh^4}{2400EI} \qquad\qquad (7-79)$$

因此，可以得出煤壁片帮一般发生在采高的中上部；现场的实际观测，证明了该理论的正确性，如图7-30 所示。

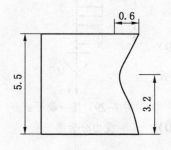

图 7-30　煤壁片帮理论推导
计算结果验证示意图

7.3.1.3　影响煤壁片帮的其他因素

大采高工作面支承压力的大小及分布情况是影响煤壁片帮的另外一个主要因素。下面主要从采场支架围岩关系及开采工作方式上研究煤壁片帮的影响因素。

（1）俯仰斜开采与煤壁片帮的关系。实践表明，大采高工作面俯斜开采较仰斜开采对防治煤壁片帮有利，其原因如下：尽管煤壁有一定自承能力，但采高加大后，局部块段由于裂隙影响处于不受力或受力较小状态，仰斜开采时，这部

分煤体由于自重的作用而垮落，垮落后又引起其他块体垮落，造成大面积煤壁片帮；仰斜开采顶板的压力指向煤壁，由于煤壁本身处于临界状态，顶板产生的力加剧了片帮。由以上分析可知，煤层厚度越大，仰斜产生片帮的可能性越大。

（2）支架与围岩关系。支架一定的工作阻力及初撑力能保证直接顶不过早离层或离层量较小，在支架-直接顶-煤壁组成的力学系统中，直接顶的变形旋转使煤壁靠近直接顶的煤体产生局部应力集中，加大片帮的可能性，本书中所述研究表明，初撑力可有效降低局部应力集中系数，显著降低片帮发生的可能性。

（3）顶板压力变化对片帮的影响。实践表明，工作面来压期间煤壁片帮范围加大，深度加深，实质上也是基本顶变形通过直接顶造成煤壁上部煤体局部应力加大的结果，可通过加大工作阻力缓解这部分压力，但不能完全避免。

另外，在工作面停产期间，煤壁片帮现象增多，这是煤壁作为处于峰后压碎状态在残余应力作用下塑性变形以及随时间的延长煤壁蠕变变形增大的体现。因此，加快推进速度有助于防止片帮。

7.3.2　煤壁片帮控制技术

（1）合理的控制采高。不论是实践还是理论均表明，随着工作面采高的加大其煤壁片帮现象也就越严重，片帮现象严重就会造成支架的前梁和护帮板不能很好地发挥其应有的作用。当在顶板较为破碎或是过断层时，可以采取适当降低采高的方法来减小煤壁片帮现象。

（2）适当的提高支架的初撑力和工作阻力。来自于工作面上方顶板的压力本来是由支架和煤壁共同承担的，当液压支架由于多种原因其支撑力偏低时，就会在煤壁向采空区方向上形成一个附加的力矩，本来是由支架和煤壁共同承担的压力会全部转移到煤壁上，高应力状态下必然会产生煤壁片帮。因此，合理的支撑力能够起到支撑顶板和减轻煤壁压力的作用，进而减少煤壁片帮现象的发生。

（3）采取及时有效的支护。对采煤后新近暴露出来的顶板应该进行及时有效的支护，这样可以有效地减少煤壁所承受的压力，进而起到减少煤壁片帮的效果。在机组割煤前，提前于采煤机 1~2 架将护帮板收起，使工作面煤壁始终在护帮板支撑下。研究表明，大采高工作面煤壁片帮大都与是否采用支架护帮板有关。据统计，没有护帮板支护下的片帮概率约为有支护的 3 倍。现场回采过程中，移架的速度往往低于采煤机的运行速度，这种情况下应该适当的停机等待，支架在移拉架时要做到少降、快拉、快升、带压移架的原则。对工作面端头支护时，由于存在压力大、巷道变形严重、支护困难等问题，制约着工作面的推进速度，应从以下几方面采取措施：两巷做少量超前支护，加大端头支护面积，减小端头顶板二次来压的影响，从而保证顶板的完整；端头处支架的支护阻力与采面支架的实际支护阻力应保持一致，以便使端头顶板与采面顶板铰接处保持相对的完整和稳定，防止台阶下沉；端头区回架距离应不超过采面液压支架掩护梁与顶梁铰接处，尽可能避开工作面移架时动压对端头顶板的影响。

（4）适当加快推进速度。由于煤体本身具有蠕变特性，在应力的作用下，其塑性变形在逐渐增大，工作面前方的煤体塑性区随着时间的推移也在增长。由综采面矿压观测结果可知，顶板的下沉量随顶板的周期性垮落而增大，顶板的下沉量越大，对煤壁及端面区直接顶的压缩破坏越严重。同时，由于节理面不可能是绝对平整的，在两面相对位移量较小时，凹凸不平处的相互作用，使两节理面之间的摩擦力增大，当两面位移量较大时，这个作用就会失去，表现为沿节理面的大位移量，使工作面出现台阶下沉，或严重片帮，所以工作面推进速度慢，也是导致煤壁片帮的一个主要原因。

（5）尽可能选择俯采。从力学的角度上来说，俯采比水平和仰采对防止煤壁的片帮效果好，俯斜开采可以有效地改变煤壁重力方向和煤壁侧临空面角度的关系，从而能够有效减小煤体的下滑力，因此，设计盘区时，应力求避免采面仰斜开采，尽可能采用俯斜回采。

（6）强制放顶。有时由于顶板的整体性好，来压时压力比较大，也会造成严重的煤壁片帮。进行深孔爆破人工强制放顶后，可有效控制顶板的垮落。尤其在矿山压力大的情况下，强制放顶可以减小顶板压力，减小来压期间工作面煤壁所承受的压力，进而减少来压期间煤壁片帮现象。

（7）全方位连续动态监测工作面矿压。采用在线压力监测设备，对工作面矿压进行全方位连续动态监测，结合理论计算，预测预报工作面顶板来压时间，并在工作面来压期间采取有效措施减少片帮程度。

（8）其他措施。除上述措施外，还可采取减少采煤机截深，防止支架歪斜倾倒，提高工作面工程质量，加强设备监测维修，在设计工作面时避开上覆煤层遗留煤柱，以及优化两端支护技术和三机配套等措施。

本章以顶板初次断裂位移和能量聚集及能量分布为切入点，论述了"两硬"大采高采场顶板突变失稳机理、特征和规律。提出了采场顶板直接顶和基本顶控制设计思路与方法；确定了坚硬顶板覆岩运动参数及其预测和预控技术。从研究上覆岩层运动与采场矿压显现规律出发，建立了支架所受外载和压缩量的计算公式，阐明了采场来压时刻"支架与围岩"的关系，推导出了不同工作方式下的位态方程。通过对大采高采场覆岩运动规律及顶板断裂能量变化研究，提出了以"坚硬顶板爆破强制放顶"为核心的、针对"两硬"大采高采场覆岩运动参数预控技术体系，确定了相关爆破参数，如强制放顶位置、炮孔设计和炮孔装药量设计与计算等，解决了大采高动载冲击及诱发的灾害难题。

8 顶板断裂空气动力冲击灾害

巨厚坚硬顶板在工作面推进相当长的距离时，不易断裂、跨落，形成大面积的悬空顶，在达到岩层的抗拉强度时，采空区顶板必然会发生突然断裂，同时在其自重力的冲击下急速垮落，大面积的巨厚坚硬顶板瞬间挤压采空区内部的气流，使采空区的空气压强骤增，形成高压气流，具有极强的暴风式的破坏力，从采空区向巷道迅速排出，可直达地面，对经流地带的所有构筑物形成巨大破坏，这便是"两硬"大采高综采采场的另一重大围岩灾害。

本章结合大同矿区顶板断裂空气动力冲击灾害实例，运用弹性力学、热力学、流体力学和能量守恒等理论，探讨大采高综采采场上覆岩层的结构形态、运动破坏规律、顶板断裂空气动力冲击灾害孕育形成机理。

8.1 顶板初次断裂暴风冲击载荷

通过研究可知，顶板断裂主要以弯拉破坏和剪切破坏为主，对于大采高工作面，顶板整体切落对采空区气体作用最大，运动速度也最大。

因此，本节主要针对剪切破坏形式进行研究。为研究顶板初次断裂空气动力冲击灾害，特做如下假设：

（1）将采空区看作密闭空间，如图 8-1 所示。

（2）将顶板岩层断裂及下沉至触矸过程看作气体的绝热压缩过程。

（3）顶板在运动过程中加速度不断增大。

（4）顶板岩层断裂后的块体自重力与采空区的气体压力共同控制运动。

（5）采空区气体不流向上部空间。

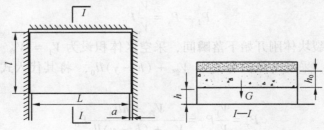

图 8-1 密闭采空区顶板断裂整体切落结构模型

由上述假设，可以将顶板断裂下沉的过程等效为活塞压缩密闭气体的过程，由顶板的自重力作为动力源，采空区气体作为受动者，风速的变化是对采空区周边破坏的主要因素，下面对其进行分析。

假设采空区初始压强为 P_0，顶板岩层断裂后块体自重力为 G，向上气体压力为 F_1，其中

$$G = \rho_D h_0 l l_0 g \qquad F_1 = PA_0 = l l_0 P_y$$

式中　ρ_D——岩层容重，kg/m^3；

　　　h_0——顶板岩层厚度，m；

　　　l_0——顶板块体宽度，m，$l_0 = L + 2a$，L 为工作面长度，m；

　　　l——顶板块体长度，m；

　　　g——重力加速度，m/s^2；

　　　P_y——暴风灾害发生过程中采空区的气体压强，Pa，与顶板下沉至触矸高度有关，是线性函数。

在顶板断裂下落过程中，根据能量守恒原理：

$$E_势 = E_动 + W_{Py} \qquad\qquad (8-1)$$

式中　$E_势$——顶板下落产生的势能，J；

　　　$E_动$——顶板下落产生的动能，J；

　　　W_{Py}——采空区气体压强对顶板做的功，J。

因此，式（8-1）可以写为

$$mgh = \frac{1}{2}mv_1^2 + W_{Py} \qquad\qquad (8-2)$$

式中　m——顶板断裂后岩层质量，kg；

　　　h——顶板下落距离，m；

　　　v_1——顶板块体下落速度，m/s。

因为暴风产生冲击灾害为等温过程，根据热力学定律，则 $P_1 V_1 = P_y V_y$，由此可得

$$P_1 = P_y = \frac{V_1}{V_y} P_0 \qquad\qquad (8-3)$$

在顶板断裂块体刚开始下落瞬间，采空区体积设为 $V_1 = V_终 + h l l_0$；当下落距离为 y 时，采空区体积为 $V_y = V_终 + (h - y) l l_0$，将其代入式（8-3），则可得

$$P_y = \frac{V_1}{V_y} P_0 = \frac{V_终 + h l l_0}{V_终 + (h - y) l l_0} P_0 \qquad\qquad (8-4)$$

在顶板块体下落过程中气体所做的功为

$$W_{Py} = \int dw = \int_0^h P_y ll_0 dy = \int_0^h \frac{V_{终} + hll_0}{V_{终} + (h-y)ll_0} P_0 ll_0 dy$$

$$= -(V_{终} + hll_0)\ln[V_{终} + (h-y)ll_0]_0^h = (V_{终} + hll_0)P_0\ln\left(1 + \frac{hll_0}{V_{终}}\right)$$

$$(8-5)$$

将式（8-5）及块体质量 $\rho_D ll_0 h_0$ 代入式（8-2），可得

$$\rho_D ll_0 h_0 gh = \frac{1}{2}\rho_D ll_0 h_0 v_1^2 + (V_{终} + hll_0 h_0)P_0\ln\left(1 + \frac{hll_0}{V_{终}}\right)$$

变换可得：

$$v_1 = \sqrt{2gh - \frac{2(V_{终} + hll_0)P_0\ln\left(1 + \dfrac{hll_0}{V_{终}}\right)}{\rho_D gll_0 h_0}}$$

$$(8-6)$$

假设采空区气体流动速度与顶板下落速度相等均为 v_1，采空区下部空气密度相同，有 n 条巷道，进入巷道的气体总量为 Q，通过顶板与巷道面积之比求出采空区中暴风速度 v_1 与巷道中暴风速度 v_2 之间关系为：

$$A_{S采} v_1 = nA_{S巷} v_2 \qquad (8-7)$$

因此，可求得

$$v_2 = ll_0\sqrt{\frac{\dfrac{2(V_{终} + hll_0)P_0\ln\left(1 + \dfrac{hll_0}{V_{终}}\right)}{\rho_D ll_0 h_0 g}}{nA_{S巷}}}$$

$$(8-8)$$

式中　$A_{S采}$——采空区面积，m^2；

　　　$A_{S巷}$——巷道断面积，m^2。

假设采空区其气体在初始状态下密度为 ρ_0，顶板下沉结束时密度为 $\rho_{终}$，则二者关系可表示为

$$\rho_0(V_{终} + hll_0) = \rho_{终} V_{终} \qquad (8-9)$$

即

$$\rho_0 = \frac{\rho_{终} V_{终}}{V_{终} + hll_0} \qquad (8-10)$$

根据流体运动阻力公式，可得流场中的物体所受力为

$$F = \frac{k_D \rho_{终} v_2^2 S_{物}}{2} \qquad (8-11)$$

式中　k_D——暴风灾害发生过程中巷道的阻力系数，平面物体一般取 2；

$S_{物}$——物体横截面积，m^2。

根据暴风冲击平面防灾结构的冲力计算公式，其断面 $A_{巷}$ 上分布的载荷集度为

$$q = \frac{F}{A_{S巷}} = \frac{k_D\rho_{终} v_2^2 S_{物}}{2A_{S巷}} = \frac{k_D\rho_{终} l^2 l_0^2}{n^2 A_{S巷}}\left[2gh - \frac{2(V_{终} + hll_0)P_0\ln\left(1 + \dfrac{hll_0}{V_{终}}\right)}{\rho_D g ll_0 h_0}\right] \tag{8-12}$$

因此，大规模顶板降落形成暴风冲击灾害时，其总载荷 q_s 为

$$q_s = \frac{k_D\rho_{终} l^2 l_0^2}{n^2 A_{S巷}}\left[2gh - \frac{2(V_{终} + hll_0)P_0\ln\left(1 + \dfrac{hll_0}{V_{终}}\right)}{\rho_{终} ll_0 h_0}\right] \tag{8-13}$$

设巷道中密闭墙的面积为 S_f，则其受力应该为 $F_f = q_s S_f$，由密闭墙的材料与设计结构可以计算出密闭墙的总体抗剪切力 $F = \eta F_f$，η 为安全系数，一般 $\eta > 1$。

如果有 $F > \eta F_f$，则认为密闭墙的强度能够承受顶板断裂时产生的气浪冲击，否则认为密闭墙会被破坏。

8.2　顶板周期断裂暴风冲击载荷

为研究顶板周期断裂空气动力冲击灾害，假设采空区为体积较大空间，将上巷道作为空间的两个孔，如图8-2所示，其基本假设同初次裂断相同。

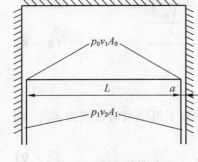

图8-2　顶板切落模型图

顶板大面积垮落时，设容器内的气体承受着比巷道内气体高得多的压力 P_0，采空区的面积为 A_0，采空区空气流速为 v_0，采空区气体密度为 ρ_0，巷道内空气的压力为 P_1，巷道截面积为 $A_{巷}$，巷道内空气的流速为 v_1。

已知伯努利方程 $\dfrac{P}{W} + Z + \dfrac{q^2}{2g} = c$，由此可得

$$\frac{v_0^2}{2g} + \frac{P_0}{\rho_0 g} = \frac{v_1^2}{2g} + \frac{P_1}{\rho_0 g} \tag{8-14}$$

根据连续方程 $v_1 A_1 = 2A_2 v_2$，则可得

$$v_0 = \frac{2A_{巷} v_1}{A_0} \tag{8-15}$$

联立式（8-14）及式（8-15）可得

$$v_1 = \sqrt{\frac{2g(P_1 - P_0)}{\rho_0 g(4A_{\text{巷}}^2 - A_0^2)}} \qquad (8-16)$$

由于巷道面积远远小于采空区面积，且 $P_0 = P_1 + \Delta P$，则式 (8-16) 可等效为

$$v_1 = \sqrt{\frac{2\Delta P}{\rho_0}} = \sqrt{\frac{2\rho_D h_0}{\rho_0}} \qquad (8-17)$$

式中 ΔP——采空区中气体与巷道中气体压强差，Pa。

综合考虑各种因素，将式 (8-17) 的结果乘以折减系数 η，则顶板大面积垮落时，巷道中气体瞬时速度为

$$v_1 = \eta\sqrt{\frac{2\rho_D h_0}{\rho_0}} \qquad (8-18)$$

根据式 (8-18) 可知，顶板大面积垮落在两巷中形成暴风流速与顶板厚度成线性关系，其顶板厚度越大，产生的暴风速度将越大，暴风对巷道中物体的力 F 也越大。

根据流体运动阻力公式，处于流场中物体所受力 F 为

$$F = \frac{k_D \rho_{\text{终}} v_1^2 S_{\text{物}}}{2} \qquad (8-19)$$

将式 (8-18) 代入式 (8-19)，则可得到暴风对巷道中物体的力为

$$F = \frac{\eta^2 k_D \rho_D S_{\text{物}} \rho_{\text{终}} h_0}{\rho_0} \qquad (8-20)$$

式中 η——折减系数；

$\quad k_D$——阻力系数；

$\quad \rho_{\text{终}}$——采空区气体密度；

$\quad v$——巷道中气体瞬时速度；

$\quad S_{\text{物}}$——垂直方向横截面积。

由式 (8-20) 可知，暴风对巷道中物体的力 F 与折减系数 η、阻力系数 k_D、采空区气体密度 $\rho_{\text{终}}$ 和垂直方向横截面积 $S_{\text{物}}$，呈线性正相关。

8.3 大同"两硬"煤矿顶板断裂空气动力冲击灾害预测

8.3.1 基本参数数据与预测公式

本节以大同两硬煤矿 8210 工作面为例，预测研究大同两硬煤矿顶板断裂空气动力冲击灾害问题。

由第 2 章和第 3 章岩层综合柱状图 (图 2-3) 和岩石力学参数测试可有如下数据：

（1）基本顶主体为中粗砂岩，厚度为 13.57~21.06 m，平均厚度为 18.2 m。

（2）上部软岩层厚 4.7 m，埋深为 323.91 m。

（3）中粗砂岩物理力学参数：容重 $\gamma = 27$ kN/m³，单轴抗拉强度为 15.57 MPa，抗压强度为 124.22 MPa，泊松比为 0.2215，弹性模量为 18.8 GPa，内聚力为 7.54 MPa，内摩擦角为 37.5°。

（4）煤层倾角 10°。

大同"两硬"煤矿顶板断裂空气动力冲击灾害预测，采用 8.1、8.2 节得出的计算公式（8-1）~式（8-20）。

8.3.2　计算预测

根据式（8-20），主要计算步骤如下：第一步，确定计算垂直方向横截面积；第二步，测定计算采空区气体密度；第三步，计算巷道中气体瞬时速度 v；第四步，确定计算折减系数 η 和阻力系数 k_D。

计算结果见表 8-1 和图 8-3。表 8-1 给出了几种情况下，暴风对巷道内物体的作用力 F 与垮落顶板的厚度 h_0 及物体的受力面积 S 的定量关系；图 8-3 给出了三者的定性关系。

表 8-1　物体受力 F 与顶板垮落厚度 h_0 及风流冲击的物体的断面积 S 的关系表

S/m^2	F/kN					
	$h_0 = 1$ m	$h_0 = 5$ m	$h_0 = 13.57$ m	$h_0 = 18.02$ m	$h_0 = 21.06$ m	$h_0 = 30$ m
0.5	3.90	19.49	52.91	70.26	82.11	116.96
1.0	7.80	38.99	105.81	140.51	164.21	233.93
1.5	11.70	58.48	158.72	210.77	246.33	350.89
2.0	15.59	77.98	211.63	281.03	328.43	467.86
2.5	19.49	97.47	264.53	351.28	410.54	584.82
3.0	23.39	116.96	317.44	421.53	492.65	701.78

作用在物体上的力 F，随着顶板垮落厚度 h_0 的增加而增大；作用在物体上的力 F，随着所受风流冲击的物体的断面积 S 的增大而增大，如图 8-3 所示。

图 8-3 反映，作用在物体上的力 F 与顶板垮落厚度 h_0 和风流断面积 S 近乎呈线性关系，顶板垮落厚度 h_0 决定风流冲击的物体的断面积 S，h_0 的增加 S 随之增大。

因此，对于顶板断裂空气动力冲击灾害而言，控制措施当从控制顶板垮落厚度 h_0 和风流冲击的物体的断面积 S 两个关键因素来考虑。尽管这两个因素的控制较为困难，但是，在开采设计时，必须对这两个参数予以充分的重视、进行合理设计。

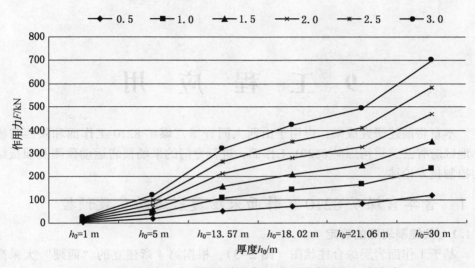

图 8-3　作用力 F 与顶板垮落厚度 h_0 和风流断面积 S 的关系

9 工 程 应 用

　　本章将前述研究成果，应用于山西大同晋华宫煤矿 8210 工作面和陕西省榆林地区府谷县三道沟煤矿 85201 工作面，进行专门的采场覆岩运动预测及顶板结构控制技术论述。

9.1　晋华宫煤矿 8210 工作面采场覆岩运动参数预控

9.1.1　关键覆岩层的确定

　　基于工作面岩层综合柱状图（图 2-3），根据第 4 章建立的"两硬"大采高工作面覆岩结构力学模型，首先进行大采高采场覆岩运动参数预测。

　　如前所述，山西大同"两硬"煤矿 8210 工作面属于典型的"两硬"大采高工作面。8210 工作面煤层为 12 号煤层，煤层硬度 $f = 3.5$，厚度 5.5 m。煤层上部覆岩为平均厚度 0.9 m 的深灰色砂质页岩，其特点是随采随冒，对采场矿压显现基本没有影响。深灰色砂质页岩上部覆岩为平均厚度 2.3 m 的深灰色细砂岩，其特点是坚硬且厚度相对较大，该覆岩层突变失稳对采场矿压显现有明显的影响，是影响支架稳定性的第 I 关键岩层。因此，需对该覆岩层进行覆岩结构参数预测。第 I 关键岩层之上为平均厚度 18.2 m 的灰白色中粗砂岩，其特点是坚硬且厚度大，该覆岩层突变失稳对采场矿压显现有明显的影响，是影响支架稳定性的第 II 关键岩层。

9.1.2　覆岩运动参数预测

　　覆岩运动参数主要包括：初次运动步距（失稳步距）、周期运动步距（失稳步距）和裂断拱高度。

9.1.2.1　覆岩运动参数与岩梁结构演变

　　（1）初次运动步距与固支岩梁。初次运动步距（失稳步距），表明随采场推进，岩层由开切眼处悬露，到对工作面有明显影响的传递岩梁第一次断裂为止，包括直接顶岩层及基本顶岩层第一次垮落，该阶段岩层两端由煤壁支撑，其受力状态可以视为固支梁。

　　采场各岩层第一次运动在采场的压力显现称为采场的初次来压。由于任何岩层第一次运动步距相对日常情况下的运动步距要大得多，特别是坚硬岩层表现更为明显。因此第一次运动来压面积大，强度高，并且可能伴随发生动压冲击。

（2）周期运动步距与一端固定的"悬臂岩梁"。周期运动步距（失稳步距），表明随采场推进，从岩层第一次运动结束到工作面采完，顶板岩层按一定周期有规律的裂断运动，称做周期性运动阶段。在此发展阶段岩层的约束条件发生了根本性变化。直接顶岩层在采场里为一端固定的"悬臂梁"。直接顶上方各岩梁则为一端由煤壁支承，另一端由老塘矸石支承的不等高的传递岩梁。此时，运动步距较第一次运动步距小得多。

岩层周期性运动在采场的矿压显现称为采场周期来压。这个阶段岩层的完整性比第一次运动前差，周期来压时的强度较初次来压时要小。两个阶段采场的矿压显现强度差别较大。因此，控制岩层运动和矿压显现的要求也不相同。当两个运动阶段压力强度差别很大时，不仅要尽可能扩大推进方向上的距离，而且支架的选型和设计必须分别考虑。显然，如果按初次来压设计和选择支架，周期来压阶段支架的阻力不能充分发挥，将带来较大的浪费。

（3）裂断拱高度与"传递岩梁"。裂断拱高度，表明随采场推进，各岩层的裂隙已扩展到（或接近扩展到）全部厚度。在采场推进过程中能够以"传递岩梁"的形式周期性断裂运动，在推进方向上能始终保持传递水平力的联系。内应力场的主要压力也是来源该部分岩层。裂隙带随煤层开采，覆岩的沉降、离层、破坏的形成具有从发生、发育（上升）、最大高度、回降、稳定的发育过程，裂隙带最终形态必须是在工作面开采范围达到一定程度。

9.1.2.2 覆岩运动参数数值

（1）第Ⅰ关键岩层（2.3 m 的深灰色细砂岩）的失稳步距，根据式（5-26）及式（5-44），代入有关参数及其数值，可求得初次运动步距（失稳步距）L_{I} = 42.54 m，周期运动步距（失稳步距）$L_{\mathrm{I}i}$ = 21.33 m。

（2）第Ⅱ关键岩层（18.2 m 的灰白色中粗砂岩）失稳步距，根据式（5-26）及式（5-44），代入有关参数及其数值，可求得初次运动步距（失稳步距）L_{II} = 123.51 m，周期运动步距（失稳步距）$L_{\mathrm{II}i}$ = 56.35 m。

（3）裂断拱高度。在 5.2.4 节，已经论述了断裂拱的成因，及其与覆岩运动失稳的关系，并给出了裂断拱高度计算公式（式（5-46））。依据可靠实践经验，断裂拱高度可进行简化估算：由工作面长度（L_{g}）所决定的进入裂断运动的岩层的全部厚度（H_1），一般可按工作面长度的一半估算，8210 工作面长度为 163.7 m，因此裂断拱高度大约为 82 m。

9.1.3 大采高采场覆岩运动参数预控

9.1.3.1 初次和周期突变失稳与支架支护强度

在明确了决定覆岩运动的关键参数初次运动步距（失稳步距）、周期运动步距（失稳步距）和裂断拱高度等后，开采设计与生产，需对覆岩运动参数进行预控设计。

（1）第Ⅰ关键岩层采场控顶支护强度 $P_{GOⅠ}$。对采场矿压显现有明显影响的第Ⅰ关键岩层是平均厚度为 2.3 m 的深灰色细砂岩，其初次突变失稳（初次运动）步距为 42.54 m，周期突变失稳（周期运动）步距为 21.33 m。

根据第 7 章的理论研究，采场控顶范围内需要对所有关键岩层进行合理支护，其支护强度按式（7-15）分别进行初次突变失稳（初次运动）关键岩层采场控顶支护强度 $P_{GOⅠ}$ 和周期突变失稳（周期运动）关键岩层采场空顶支护强度 $P_{GCOⅠ}$ 计算，其中，$i = Ⅰ$，$Ⅱ$，$\cdots$，n 关键岩层层数。

初次失稳第Ⅰ关键岩层采场控顶支护强度 $P_{GOⅠ}$：

$$P_{GOⅠ} = \frac{m_Ⅰ \gamma_Ⅰ L_{0Ⅰ}}{2l_k} = \frac{2.3 \times 2.7 \times 42.54}{2 \times 5.729} = 23.05 \text{ t/m}^2 = 0.23 \text{ MPa}$$

式中　　$m_Ⅰ$ ——第Ⅰ关键层厚度，m；

　　　　$r_Ⅰ$ ——第Ⅰ关键层容重，t/m³；

　　　　$L_{0Ⅰ}$ ——第Ⅰ关键层初次失稳步距，m；

　　　　l_k ——支架最小控顶距，m。

周期失稳第Ⅰ关键岩层采场控顶支护强度 $P_{GCOⅠ}$：

$$P_{GCOⅠ} = \frac{m_Ⅰ \gamma_Ⅰ L_{C0Ⅰ}}{2l_k} = \frac{2.3 \times 2.7 \times 21.3}{2 \times 5.729} = 11.54 \text{ t/m}^2 = 0.115 \text{ MPa}$$

式中　　$L_{C0Ⅰ}$ ——第Ⅰ关键层周期失稳步距，m。

（2）第Ⅱ关键岩层采场控顶支护强度 $P_{GOⅡ}$。对采场矿压显现有明显影响的第Ⅱ关键岩层是平均厚度为 18.2 m 的灰白色中粗砂岩，其初次突变失稳（初次运动）步距为 123.51 m，周期突变失稳（周期运动）步距为 56.35 m。

在这种情况下，依据 7.1.2 节，采场控顶范围内需要的支护强度 $P_{GOⅡ}$ 为：

初次失稳第Ⅱ关键岩层采场控顶支护强度 $P_{GOⅡ}$：

$$P_{GOⅡ} = \frac{m_Ⅱ \gamma_Ⅱ L_{0Ⅱ}}{2l_k} = \frac{18.2 \times 2.7 \times 123.51}{2 \times 5.729} = 529.70 \text{ t/m}^2 = 5.29 \text{ MPa}$$

式中　　$m_Ⅱ$ ——第Ⅱ关键层厚度，m；

　　　　$\gamma_Ⅱ$ ——第Ⅱ关键层容重，t/m³；

　　　　$L_{0Ⅱ}$ ——第Ⅱ关键层失稳步距，m；

　　　　l_k ——支架最小控顶距，m。

周期失稳第Ⅱ关键岩层采场控顶支护强度 $P_{GOⅡ}$：

$$P_{GOⅡ} = \frac{m_Ⅱ \gamma_Ⅱ L_{C0Ⅱ}}{2l_k} = \frac{18.2 \times 2.7 \times 56.35}{2 \times 5.729} = 241.669 \text{ t/m}^2 = 2.416 \text{ MPa}$$

式中　　$L_{C0Ⅱ}$ ——第Ⅱ关键层失稳步距，m。

目前，晋华宫煤矿 8210 工作面使用的支架为 ZZ13000/28/60 型液压支架，其主要技术参数见表 9-1。由表 9-1 可知，支架工作阻力为 13000 kN，支护强度为 1.24~1.28 MPa。

表 9-1　ZZ13000/28/60 型液压支架主要参数

	型式	支撑掩护式液压支架
支架本体	高度（最低/最高）	2800/6000 mm
	宽度（最小/最大）	1660/1860 mm
	中心距	1750 mm
	初撑力（$P=31.5$ MPa）	10128 kN
	工作阻力（$P=40.43$ MPa）	13000 kN
	底板前端比压	1.0~3.5 MPa
	支护强度	1.24~1.28 MPa
	泵站压力	31.5 MPa
	操纵方式	本架操纵
立柱	型式	双伸缩普通双作用（4 根）
	缸径	320/235 mm
	杆径	290/200 mm
	初撑力（$P=31.5$ MPa）	3195 kN
	工作阻力（$P=31.5$ MPa）	3250 kN
	行程	3170 mm

根据前面的论述与公式，显然，对 8210 工作面矿压显现有明显影响的第 I 关键岩层即平均厚度为 2.3 m 的深灰色细砂岩，其初次失稳和周期失稳期间，来压强度均不大于采场支架的支护强度。

同理，根据前面的论述与公式，对 8210 工作面矿压显现有明显影响的第 II 关键岩层即平均厚度为 18.2 m 的灰白色中粗砂岩，其初次突变失稳和周期突变失稳期间，来压强度均大于采场支架的支护强度，因而支架被压死是不可避免的。

因此，必须对顶板岩层采取预控措施，将覆岩运动参数控制在采场支架可以承受的范围内，才能保证采场支架的安全，避免重大灾害（支架被压死）的发生。

9.1.3.2　支架支护强度与覆岩结构参数预控设计

采场支架的功能是支撑覆岩在可控的安全范围内运动，以保证人身与采场内设备的安全和生产正常进行，合理的支架支护强度可使支架有效地发挥其功能。

支架强度即其支撑能力，决定着初次失稳步距和周期失稳步距。

采场支架的最小支护强度为 1.24 MPa，支架的实际支撑能力影响系数取 0.90，则保证支架安全运转的最大步距，由式 $P_{\text{CO II}} = \dfrac{m_{\text{II}} \gamma_{\text{II}} L_{\text{CO II}}}{2l_k}$ 可得：

$$L_{\text{CO II}} = \frac{2l_k P_{\text{CO II}}}{m_{\text{II}} \gamma_{\text{II}}}$$

$$L_x = L_{\text{CO II}} = \frac{2l_k P_T \times 100 \times 0.9}{m_{\text{II}} \gamma_{\text{II}}} = \frac{2 \times 5.729 \times 1.24 \times 100 \times 0.9}{18.2 \times 2.7} = 26.02 \text{ m}$$

因此，综合考虑各种因素，8210 工作面覆岩结构参数控制标准为：初次失稳步距 25 m；周期失稳步距 20 m。

9.1.3.3 采场支架适应性验证

若将初次失稳步距控制为 25 m，周期失稳步距控制为 20 m，则岩层突变失稳时对采场支架的作用力 P_T 为

$$P_T = \frac{m_{\text{II}} \gamma_{\text{II}} L_x}{2l_k} = \frac{18.2 \times 2.7 \times 25}{2 \times 5.729} = 107.21 \text{ t/m}^2 = 1.07 \text{ MPa}$$

由表 9-1 已知，采场支架的支护强度为 1.24~1.28 MPa，该支护强度大于采场上覆岩层突变失稳时对采场支架的作用力 $P_T = 1.07$ MPa。由此可以确定，晋华宫煤矿采用的 ZZ13000/28/60 型液压支架完全可满足 8210 工作面控顶要求。

9.1.4 覆岩结构参数预控技术

9.1.4.1 目的与手段

（1）研究构建覆岩结构参数预控技术目的。实现对采场覆岩结构的预控，降低采场来压强度，保证采场支架不被压死，避免重大围岩灾害的发生，保障工作面生产和人身的安全与设备和设施的完好。

（2）研究构建覆岩结构参数预控技术手段。就目前研究现状而言，保证"两硬"大采高条件下采场的安全，首要的是在工作面推进到一定距离、未达到初次失稳步距和周期失稳步距时，迫使坚硬顶板垮落；而欲使坚硬顶板达到初次失稳步距和周期失稳步距时提前垮落，最有效的预控技术手段是进行顶板钻孔爆破，人工有目的地进行有效干扰，达到顶板预裂的目的。

9.1.4.2 预控技术参数

1. 炮眼位置的确定及其布置

炮眼布置应综合考虑失稳步距和放顶步距两个因素。失稳步距包括初次失稳步距和周期失稳步距，8210 工作面初次失稳步距为 25 m，周期突变失稳步距为 20 m；放顶步距为 20 m。中部放顶的 20 m 即炮眼位置。针对上述因素，炮眼布置如图 9-1 和图 9-2 所示，炮眼特征见表 9-2。

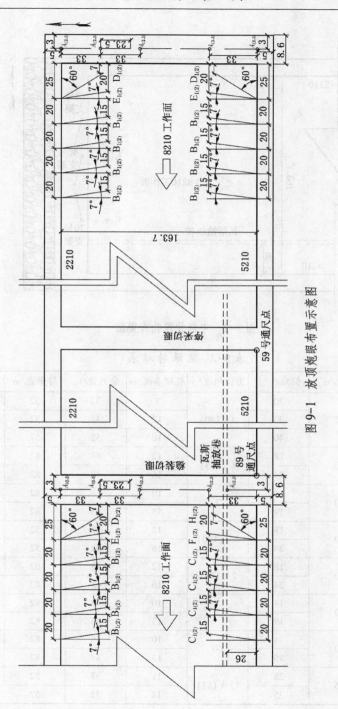

图 9-1 放顶炮眼布置示意图

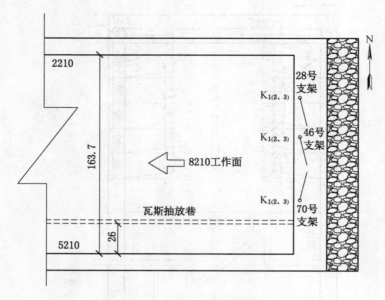

图 9-2　中部放顶孔布置图

表 9-2　炮 眼 特 征 表

代号	孔长/m	仰角/(°)	方位角/(°)	孔底垂高/m	装药量/kg	导爆表/m	雷管/发
A	25	20	0 (180)	8	32	52	2
		30		12	32	52	2
		40		16	32	52	2
B	40	18	7 (173)	12	48	82	2
		24		16	48	82	2
C	40	14	7	10	48	82	2
		19		13	48	82	2
D	40	18	60 (120)	12	32	52	2
		24		16	32	52	2
E	40	18	7 (173)	12	48	82	2
		24		16	48	82	2
F	40	14	7	10	48	82	2
		19		13	48	82	2
H	40	14	60	10	48	82	2
		19		13	48	82	2
K	25	28	13 (167)	11	32	52	2
		35		14	32	52	2

2. 装药结构

装药前将孔内岩粉清洗干净，以保证炸药可装紧装实。填装炸药必须按照如下要求严格进行：按照炮孔装药参数进行装药，放顶炸药采用三级煤矿许用炸药，药卷规格为 50 mm×500 mm，每次装药不得超过 4 kg；炸药必须装紧装实，导爆索和雷管与炸药之间的连接必须可靠；除炸药外剩余部分用黄土充填好，雷管、导爆索绝对不得露出孔外；封雷管物不小于 1 m。装药结构如图 9-3 所示。

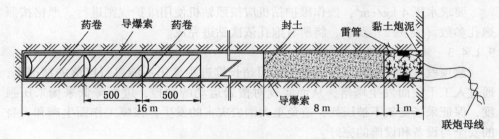

图 9-3 装药结构图

3. 设备配备

施工钻孔使用 ZYJ269/168 型液压钻机，该钻机采用立柱外跨式轨道结构，全液压传动，操作灵活，移动方便；此钻机包括钻机本体（钻机参数见表 9-3）和配套泵站（配套泵站主要参数见表 9-4）。

表 9-3 钻机主要参数

项目	参数	项目	参数
额定压力/MPa	10	推进行程/mm	1080
额定转矩/(N·m)	>	钻岩硬度 f	10
额定转速/(r·min^{-1})	>	适应钻杆/mm	$\phi 33 \sim 42$
推进力/kN	10	钻孔直径 d/mm	$42 \sim 75$
钻孔方位/(°)	$0 \sim 360$	主机质量/kg	168
钻孔深度/m	50	整机最大高度/mm	2700
钻孔速度/(m·min^{-1})	200	整机最小高度/mm	2200

表 9-4 配套泵站主要参数

项目	参数	项目	参数
电机功率/kW	7.5	额定流量/(L·min^{-1})	37/15
电机电压/V	$380 \sim 660$	电机额定转速/(rad·min^{-1})	1450

表 9-4（续）

项目	参数	项目	参数
额定电流/A	15.4~8.89	油箱容量/L	120
双联齿轮泵/(mL·r⁻¹)	25/10	泵站尺寸/(mm×mm×mm)	1250×460×700
泵站额定最大压力/MPa	16	泵站质量/kg	208

要求水压 4 kg/cm²，操作维护钻机应按照钻机使用维护规则进行。严格按照炮孔参数（表 9-2）要求，将所有炮孔依次钻进完成。

9.1.4.3 放顶及施工要求

放顶就是迫使坚硬的顶板在工作面超长推进距离仍不能自行垮落的情况下，通过人工干预而发生垮落，从而实现对覆岩运动的预控，进而降低采场来压强度，保证采场支架不被压死，避免重大围岩灾害的发生，保障工作面生产和人身的安全与设备和设施的完好。

通过对顶板预裂，可改变顶板原有结构，减小本煤层基本顶裂断步距，降低顶板积聚弹性能，为避免顶板事故提供可靠技术保障。

图 9-4~图 9-12 给出了放顶孔施工平面图和 8 个放顶孔剖面图。

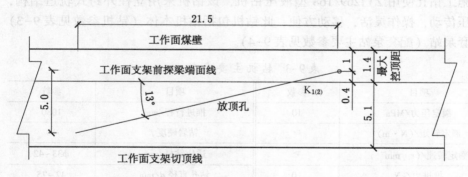

图 9-4　中部放顶孔 K 孔施工平面图

1. 放顶要求

（1）初次放顶孔，孔口让出支架切顶线 1 m 时爆破，如图 9-5~图 9-6 所示。

（2）步距放顶孔，孔口距工作面煤壁 10 m 时爆破，如图 9-7~图 9-10 所示。

（3）切顶放顶孔，孔口让出支架切顶线 1 m 时爆破，如图 9-11 所示。

（4）超前预爆破即中部放顶孔，孔口距支架前探梁端面 0.1 m 时爆破，如图 9-12 所示。

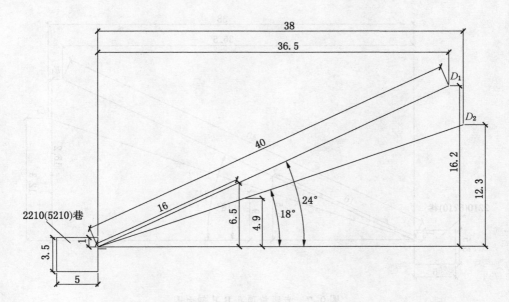

图9-5 初步放顶孔 D 孔剖面图

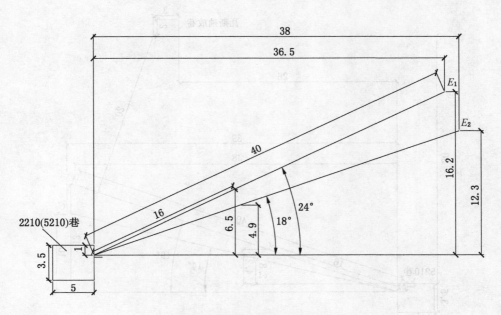

图9-6 初步放顶孔 E 孔剖面图

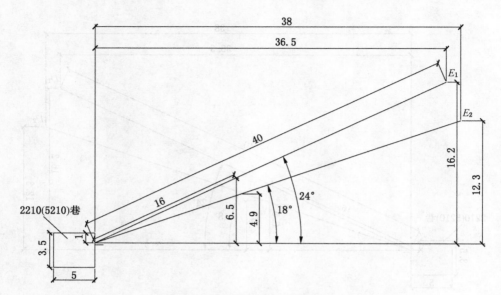

图 9-7　步距放顶孔 B 孔剖面图

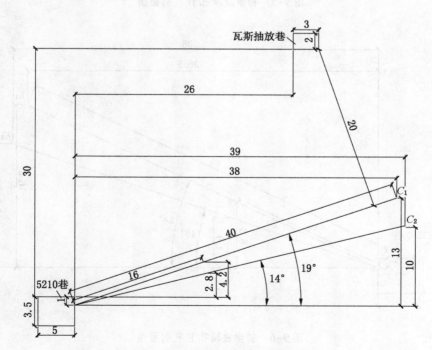

图 9-8　步距放顶孔 C 孔剖面图

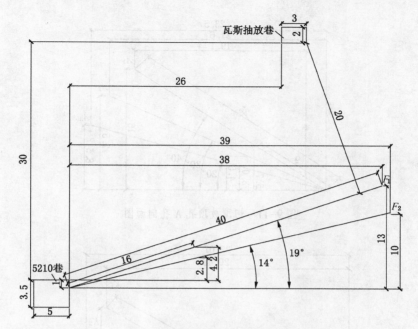

图 9-9　步距放顶孔 F 孔剖面图

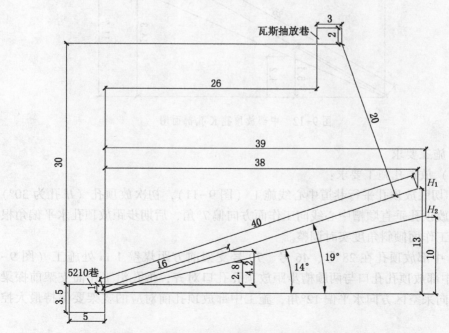

图 9-10　步距放顶孔 H 孔剖面图

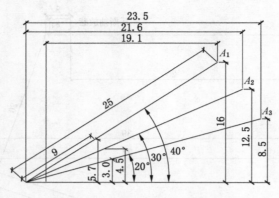

图 9-11　切顶放顶孔 A 孔剖面图

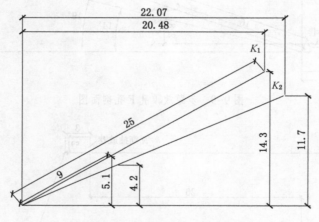

图 9-12　中部放顶孔 K 孔剖面图

2. 施工要求

（1）放顶孔施工要求：

① 切眼放顶孔平行巷道中心线施工（图 9-11），初次放顶孔（H 孔为 30°）和步距放顶孔垂直顺槽中心线向工作面方向偏 7°角，后期步距放顶孔水平偏角根据采煤工作面倾斜角度实时调整。

② 中部放顶孔在 28 号、46 号、70 号支架前方距煤壁 1 m 处施工（图 9-12），中部放顶孔孔口与两顺槽步距放顶孔孔口对齐，炮孔沿工作面支架前探梁端面线向采空区方向水平偏 12°角，施工中部放顶孔前对应的支架要保持最大控顶距。

③ 8210 工作面中部放顶钻孔布置在 28 号、46 号、70 号支架处，孔深 25 m。

（2）安保设施施工要求：

① 钻机按装在工作面机道上，工作面采高 5.5 m，如需打木垛，打垛时要求综采队清理干净机道上的浮煤。

② 木垛由钻探队稳装，木垛层间固定要牢固可靠，每层用把钩固定。

③ 钻孔开孔位置在顶板和煤层交界处。

④ 钻探队在施工时要求综采队将刮板输送机闭锁。

⑤ 爆破前钻孔 20 m 范围内必须加强支护，工作面机道架设液压单体工字钢棚，间距 1 m。煤壁挂网防止发生炸帮伤人。

⑥ 钻探队在施工过程中，安监员、瓦斯员必须现场跟班。

9.2 三道沟煤矿 85201 工作面采场覆岩运动参数预控

9.2.1 三道沟煤矿概述

9.2.1.1 矿井概述

三道沟煤矿位于陕西省榆林地区府谷县西部煤炭富集区，在老高川、三道沟和庙沟门三乡（镇）交界处，北邻内蒙古准格尔旗，隶属陕北侏罗纪煤田神府矿区，为陕西省德源府谷能源有限公司煤电一体化项目的配套矿井，设计可采储量为 9.3×10^8 t，设计生产能力为 1×10^7 t/a，井田面积 176.1 km²，矿井主采煤层为 $5^{-2上}$ 和 5^{-2} 煤层。

9.2.1.2 地质概况

（1）区域地层特征。区域地层区划属华北地层区鄂尔多斯盆地分区东胜—环县小区，其地层主要特征见表 9-5。

表9-5 区域地层系统一览表

地层系统			代号	岩性特征	厚度/m
界	系	统	组			

界	系	统	组	代号	岩性特征	厚度/m
新生界	第四系	全新统		Q_4^{2eol} Q_4^{2al+pl} Q_4^{1al+pl}	按成因类型有冲积砂砾石层 Q_4^{2al+pl}、Q_4^{1al+pl} 及风成沙地 Q_4^{2eol}	0~30
		上更新统	马兰组	$Q_3^2 m$	岩性为浅黄色粉砂质亚黏土，疏松	0~40
			萨拉乌苏组	$Q_3^1 s$	岩性为浅灰黄色、土黄色粉砂质亚砂土、亚黏土	0~107
		中更新统	离石组	$Q_2 l$	岩性为浅褐—土黄色砂质黏土夹棕色薄层状亚黏土，含钙质结核	0~220

表9-5（续）

界	系	统	组	代号	岩性特征	厚度/m
新生界	第四系	下更新统	午城组	Q_1w	岩性为浅橘红色石质黏土及粉砂质黏土。含灰白色不规则豆状、颗粒状钙质结核，发育孔隙、放射状裂隙	0~36
	新近系	上新统	静乐组	N_2j	岩性为紫红色至棕红色砂质亚黏土，夹钙质结核层，呈似层状展布，底部有时见紫色砾岩层	0~100
中生界	白垩系	下统	洛河组	K_1l	岩性为砖红色、棕红色粗粒砂岩、砂砾岩	0~218
	侏罗系	中统	安定组	J_2a	岩性为紫红色泥岩与细砂岩的韵律层为主，夹杂色泥岩、砂质泥岩、灰色钙质泥岩，局部有粗砾岩及炭质泥岩	0~137
			直罗组	J_2z	岩性以灰、灰绿色中粗粒砂岩为主，夹浅灰绿色细砂岩、粉砂岩、粉砂质泥岩及细砾岩，底部有灰色粗粒砂岩	0~250
			延安组	J_2y	岩性为灰白色粗粒长石砂岩、细砂岩，深灰色、灰色粉砂岩、粉砂质泥岩、泥岩，夹有炭质泥岩、煤层	103.71~394.38
		下统	富县组	J_1f	岩性为灰色中厚层砂岩，杂色砂质泥岩，顶部为黑色薄层状炭质泥岩	0~130.11
	三叠系	上统	瓦窑堡组	T_3w	岩性为灰白色浅灰色砂岩、粉砂岩、泥岩、黑色泥岩夹煤线	0~344

（2）区域构造。区域构造位置处于鄂尔多斯盆地中部次级构造单元陕北斜坡中部。陕北斜坡被围于西部天环坳陷、北部伊盟隆起、东部晋西挠褶带等构造体系之中，以单斜构造为主，岩层向北西、北西西微倾，倾角一般为1°~3°，在此基础上发育有宽缓的短轴状褶皱及鼻状起伏。区内未发现规模较大的断层或褶皱，构造简单。

（3）区域矿产。区域矿产主要有煤、石油、天然气、黏土矿、盐类等。

9.2.1.3 井田地质特征

1. 井田地层发育特征

三道沟煤矿内地表大部分被第三、第四系沉积物所覆盖，在阳湾川、沙梁川、大板兔川及其支沟沟帮出露基岩。根据填图资料及钻孔揭露，地层由老至新依次有：上三叠统瓦窑堡组（T_3w）、下侏罗统富县组（J_1f）、中侏罗统延安组（J_2y），第三系上新统静乐组（N_2j），第四系中更新统离石组（Q_2l）、全新统冲积层 Q_4^{1al+pl}、Q_4^{2al+pl}、风积层 Q_4^{2eol}。

（1）上三叠统瓦窑堡组（T_3w）。上三叠统仅见瓦窑堡组（T_3w），出露于勘探区东南角沙梁川、新庙一带，钻孔揭露厚度 10~30.6 m，岩性为浅灰—灰绿色中厚层状中细粒长石砂岩夹薄层泥岩。砂岩发育大型板状、槽状、楔状交错层理。该组为一套河流相沉积，在区内未见底。

（2）下侏罗统富县组（J_1f）。该组与下伏瓦窑堡组呈平行不整合接触关系，仅在东南部的庙沟门、马厂沟、新庙一带出露。区内普查阶段钻孔中基本见及，但大部分仅见其上部地层，平均厚 10~50 m。在三道沟实测剖面上其全层厚度42.48 m，岩性以紫红、灰紫及灰绿色泥岩为主，夹透镜状灰白色含砾中粒、粗粒砂岩及薄层粉砂岩。砂岩成分以石英为主，长石次之，分选性及磨圆度差，泥质胶结，局部为钙铁质胶结，砂岩多呈中厚-厚层状和透镜状，板状交错层理及斜层理、层系十分发育。泥岩中含铁质结核、铝质鲕粒及粉砂岩团块，多为块状层理，底部发育不稳定砾岩，顶部有灰白色石英砂岩。该组沉积于长期遭受风化剥蚀、顶部不平的瓦窑堡组之上，起着填平补齐作用，故其厚度变化较大，为含煤建造之基底。

（3）中侏罗统延安组（J_2y）。出露于大板兔川、沙梁川、阳湾川及其支沟沟帮，区内仅出露延安组，厚度 63.11~275.47 m。

（4）第三系上新统静乐组（N_2j）。区内仅有上新统静乐组（N_2j），断续出露于阳湾川、沙梁川、大板兔川的支沟沟脑，厚度 0~97.91 m，变化较大。岩性为浅红色、棕红色黏土、亚黏土，含大量砂及粉砂质、不规则状钙质结核。钙质结核呈层分布。底部局部发育一层厚度 1~3 m 的楔状砾石层，不稳定，砾石成分为砂岩、烧变岩等岩块，砂质充填，泥质胶结。本组中前人曾发现三趾马及其他动物骨骼化石，因而又称之为"三趾马红土"。其与下伏延安组不整合接触，之上多被中更新统离石组覆盖，两者间呈角度不整合接触关系。

（5）第四系（Q）。区内第四系发育中更新统（Q_2）和全新统（Q_4）。全区第四系分布广泛，厚度受地形地貌的控制而变化较大，北部、中部厚，而西南、东部较薄。不整合于下伏一切老地层之上。沉积类型主要有冲积、冲洪积和风积物等。

中更新统（Q_2）仅发育离石组（Q_2l）。在区内梁峁之上呈片状，云朵状分布，厚度 0~54.25 m。岩性以土黄色、棕黄色亚黏土、亚砂土为主，局部夹数层厚度 0.20~0.50 m 的古土壤层。含大小不一，形态各异的钙质结核，结核呈零散状分布。该组柱状节理发育，是主要耕作层。

全新统（Q_4）区内沉积类型主要有两类，冲洪积层和风积层。

冲洪积层中根据其形成先后可分 Q_4^{1al+pl}、Q_4^{2al+pl}。Q_4^{1al+pl} 主要分布在阳湾川、大板兔川、沙渠川及较大支沟内，构成一级阶地。上部岩性为灰黄色亚砂土、粉细沙，下部为砂砾石（卵石）层，厚度 3~10 m；Q_4^{2al+pl} 现代冲洪积层，主要分布在阳湾川、大板兔川、沙渠川及其支沟中，主要为粉细沙及砂砾石层，厚度 0~8 m，变化较大。

风积层（Q_4^{2eol}）主要分布在梁峁之上及山梁东坡，呈片状以固定-半固定沙丘和流动沙丘的形式覆盖于其他地层之上，厚度 0~20 m。岩性为浅黄色、褐黄色细沙、粉砂，含少量细砾石，质地均一，分选较好，磨圆性差，与下伏地层不整合接触。

2. 井田构造

井田地质构造简单，为一走向北西，倾向南西西—西，平均倾角 1°~3° 的单斜构造，无大的断裂及褶皱发育，无岩浆活动痕迹。延安组为向西南微倾的简单叠置地层，每千米降深 6~8 m，层内发育宽缓的波状起伏及鼻状隆起及节理等构造。

井田内地表填图发现断层两条：一条发育于井田西北角大昌汗东沟，该断层倾向 188°~195°，倾角 ∠65°~78°，落差 0~29 m，区内延伸长 6.5 km，该断层为一高角度正断层；另一条发育于红石崖沟内的郝家沟沟口，为一小型逆断层，倾向 280°~290°，倾角 40°，断距 1.0 m，从露头可见 5^{-2} 煤层被错断，其延伸规模不详。根据地震资料，推断区内存在落差 4~13 m 的小断层 41 条含煤地层在区内总体呈 S 形展布。

区内发育北西西和北东向两组节理，节理倾角均 70°~80°，但节理密度小，该节理在沟边及陡坎上易诱导基岩崩塌。

此外，井田内烧变岩发育，由于煤层自燃真空垮塌，造成岩石破碎，发育大量节理、裂隙；在基岩顶界面之下，受第四系风化作用，形成 20~30 m 风化裂缝带。这些节理、裂缝方向杂乱，是地下水的良好通道。

9.2.1.4 煤层赋存情况

1. 含煤性

延安组为整合区一带的含煤层地层，该组依据其岩性组合特征及沉积旋回，可细分为四个岩性段。据整合区内及周边钻探揭露资料，整合区一带的含煤地层——延安组中，单工程含煤层最多 15 层，厚 0.28~8.85 m，含煤率平均 4.3%，其中可采煤层 2~3 层，厚 1.02~8.55 m，含煤系数 3.87%。在延安组的四个段中，以第三段含特厚的 3 号可采煤层及 3^{-1} 号可采煤层而煤率及含煤系数最高，含煤性最好。其他各段均不含可采煤层，其含煤系数次之。

2. 煤层对比 ·

煤层对比采用的主要方法有沉积旋回对比法、煤层自身特征对比法、煤层间距及底板标高追索法、地球物理测井曲线对比法等 4 种方法。现将各种对比方法简述如下。

沉积旋回对比法。延安组为一套河湖交互相沉积，首先根据现代沉积学中沉积体系的演化和聚煤周期性，将延安组划分为 5 个段。再采用由下向上从粗碎屑沉积开始到细碎屑夹炭质泥岩、煤层沉积结束，作为一个沉积旋回的划分方法，将第一段划分为 3 个次级旋回，第二段划分为 2 个旋回，第三段划分为 3 个旋回，第四段划分为 2 个旋回，第五段划分为 1~2 个旋回。各煤层均赋存于各沉积旋回的顶部或上部，据此可较好地确定各煤层的产出部位。

煤层自身特征对比法。区内煤层层位稳定，分布范围广，厚度及结构等自身特征在相邻钻孔中十分相似，据此可逐孔进行煤层对比。如 2^{-2} 煤层，位于第四段第一旋回的顶部，层位十分稳定，煤层厚 1.75~2.63 m，不含夹矸，与相邻煤层特征不同；5^{-2} 煤层产于第一段第二旋回的顶部，全区分布，层位十分稳定，厚度 2.21~7.04 m，平均厚 4.97 m，下部普遍含有一层 0.03~0.52 m 的夹矸，厚度及结构与其上下煤层均不相同。因此，利用这些煤层的自身特征进行煤层对比直观、可靠。

煤层间距及底板标高追索法。井田内地层近水平产出，构造简单，煤层层位稳定，虽局部形成一些宽缓的波状起伏和鼻状隆起，但波幅很小，因此，相邻煤层间距变化不大，并逐渐增大，变化规律较明显；3^{-1} 与 3^{-2} 煤层间距总体由四周向中部变小，有规律可循；3^{-3} 与 4^{-3} 煤层间距一般在 15~20 m 间，较稳定。因此，利用上述厚煤层的层间距及其变化规律，结合煤层底板标高进行逐孔追索对比，能有效地确定其他煤层的相对空间位置。

地球物理测井曲线对比法。井田内含煤地层的沉积环境、旋回特征和煤层、岩性组合特征不同，因此其地球物理特征亦不相同，反映在测井曲线上的幅值、形态、组合特征等各异。特别是 5^{-2}、4^{-3} 及 4^{-4} 等可采煤层的各种测井参数、曲线幅值和形态特征各具特色，规律明显，是配合其他方法进行煤层对比的又一重要方法。

区内各煤层的稳定性、发育状况、控制及研究程度不同，因此对比的可靠性存在着一定的差异。5^{-2} 煤层产于第一段第二旋回的顶部，层位稳定，厚度较大，由四周向中部增厚的规律明显，普遍含有一层夹矸，自身特征突出，控制和研究程度较高，因此对比是可靠的。$5^{-2上}$ 煤层位于第一段第三旋回的顶部，厚度稳定，从东、北、西三个方向在中部与 5^{-2} 煤层合并，特征十分明显。4^{-4}、4^{-3} 煤层分别位于第二段第一、第二旋回的顶部，层位及煤层厚度稳定，控制和研究程度较高；3^{-3}、3^{-2}、3^{-1}煤层厚度较小，局部地段为多煤层产出，变化较大，但其层位较稳定，顶部是第三、第四段的分界线，底部是第二、第三段的分界线，各煤层间距较稳定（或变化有规律），对比标志较明显，因此对比结果基本可靠。

3. 可采煤层分述

区内延安组共含可采煤 7 层，编号自上而下为 3^{-1}、3^{-2}、3^{-3}、4^{-3}、4^{-4}、$5^{-2上}$、5^{-2}煤层。

（1）3^{-1}煤层，呈层状产于延安组第三段的顶部，煤层在东部被剥蚀，沿较大沟谷露头局部已自燃，连续性较差，仅在首采区的中西部呈不规则的窄条带状分布，边缘形态复杂。煤层厚度 0.10~2.05 m，可采煤层厚 0.80~2.05 m，平均厚 0.94 m，属薄煤层，且煤层厚度变化较大，规律不明显。煤层的底板标高变化在 1155~1250 m 之间，由北东向南西倾伏。煤层埋深最浅为 71 m，最深为 141.7 m，与 3^{-2}煤层的间距 9.56~34.25 m。煤层局部含 1 层夹矸，夹矸厚 0.14~0.23 m，岩性为泥岩。顶板岩性主要为泥岩、粉砂质泥岩，次为泥质粉砂岩和中粒砂岩；底板以粉砂质泥岩、泥岩居多，少量为粉砂岩和中粒砂岩。煤类以不黏煤（31 号）为主，煤层层位稳定，结构简单，但局部可采，厚度变化较大，属不稳定型的薄-中厚煤层。

（2）3^{-2}煤层，呈层状产于延安组第三段第二旋回的顶部，与 3^{-3}煤层的间距为 17.95~31.19 m，平均厚 22.34 m。可采区仅分布于首采区的西北部，局部可采。煤层平均厚度 0.88 m。煤类以不黏煤（31 号）为主，煤层层位稳定，结构简单，但可采范围和厚度都较小，属不稳定型的薄-中厚煤层。

（3）3^{-3}煤层，呈层状产于延安组第三段第一旋回顶部。煤层东部被剥蚀，局部露头已自燃，西南部可采。煤层厚度 0.20~1.90 m，可采煤层厚 0.80~1.90 m，平均厚 1.41 m，厚度变化较大。可采区仅分布于首采区的中西部，呈不规则的团块状，边缘形态复杂。煤层的底板标高变化在 1110~1190 m 之间，由北东向南西倾伏，平均幅很小。煤层埋深最浅为 111.88 m，最深 182.88 m。与 4^{-3}煤层间距在 13.08~23.03 m 之间，平均 19.79 m，间距较稳定。煤层个别点含 1 层夹矸，夹矸厚 0.10~0.70 m，岩性为泥岩、炭质泥岩。顶板主要为粉砂质泥岩、泥岩，次为泥质粉砂岩和中粒砂岩；底板以粉砂质泥岩、泥岩居多，少量为粉砂岩和炭质泥岩。煤类全为不黏煤（31 号），煤层层位稳定，结构简单，局部可采，厚度变化大，属不稳定型的薄-中厚煤层。

（4）4^{-3}煤层，呈层状产于延安组第三段第二旋回的顶部，为井田范围内次主采煤层。与 4^{-4}煤层的间距较稳定，约 9.36~25.78 m，一般为 15 m 左右，平均 13.88 m。煤层东部被剥蚀，局部露头已自燃。煤层厚度 0.14~1.57 m，可采煤层厚 0.80~1.57 m，煤层由东、西两个方向向中部厚度增大，变化规律较明显。煤层的底板标高变化为 1090~1190 m，由北东向南西倾伏。煤层埋深最浅为107.88 m，最深为 244.58 m。煤层局部含 1 层夹矸，夹矸厚 0.10~0.60 m，岩性为泥岩。顶板主要为粉砂质泥岩、泥岩，次为泥质粉砂岩和炭质泥岩；底板以粉砂质泥岩、泥岩为主，少量为粉砂岩和炭质泥岩。煤层与其顶底板均为明显接触。煤类以不黏煤（31 号）为主，煤层层位稳定，煤层厚度有一定变化，结构简单，大部可采，属较稳定型的薄-中厚煤层。

（5）4^{-4}煤层，呈层状产于延安组第三段第一旋回的顶部，为区内的次主采煤层。与 $5^{-2上}$煤层的间距为 8.60~28.62 m，平均 14.24 m，中部间距较大，向四周变小，规律较明显。煤层东部被剥蚀，局部露头已自燃，井田西部及首采区中部有不可采范围。煤层厚度 0.18~1.47 m，可采煤层厚 0.80~1.47 m，平均 1.09 m，煤层厚度总体变化不大且较稳定。煤层的底板标高变化为 1070~1180 m，由北东向南西倾伏。煤层埋深最浅为 120.8 m，最深为 257.98 m。煤层局部 1 层厚0.03~0.34 m 的泥岩及炭质泥岩夹矸。顶板岩性主要为泥岩、粉砂质泥岩，次为泥质粉砂岩、炭质泥岩和中粒砂岩；底板以泥岩、粉砂质泥岩为主，少量为粉砂岩和炭质泥岩。煤层与其顶底板均为明显接触。该煤层煤类以不黏煤（31 号）为主，煤层层位稳定，煤层厚度有一定变化，结构简单，大部可采，属较稳定型的薄-中厚煤层。

（6）$5^{-2上}$煤层，位于延安组第一段的顶部，呈层状产出，系 5^{-2}煤层的上分岔煤层及区内的次主采煤层。与 5^{-2}煤层间距为 2.64~25.49 m，平均 18.97 m。煤层可采煤层厚 0.80~2.83 m，平均 1.91 m。煤层可采区位于井田预留区西北部及首采区的东部。煤层的底板标高变化为 1080~1160 m，局部形成一些小的台阶和波状起伏，总体由北东向南西倾伏。煤层埋深最浅为 155.05 m，最深为235.68 m。煤层结构简单，个别含 1 层泥岩夹矸，夹矸厚 0.004~0.55 m。煤层顶板岩性以泥岩和粉砂质泥岩为主，次为泥质粉砂岩和细砂岩；底板岩性主要为粉砂质泥岩、泥岩，次为炭质泥岩、粉砂岩和细砂岩。煤层与其顶底板均为明显接触。该煤层煤类全为不黏煤（31 号），层位稳定，结构简单，厚度变化规律明显，大部可采，属稳定型的薄-中厚煤层。

（7）5^{-2}煤层，呈层状赋存于延安组第一段第二旋回的顶部，是井田内主要可采煤层。除东部被剥蚀外，煤层厚度 2.21~7.04 m，平均厚 4.97 m。煤层由四周向合并区方向（与 $5^{-2上}$煤层合并）厚度逐渐增大，变化规律非常明显，是井田内最稳定的煤层。煤层的底板标高变化为 1030~1150 m，局部形成一些宽缓的波状起伏和鼻状隆起，总体由北东向南西方向倾伏。煤层埋深最浅为 158.91 m，最深为 294.16 m。煤层普遍含夹矸 1 层，个别地段 2 层，夹矸厚 0.03~0.52 m，岩性以炭质泥岩和泥岩为主，细砂岩少量。该煤层除东南角少数见煤点外，大部分夹矸位于煤层的中部偏下位置，规律明显，特征突出。煤层的顶板岩性以粉砂质泥岩和泥岩为主，少量为粉砂岩、中粒砂岩和炭质泥岩；底板主要为粉砂质泥岩、泥质粉砂岩，次为泥岩和炭质泥岩，个别为中粒砂岩。煤层与其顶底板为明显接触，局部顶板为冲刷接触。煤层层位稳定，全区可采，厚度大，由四周向中部逐渐增厚的变化规律明显，结构简单，煤类以不黏煤（31 号）为主，少量长焰煤（41 号），灰分、硫分稳定，属稳定型的中-厚煤层。

各可采煤层特征见表 9-6。

表 9-6　可采煤层特征表

煤层编号	煤层厚度/m 最小~最大 平均	煤层间距/m 最小~最大 平均	煤层可采性
3⁻¹	$\dfrac{0.80\sim2.05}{0.94}$	$\dfrac{9.56\sim34.25}{21.02}$	局部可采
3⁻²	$\dfrac{0.80\sim1.07}{0.88}$	$\dfrac{17.95\sim31.19}{22.34}$	局部可采
3⁻³	$\dfrac{0.80\sim1.90}{1.41}$	$\dfrac{13.08\sim23.03}{19.79}$	局部可采
4⁻³	$\dfrac{0.80\sim1.57}{1.17}$	$\dfrac{9.36\sim25.78}{13.88}$	大部可采
4⁻⁴	$\dfrac{0.80\sim1.47}{1.09}$	$\dfrac{8.60\sim28.62}{14.24}$	大部可采
5⁻²上	$\dfrac{0.80\sim2.83}{1.91}$	$\dfrac{2.64\sim25.49}{18.97}$	大部可采
5⁻²	$\dfrac{2.21\sim7.04}{4.97}$		全区可采

9.2.1.5　煤层顶底板概况

1. 煤层顶板稳定性

4⁻³煤层顶板多以泥岩、粉砂质泥岩为主，细砂岩次之，抗压强度一般为40.5~65.8 MPa，属较稳定型（Ⅱ）。

4⁻⁴煤层顶板多以泥岩、泥质粉砂岩为主，细砂岩次之，抗压强度一般为33.2~39.2 MPa，属不稳定-较稳定型（Ⅰ-Ⅱ）。

5⁻²上煤层在与 5⁻²煤层合并线以东地区，5⁻²上煤层顶板多为粉砂岩及砂岩，抗压强度较大为 76.2 MPa，属稳定型（Ⅲ）。

5^{-2}煤层为全区可采煤层，勘探区北部顶板多为泥岩，南部以粉砂岩为主，抗压强度较大为 48.3~95.2 MPa，属较稳定-稳定型（Ⅱ-Ⅲ）。

其余局部可采煤层 3^{-1}、3^{-2}及 3^{-3}煤层顶板多为细粒砂岩至中粒砂岩，抗压强度较大为 34.2~66.7 MPa，多属较稳定型（Ⅱ），局部为不稳定型（Ⅰ）。

2. 煤层底板稳定性

4^{-3}煤层底板多以泥岩、粉砂质泥岩为主，细砂岩次之，岩体较完整，抗压强度一般为 53.4~69.0 MPa。绝大部分属较稳定-稳定型（Ⅱ-Ⅲ），局部为不稳定型（Ⅰ）。

4^{-4}煤层底板以泥岩、粉砂质泥岩、粉砂岩为主，细砂岩次之，抗压强度一般为 43.3~89.5 MPa。岩性为粉砂岩、细砂岩者属较稳定-稳定型（Ⅱ-Ⅲ），岩性为泥岩者属不稳定-较稳定型（Ⅰ-Ⅱ）。

5$^{-2上}$煤层底板以泥岩、泥质粉砂岩为主，抗压强度为 65.8~76.1 MPa，多属稳定型（Ⅲ）。

5^{-2}煤层底板以泥岩，粉砂泥质岩为主，粉砂岩次之，抗压强度为 56.4~106.9 MPa，属较稳定-稳定型（Ⅱ-Ⅲ）。

其余局部可采煤层 3^{-1}、3^{-2}及 3^{-3}煤层顶板多为细粒砂岩至中粒砂岩，抗压强度较大为 44.8~77.7 MPa，属较稳定型至稳定型（Ⅱ-Ⅲ）。

9.2.1.6 三和四盘区位置、范围及四邻关系

三、四盘区为同一区域的不同水平，位于矿井东南部，三盘区开采中侏罗统延安组 5$^{-2上}$煤层，四盘区开采中侏罗统延安组 5^{-2}煤层。盘区井下位于 5^{-2}集中胶运大巷以南，西以 5$^{-2上}$、5^{-2}煤层合并线为界，东与首采面以 5^{-2}上回风大巷为界，南部至矿井边界，5^{-2}上煤底板标高平均 1100 m，5^{-2}煤底板标高平均 1085 m。盘区东西长 3.0~3.9 km，南北宽 3.4 km，面积 11.8 km^2。

三、四盘区地面位于矿井工业广场以西 4500 m，后沟-后松树峁-高家梁峁一带，地形支离破碎，沟壑纵横，为典型的黄土高原地貌，区内植被稀少，水土流失严重，地面标高+1133.1~+1311.8 m，北部高，南部低。

八采区采面已南为矿井三条主大巷，西为 85202 辅助运输巷，北为矿井边界。

三道沟煤矿三采区开采 5$^{-2上}$煤层，四、八采区开采 5^{-2}煤层。

9.2.2 工作面位置及井上下关系

85201 综采工作面是三道沟煤矿 5^{-2}煤层八盘区布置的第一个综采工作面，产状为近水平，地面标高为 1197~1347 m，工作面标高为 1098~1132 m，走向长度 3160 m，倾斜长度 295，面积为 932200 m^2。地面位置：风井正西 495 m，再向北

延伸，地面无其他建筑物。井下位置及四邻采掘情况：采面以南为矿井三条主大巷，西为85202辅助运输巷，北为矿井边界。回采对地面设施影响：地面中北部为西尧则村（已制定搬迁计划，回采前进行村庄搬迁），其余为山壑沟谷地形，局部少量坡耕地，施工对地面无影响。

9.2.3　煤层顶底板特征及其力学参数

5^{-2} 煤呈玻璃光泽，阶梯状构造，煤层赋存稳定，厚度 6.48 ~ 6.95 m，平均厚度 6.6 m，倾角 0 ~ 0.5°，可采指数 100%，变异系数 32.72%，煤层中下部含夹矸一层，厚度 0.1 ~ 0.2 m，岩性为褐黄色泥岩，硬度小；煤层结构为：煤（4.92 m）-夹矸（0.16 m）-煤（1.52 m）。煤层顶底板情况详见表9-7，85201工作面岩石力学参数详见表9-8。

表9-7　煤层顶底板情况表

顶底板名称	岩石名称	厚度/m	岩 性 特 征
基本顶	砂岩	21.5	灰-灰白色细砂粉砂岩，层理明显，钙质或泥质胶结
直接顶	粉砂质泥岩	3.5	浅灰-深灰色泥岩，局部有泥质粉砂岩，水平层理，含植物化石
直接底	砂岩	8.0	灰白色粉砂岩，层理明显

表9-8　85201工作面岩石力学参数表

岩石名称	厚度/m	抗拉强度/MPa	抗压强度/MPa
砂岩	21.5	12.64	87.9
粉砂质泥岩	3.5	13.5	56.7
5^{-2}煤	6.6	2.4	31
砂岩	8.0	11.2	72

根据表9-8煤岩体力学参数可知，三道沟煤矿85201工作面属于典型的"两硬"大采高工作面。

9.2.4　工作面液压支架主要参数

85201工作面支架主要参数详见表9-9。

表9-9　ZY18000/32/70D型液压支架主要参数

	型式	支撑掩护式液压支架
支架本体	高度（最低/最高）/mm	3200/7000
	宽度（最小/最大）/mm	1960/2210

表9-9（续）

	中心距/mm	2050
	工作阻力（P=45.86 MPa）/kN	18000
支架本体	支护强度/MPa	1.51～1.56
	泵站压力/MPa	31.5
	操纵方式	电液控制
	型式	双伸缩（2根立柱）
立柱	缸径/mm	500/360
	杆径/mm	475/335
	工作阻力（P=31.5 MPa）/kN	9000

9.2.5 覆岩运动参数预控技术参数

根据前面的理论分析计算已经得到：初次突变失稳时，采场支架的作用力为 4.87 MPa，周期突变失稳时，采场支架的作用力为 1.48 MPa。

由此可知，当工作面初次突变失稳时，对采场支架的作用力大于支架现有工作阻力 1.51～1.56 MPa，不能满足工作面控顶要求；但在周期突变失稳时，现有支架能够满足控顶要求。

因此，主要对工作面初次突变失稳时采取预控技术，可以保证采场支架不被压死，避免围岩灾害的发生，促进工作面安全生产。覆岩运动参数预控技术主要包括，预控技术的手段和技术参数。以预裂爆破为技术手段，通过技术参数设计，实施覆岩运动参数预控技术，最终实现覆岩运动预控。经过综合分析与生产实践证明，对于"两硬"大采高采场，在开切眼处即开始采取强制放顶措施，进行坚硬顶板放顶，即可满足工作面安全生产要求。

（1）炮眼布置。根据矿井实际状况，共布置 31 个孔，切眼内炮眼呈"一"字形布置，垂深 5.5～20.8 m；切眼内炮眼中线距离切眼中心线 1.5 m，孔距为 8 m 和 10 m，如图 9-13 和图 9-14 所示，炮眼特征详见表 9-10。

（2）材料消耗。炮眼参数及材料消耗详见表 9-11。

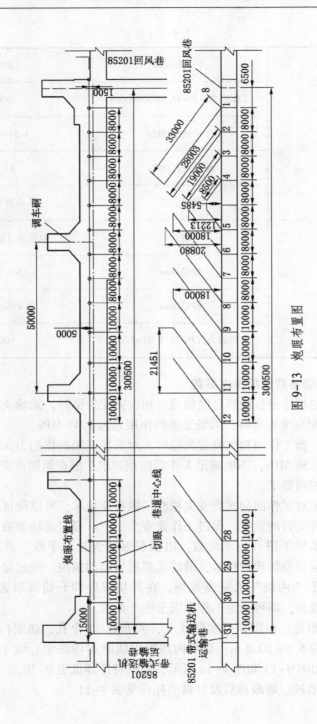

图 9-13　炮眼布置图

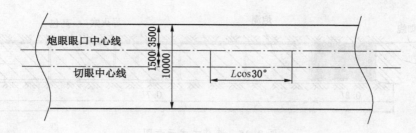

图 9-14　炮眼平面放大图

表 9-10　炮眼特征

眼号	炮眼名称	炮眼深度/m	炮眼长度/m	装药量			倾角/(°)	爆破顺序	连线方式
				卷/眼	kg/眼	小计			
1、8	掏槽眼	20.9	33.0×2	46.2	83.2	166.4	40/140	四	串联
2、7		18.0	28.0×2	39.2	70.6	141.2	40/140	三	
3、6		12.2	19.0×2	26.6	47.9	95.8	40/140	二	
4、5		5.5	8.5×2	11.9	14.9	29.8	40/140	一	
8+n	辅助眼	18.0	28×23	39.2	70.6	1623.8	40/140	五	分组串联起爆
合计					821				

表 9-11　炮眼参数及材料消耗表

名称	数量	名称	数量
岩石坚固系数	4~8	工作面瓦斯情况/%	0
炮眼长度/m	8.5~33	水胶炸药/(kg·m⁻¹)	3.6
炮眼个数/个	31	导爆索/m	1000
炮眼直径/m	0.09	电雷管/个	62
炮眼倾角/(°)	40	总装药量/kg	2057

（3）装药结构。爆破采用水胶炸药，雷管采用符合煤安标志的毫秒延期电雷管并按串联布置，起爆方式采用延期雷管导爆索起爆。装药系数为 0.7 左右，每米炮眼装药量约为 3.6 kg，炮泥装填系数约为 0.3，炮泥采用黄泥制作，如图 9-15 所示。

（4）设备配备。炮眼采用全液压坑道钻机施工，钻头直径为 80 mm，成孔直径最终为 90 mm。

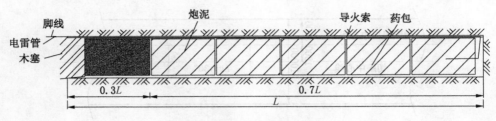

图 9-15　装药方式示意图

9.3 "两硬"工作面实测研究

工作面实测研究主要包括支承压力分布实测和工作面支架工况监测。工作面实测的目的，是通过支承压力分布实测和工作面支架工况监测，掌握"两硬"工作面采场覆岩运动预控参数和预控技术的实施，保障"两硬"工作面安全生产。

9.3.1　晋华宫煤矿 8210 工作面实测研究

9.3.1.1　支承压力分布实测

（1）测点布置。8210 工作面支承压力观测开始于 2011 年 7 月 17 日，截至 2011 年 9 月 9 日。此期间共观测了 54 天，工作面推进 178.3 m。在运输巷内安装一组煤体应力测点，如图 9-16 所示。测点位置距离工作面 170 m 以上，实测传感器置于钻孔内，每个钻孔安装一个传感器，共 4 个钻孔，深度分别为 5 m、10 m、15 m，间距 1 m。

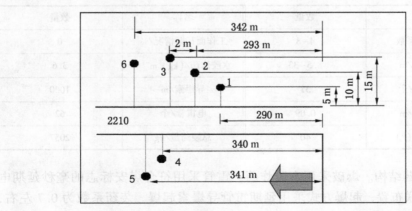

图 9-16　煤体压力测点布置

（2）实测结果。采用钻孔应力计测量距巷帮不同深度煤体内的应力，通过配套的记录议和采集仪采集数据。对测量采集的数据进行整理，其结果如图 9-17~图 9-21 所示。

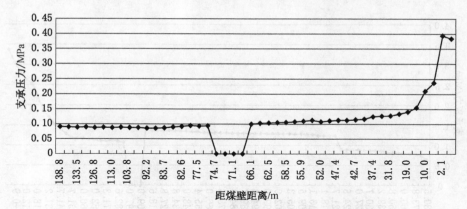

图9-17 4号传感器支承压力分布曲线图

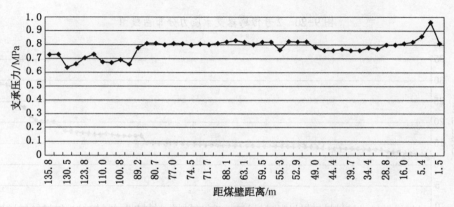

图9-18 5号传感器支承压力分布曲线图

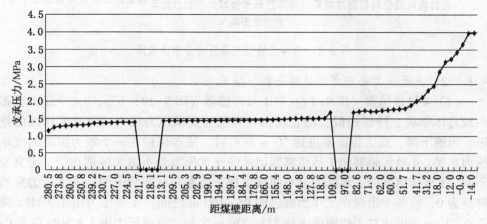

图9-19 1号传感器支承压力分布曲线图

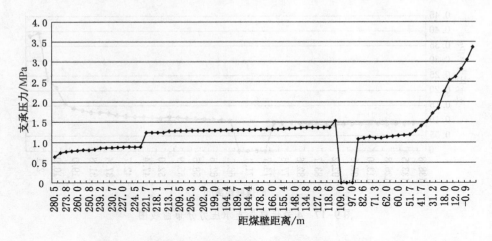

图 9-20　2 号传感器支承压力分布曲线图

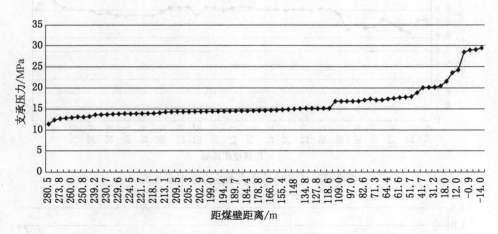

图 9-21　3 号传感器支承压力分布曲线图

9.3.1.2　支承压力分布实测结果分析与结论

（1）4 号传感器（图 9-17）和 1 号传感器（图 9-19）记录的支承压力分布曲线总体形状上特征相似，均表现为在煤壁处支承压力最大，随着工作面的推进，迅速下降，至工作面推进达 30 m 左右时，基本保持在一个较为恒定的支承压力水平。4 号传感器和 1 号传感器记录的支承压力分布重大区别在于：①突变不同。1 号传感器的支承压力分布曲线出现 2 个漏斗状陡然下凹，支承压力突然降至为 0，前一个出现在工作面推进约 95~100 m 之间，支承压力由 1.7 MPa 降至 0，后一个出现在工作面推进约 215~220 m 之间，支承压力由 1.4 MPa 降至 0；

4号传感器的支承压力分布曲线出现1个漏斗状陡然下凹，出现在工作面推进约65 m，支承压力由0.1 MPa降至0。②量级不同。4号传感器的支承压力煤壁最大处为0.425 MPa，工作面推进到138 m时，支承压力不到0.1 MPa；1号传感器的支承压力煤壁最大处为4 MPa，工作面推进到138 m时，支承压力约为1.5 MPa，至记录末端工作面推进280 m时，支承压力大于1 MPa。

（2）2号传感器（图9-20）和3号传感器（图9-21）记录的支承压力分布曲线总体形状上特征相似，表现为自煤壁至工作面推进280.5 m时，支承压力分布变化总体呈下降态势，重大区别依然在于：①突变不同。2号传感器的支承压力分布曲线出现1个漏斗状陡然下凹，出现在工作面推进约95~105 m之间，支承压力由1.1 MPa降至0，之后约在109 m处恢复到1.6 MPa，再缓慢下降，直至280.5 m，支承压力为0.6 MPa，期间，有一个小幅度的降跌，由1.3~0.9 MPa；3号传感器的支承压力分布曲线没有漏斗状陡然下凹，支承压力主要表现为自煤壁至280.5 m，先平缓降低，然后自煤壁至工作面推进12 m，由28 MPa陡然下降至20 MPa，之后，平缓下降，至280.5 m时依然维持在11 MPa。②量级不同。2号传感器的支承压力在0.6~3.4 MPa量级之间，3号传感器的支承压力在11~34 MPa量级之间。

（3）5号传感器（图9-18）记录的支承压力分布曲线最为特殊，总体呈现波浪式近直线状，支承压力在煤壁处略高，接近1 MPa，峰谷值变化在0.81~0.62 MPa之间。

根据上述测量采集数据结果和分析，主要有以下几点结论：

（1）工作面超前支承压力最大影响范围约90 m；明显影响范围为14.8~19 m；支承压力高峰影响范围为11.8 m，最大支承压力峰值点在煤壁前方2.1 m处，即由煤壁向煤体内2.1 m处。

（2）与普通采场相比，"两硬"大采高采场支承压力分布所具有的特点：①高峰影响范围大。普通采场支承压力高峰影响范围一般小于10 m，比"两硬"大采高采场支承压力高峰影响范围小近20 m。②集中系数偏高。普通采场支承压力集中系数一般小于2，"两硬"大采高采场支承压力集中系数为2~3，后者比前者高出约50%。

（3）由于煤层强度大，采深小，煤体基本处于弹性状态，没有明显的内应力场，只在煤壁边缘出现很小的塑性区，塑性区的范围在2 m以内。塑性区的存在是大采高工作面煤壁片帮的主要原因。

（4）从侧向应力传感器曲线图（图9-17~图9-20）可以看出，距离巷道煤壁5 m、10 m、15 m的位置均出现了压力高峰，且浅部测点（5 m点）没有出现压力下降趋势，说明侧向煤壁5~15 m范围内都是支承压力高峰影响区，且煤体处于弹性状态。

（5）综上所述，由于工作面超前支承压力明显影响范围为 14.8～19 m。因此，巷道超前维护范围不应少于 20 m。

9.3.1.3　工作面支架工况监测

通过对 8210 工作面进行现场矿压观测，可以掌握工作面顶板活动规律，了解工作面支架工作状况、初次及周期突变失稳步距等情况，获得大采高工作面开采矿压显现规律。反过来，进一步确定工作面支架工况和对工作面支架进行设计。

采用 KJ60Ⅲ型煤矿在线连续顶板动态监测系统对工作面支架压力进行观测。工作面长 163.7 m，全工作面划分成 1、2、3、4、5 等 5 个测区，10 条测线；其中，1、5 测区各布置 1 条测线，2、4 测区各布置 2 条测线，3 测区布置 4 条测线，如图 9-22 所示。

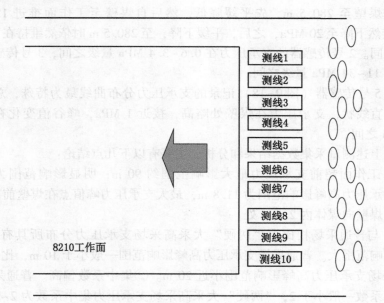

图 9-22　工作面支架阻力测线布置

将 10 个压力分机连线组成一监测分站，通过光纤将数据传到地面接收主机，后接计算机进行数据处理，如图 9-23 所示。

实测 10 组液压支架工作阻力最大值见表 9-12，图 9-24 为支架工作阻力综合分布直方图。

从图 9-24 和表 9-12 数据分析可知：

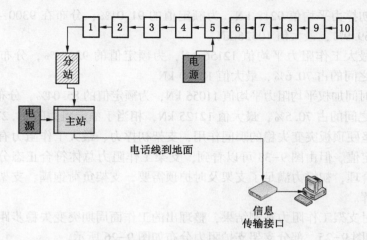

图 9-23 在线监测系统

表 9-12 支架工作阻力

工作阻力	初撑力		最大工作阻力		时间加权平均阻力	
	P_0 kN/架	额定值占比/%	P_m kN/架	额定值占比/%	P_t kN/架	额定值占比/%
平均值	9218	91.01	12156	92.74	11056	85.04
最大值	10526	>100	12500	96.1	12125	93.27

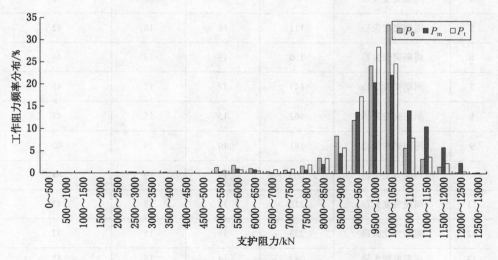

图 9-24 工作阻力分布频率

（1）初撑力平均值 9218 kN，为额定值的 91.01%，分布在 9300~10500 kN 之间的占 69.9%，最大值 10526 kN。

（2）最大工作阻力平均值 12156 kN，为额定值的 92.74%，分布在 9300~10800 kN 之间的占 70.6%，最大值 12500 kN。

（3）时间加权平均阻力平均值 11056 kN，为额定值的 85.04%，分布在 9300~10500 kN 之间的占 70.5%，最大值 12125 kN，相当于额定阻力的 93.27%。

由于坚硬顶板突变失稳的瞬间作用，支架初撑力、最大工作阻力有短时达到或超过额定值。但由图 9-33 可以看到，支架工作阻力总体符合正态分布，支架工作状态合理，初撑力满足了支架及时护顶需要，支架负荷饱满，支架阻力得到了充分发挥。

通过对支架工作阻力观测结果，整理出的工作面周期突变失稳步距及强度见表 9-13 和图 9-25，部分支架支护阻力分布如图 9-26 所示。

表9-13　工作面来压步距

序号	来压性质	推进距离/m	与前次距差/m	来压步距/m	最大工作阻力/MPa
1	初次突变失稳	36		36	39
2	周期突变失稳	53	17	17	42
3	周期突变失稳	72	19	19	40
4	周期突变失稳	93	21	21	43
5	周期突变失稳	111	18	18	42
6	周期突变失稳	130	19	19	44
7	周期突变失稳	147	17	17	41
8	周期突变失稳	162	15	15	42
9	周期突变失稳	181	19	19	40
10	周期突变失稳	200	19	19	44
11	周期突变失稳	218	18	18	43
12	周期突变失稳	233	15	15	42
13	周期突变失稳	247	14	14	41

表 9-13（续）

序号	来压性质	推进距离/m	与前次距差/m	来压步距/m	最大工作阻力/MPa
14	周期突变失稳	266	19	19	42

平均周期突变失稳步距 16.68 m

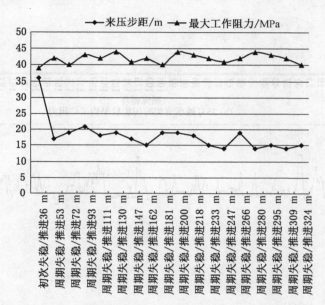

图 9-25　工作面推进距离与来压步距和最大工作阻力的关系

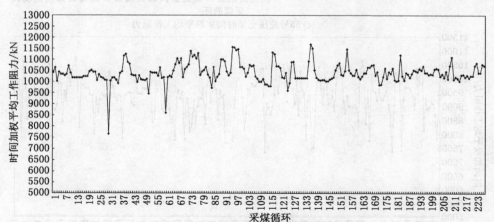

(a) 5号液压支架时间加权平均工作阻力

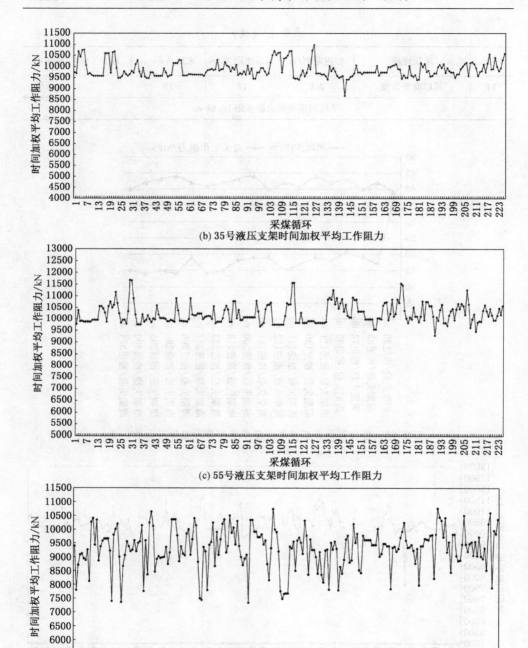

(b) 35号液压支架时间加权平均工作阻力

(c) 55号液压支架时间加权平均工作阻力

(d) 65号液压支架时间加权平均工作阻力

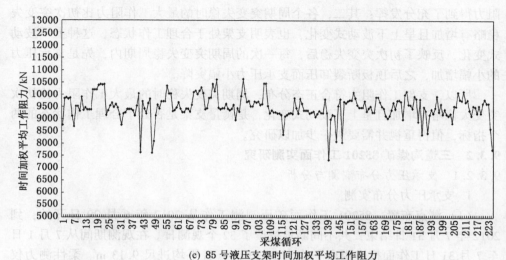

(e) 85 号液压支架时间加权平均工作阻力

图 9-26　支架时间加权工作阻力

依据现场观测及其数据分析获得如下实况信息：2011 年 7 月 3 日，当 8210
工作面平均推进到 36 m 时，工作面顶板第一次变形失稳，即初次突变失稳，
15~60 号支架安全阀开启，工作面 14~47 号支架机道顶板裂开，30~60 号支架
压力表局部显示 40 MPa 以上，煤壁片帮 0.3 m 左右，采空区悬板 1~80 号支架塌
落，80~98 号悬板宽大于 30 m。

由表 9-13 和图 9-25 可以看出：

（1）初次突变失稳至工作面推进到 36 m 时开始出现，亦即来压步距为 36 m，
相对而言，最大工作阻力却不大，为 39 MPa，是以后各个周期突变失稳时最大
工作阻力值中最小的。

（2）初次来压步距 36 m 反映了顶板坚硬的状况，以后各次周期突变失稳时
来压步距较小，在 14~21 m 之间，平均周期突变失稳步距 16.68 m。

（3）最大工作阻力最小值为 39 MPa，即初次突变失稳时的来压，最大值为
43 MPa。

（4）在初次突变失稳后、在各个周期突变失稳时，最大工作阻力较初次突
变失稳略有增加，但不是线性增加，而是呈上下波动式变化。

部分支架支护阻力分布如图 9-26 所示。

结合图 9-26 及前述可知，其一，仅坚硬顶板突变失稳的瞬间作用，支架初
撑力、最大工作阻力有短时达到或略超过额定值，支架工作阻力总体符合正态分
布，支架工作状态合理，初撑力满足了支架及时护顶需要，支架负荷饱满，支架

阻力得到了充分发挥；其二，各个周期突变失稳时的最大工作阻力比初次突变失稳略有增加且呈上下波动式变化，也表明支架处于合理工作状态，这种上下波动式变化，反映了初次突变失稳后，每一次的周期突变失稳周期内，先是支承压力的小幅增加，之后顶板断裂卸压而支承压力小幅突降。

所以，支架工作阻力符合正态分布，周期突变失稳时的最大工作阻力比初次突变失稳略有增加且呈上下波动式变化，是衡量支架是否处于合理工作状态的两个指标，值得重视并需要进一步加以研究。

9.3.2　三道沟煤矿 85201 工作面实测研究

9.3.2.1　支承压力分布实测与分析

1. 支承压力分布实测

（1）测点布置。85201 工作面矿压观测工作从 2012 年 6 月 29 日开始，到 2012 年 7 月 31 日结束，共不间断地持续了 32 个观测日。在观测期间从 7 月 1 日至 7 月 31 日工作面推进距离平均为 282.9 m，日平均进尺 9.13 m。柔性测力仪测点安装在运输巷，如图 9-27 所示。

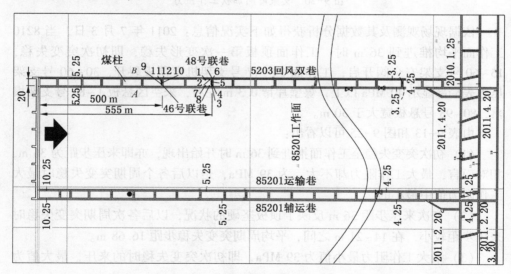

图 9-27　柔性测力仪布置图

测点距离工作面 200 m 以上。共计 12 个观测点，1 号、2 号柔性测力仪位于煤壁 B 侧，间距为 2 m；7 号、8 号柔性测力仪位于煤壁 A 侧，间距为 2 m；2 号及 8 号测点距离 48 号联巷 1 m；3 号柔性力仪距煤柱 A 侧 2 m；3 号、4 号、5 号、6 号测压锚杆间距为 1 m；9 号柔性测力仪距煤柱 A 侧 5 m；9 号、10 号、11 号、12 号测压锚杆间距为 1 m。

（2）数据分析。采用统计法，对观测数据进行整理和分析，绘制成柔性测压单元曲线图（图9-28~图9-30）。

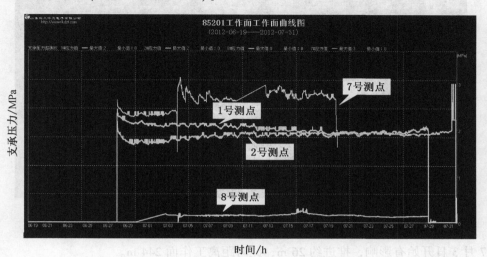

图9-28 85201工作面1号、2号、7号、8号柔性测压单元曲线图

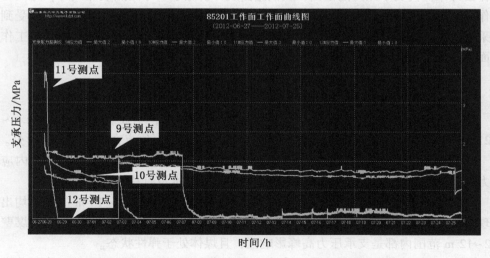

图9-29 85201工作面9号、10号、11号、12号柔性测压单元曲线图

根据图9-28分析可知，在7月4日锚杆压力有突变，此时工作面推进36 m，工作面距离监测点（550 m）约274 m。

根据图9-29分析可知，9号~12号测点（距离工作面开切眼约500 m），在

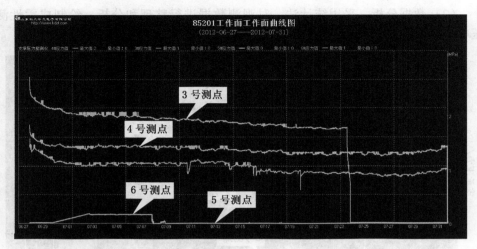

图 9-30　85201 工作面 3 号、4 号、5 号、6 号柔性测压单元曲线图

7 月 3 日开始有影响，推进约 26 m，此时距离工作面 244 m。

3 号、4 号、5 号、6 号柔性测压单元安装在 48 号联络巷里面，主要监测工作面开采侧向支承压力的范围，从数据曲线分析除了 5 号测点损坏以外，距离工作面最近的 3 号测点（12.5 m）压力最大，最远的 6 号测点（15.5 m）也受到采动压力侧向支承压力的影响，直至工作面推进通过测点，由此可以看出，工作面侧向支承压力影响范围大于 15.5 m。

2. 支承压力分布分析与结论

通过对观测数据的整理、分析，获得主要结论如下：

（1）工作面超前支承压力最大影响范围约 110 m；明显影响范围为 16.8～21 m；支承压力高峰影响范围为 11 m，最大支承压力峰值点在煤壁前方 3 m 处。

（2）由于煤层强度大，采深小，煤体基本处于弹性状态，没有明显的内应力场，只在煤壁边缘出现很小的塑性区。工作面基本没有片帮现象。

（3）从侧向应力传感器曲线图可以看出，距离巷道煤壁 2～12 m 的位置均出现了压力高峰，且浅部测点（2 m 点）没有出现压力下降趋势，说明侧向煤壁 2～12 m 范围内都是支承压力高峰影响区，且煤体处于弹性状态。

（4）由于工作面超前支承压力明显影响范围为 16.8～21 m，因此工作面巷道超前维护范围不应少于 21 m。

（5）综上所述，由于工作面超前支承压力最大影响范围和支承压力高峰影响范围均很大，且没有明显的内应力场和只在煤壁边缘出现很小的塑性区，这种状况对"两硬"大采高采场是十分不利的。因此，必须采取预控措施，以保证安全生产。

9.3.2.2 工作面支架工况监测与分析

1. 工作面支架工况监测

（1）支架工况监测的基本路线。通过对 85201 工作面进行现场矿压观测，确定工作面支架工作状况、初次及周期突变失稳步距等情况，以掌握工作面顶板活动规律，最终获得大采高工作面开采矿压显现规律。

（2）测区布置与数据记录。测区布置，工作面全长设 3 个测区，第一测区设在 5 号、6 号架，第二测区设在工作面中部的 72 号、73 号、74 号、75 号架，第三测区设在 143 号、144 号架。数据记录，工作面支架工况观测采用 ZYDC-3 型支架压力自测仪，在线测定支架工作阻力与活柱缩量。在每个液压支架上安装一块双通道在线传输压力监测记录仪，活柱缩量传感器安装在右立柱上，每一台测压仪同时记录液压支架的工作阻力和活柱缩量，采样周期为 5 min，用数据采集仪每两天采集一次；采集到的观测数据传输到地面输入计算机，进行数据处理分析。

（3）数据处理与分析。采用统计法对监测数据进行整理和分析。工作面支架压力与活柱缩量，详见表 9-14～表 9-17，支架支护阻力分布如图 9-31～图 9-35 所示。

表 9-14 72 号支架压力与活柱缩量变化表

序号	左立柱压力/MPa	右立柱压力/MPa	立柱压力最大变化值/MPa	活柱缩量/mm	活柱缩量变化值/mm	时间
1	31.02	33.09	0	902.00	0	2012-07-02 17：52：06
2	31.13	34.17	1	902.00	0	2012-07-02 17：53：47
3	8.53	0.89	34	932.00	30	2012-07-02 17：55：27
4	4.09	1.34	1	950.00	18	2012-07-02 17：57：09
5	4.36	1.34	0	950.00	0	2012-07-02 17：58：49

表 9-15 73 号支架压力与活柱缩量变化表

序号	左立柱压力/MPa	右立柱压力/MPa	立柱压力最大变化值/MPa	活柱缩量/mm	活柱缩量变化值/mm	时间
1	10.72	26.86	0	1317.00	0	2012-07-02 17：38：59
2	10.72	26.86	1	1317.00	0	2012-07-02 17：40：20
3	1.78	2.55	24	1346.00	29	2012-07-02 17：42：01
4	0.51	1.99	1	1345.00	1	2012-07-02 17：43：42

表 9-15（续）

序号	左立柱压力/MPa	右立柱压力/MPa	立柱压力最大变化值/MPa	活柱缩量/mm	活柱缩量变化值/mm	时间
5	0.40	1.67	0	1344.00	1	2012-07-02 17：45：22
6	1.11	6.17	5	1345.00	1	2012-07-02 17：47：03

表 9-16　74 号支架压力与活柱缩量变化表

序号	左立柱压力/MPa	右立柱压力/MPa	立柱压力最大变化值/MPa	活柱缩量/mm	活柱缩量变化值/mm	时间
1	6.97	19.29	0	1732.00	0	2012-07-02 17：40：40
2	6.97	19.29	1	1732.00	0	2012-07-02 17：42：01
3	1.75	1.62	18	1727.00	5	2012-07-02 17：43：42
4	1.44	1.69	2	1726.00	1	2012-07-02 17：45：22
5	2.74	11.07	10	1728.00	2	2012-07-02 17：45：42

表 9-17　75 号支架压力与活柱缩量变化表

序号	左立柱压力/MPa	右立柱压力/MPa	立柱压力最大变化值/MPa	活柱缩量/mm	活柱缩量变化值/mm	时间
1	15.00	21.00	0	1279.00	0	2012-07-02 16：56：58
2	15.00	21.00	0	1279.00	0	2012-07-02 16：58：19
3	2.68	0.65	20	1314.00	35	2012-07-02 17：00：00
4	11.73	2.56	2	1293.00	21	2012-07-02 17：01：41
5	5.72	1.86	1	1300.00	7	2012-07-02 17：03：22

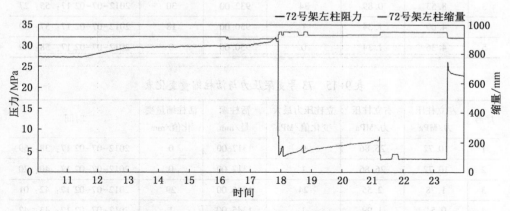

图 9-31　72 号支架压力与活柱缩量变化曲线

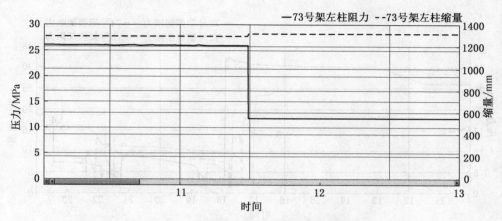

图9-32 73号支架压力与活柱缩量变化曲线

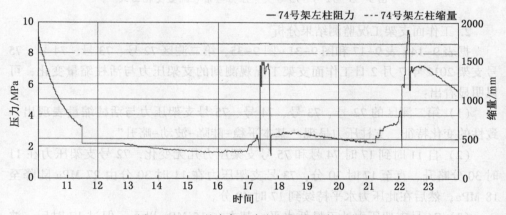

图9-33 74号支架压力与活柱缩量变化曲线

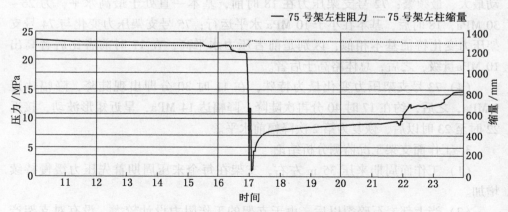

图9-34 75号支架压力与活柱缩量变化曲线

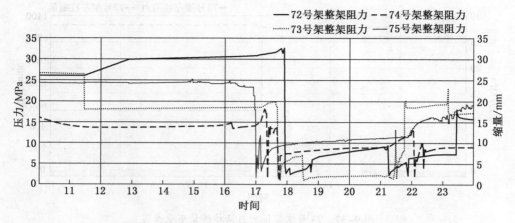

图 9-35　72 号~75 号支架压力与活柱缩量变化曲线

2. 工作面支架工况监测结果分析

据表 9-14~表 9-17 和图 9-31~图 9-35，第二测区 72 号、73 号、74 号、75 号支架 2012 年 7 月 2 日工作面支架工况观测到的支架压力与活柱缩量变化，可以明显看出：

（1）第二测区的 72 号、73 号、74 号、75 号支架压力与活柱缩量表现出一致性的变化特征，支柱压力呈现"基本平稳-陡降-波动-略升"。

（2）自 11 时到 17 时 74 号和 75 号支架压力几无变化，72 号支架压力在 11 时 30 分略升、直至 17 时 30 分，73 号支架压力在 11 时 30 分由 27 MPa 陡降至 18 MPa，然后在此压力水平持续到 17 时 40 分。

（3）74 号支架压力处于最低水平，基本在 15 MPa 以下，但过 17 时后，波动最大、最频繁；72 号支架压力在 18 时前，基本一直处于最高水平，为 26~30 MPa，18 时后，基本在小于 10 MPa 水平运行；75 号支架压力变化与 74 号支架压力变化特征基本相似，区别是前者压力水平高，在 17 时前者比后者高出 10 MPa 量级，之后，总体略高于后者。

（4）73 号支架压力变化最为特殊，在 11 时 30 分即出现陡降，降幅达近 9 MPa，之后，约在 17 时 40 分再次陡降，降幅达 14 MPa，呈近矩形波动，接近 22 时至 23 时以后，恢复为第 2 次降幅前水平。

3. 工作面支架工况监测分析结论

（1）工作面周期来压 35 m 左右，支架在每个来压周期首先压力缓慢持续增加。

（2）当上部岩石碎裂以后，由于支架的工作阻力设计较大，没有对支架产生冲击，即支架没有深埋煤层的显现特点，没有压力激增、活柱下缩的过程。

（3）相反，由于上部岩石碎裂时支架所受岩石总荷载减小，使得支架工作阻力减小，支架发生反弹，活柱缩量增加。

（4）第二测区 72 号、73 号、74 号、75 号支架活柱变化最大值均发生在 17 时至 18 时之间，为 0~35 mm，其中，75 号支架最大为 35 mm，发生时间为 17 时；与该时对应的其他支架，支架活柱几无变化。

本章以顶板结构演化为基础，围绕采场覆岩运动参数预控技术的核心，确定了关键覆岩层，再以关键覆岩层为预控目标，确立了其覆岩运动参数，根据覆岩运动参数，对"两硬"煤矿 8210 工作面支架进行了选型。经现场实测检验证明，前述采场覆岩运动参数预控技术体系适用于"两硬"煤矿 8210 工作面覆岩运动和顶板结构演化控制，过程流程具有科学依据和技术支持，有效地杜绝了顶板灾害发生的可能性和发展趋势。

附图 顶板预控制方法与流程

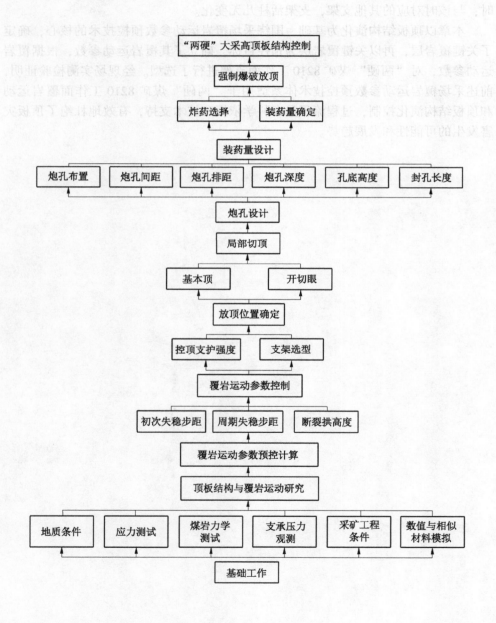

参 考 文 献

[1] 屠世浩. 长壁综采系统分析的理论与实践 [M]. 徐州：中国矿业大学出版社，2004.

[2] 王家臣. 厚煤层开采理论与技术 [M]. 北京：冶金工业出版社，2009.

[3] 赵宏珠，宋秋爽. 特大采高液压支架发展与研究 [J]. 采矿与安全工程学报，2007，24 (3)：265-269.

[4] 王家臣. 我国综放开采技术及深层次发展问题探讨 [J]. 煤炭科学技术，2005，33 (1)：14-17.

[5] 范志忠，于雷，于海涌，等. 近浅埋煤层大采高综采工作面覆岩活动规律 [J]. 煤矿安全，2012 (1)：180-183.

[6] 武建国. 大采高综采工作面与巷道围岩控制技术研究 [D]. 太原：太原理工大学，2004.

[7] N. E. Yasitli, B. Unver. 3D numerical modeling of long-wall mining with top-coal caving [J]. International Journal of Rock Mechanics & Mining Sciences, 2010 (42): 219-235.

[8] Shutov. A. V, Krasnovskii A. A, Mirenkov V. E. Modeling of Contact Conditions under Deformation of Rock Samples [J]. Journal of Mining Science, 2011, 40 (2): 134-141.

[9] Rajendra Singh. Staggered development of a thick coal seam for full height working in a single lift by the blasting gallery method [J]. International Journal of Rock Mechanics & Mining Sciences, 2004 (41): 745-759.

[10] B. Unver, N. E. Yasitli. Modeling of strata movement with a special reference to caving mechanism in thick seam coal mining [J]. International Journal of Coal Geology, 2006 (66): 227-252.

[11] S. K. Das. Observations and classification of roof strata behavior over long wall coal mining panels in India [J]. International Journal of Rock Mechanics & Mining Sciences, 2000 (37): 585-597.

[12] 郭宝华，涂敏. 浅谈我国大采高综采技术 [J]. 中国矿业，2003，12 (10)：40-42.

[13] 刘涛. 厚煤层大采高综采技术现状 [J]. 煤炭工程，2002 (2)：4-8.

[14] 张绪言. 大采高回采巷道围岩控制技术研究 [D]. 太原：太原理工大学，2009.

[15] R. K. Goel, Anil Swarup, P. R. Sheorey. Bolt length requirement in underground openings [J]. International Journal of Rock Mechanics and Mining Sciences, 2007, 44 (5): 802-811.

[16] M. Moosavi, R. Grayeli. A model for cable bolt-rock mass interaction: Integration with discontinuous deformation analysis (DDA) algorithm [J]. International Journal of Rock Mechanics and Mining Sciences, 2006, 43 (4): 661-670.

[17] HAO Haijin, ZHANG Yong. Stability analysis of coal wall in full-seam cutting workface with fully-mechanized in thick seam [J]. Journal of Liaoning Technical University (Natural Science), 2005, 24 (4): 489-491.

[18] 夏均民. 大采高综采围岩控制与支架适应性研究 [D]. 青岛：山东科技大学，2004.

[19] 陈炎光，徐永圻．中国采煤方法［M］．徐州：中国矿业大学出版社，2001．

[20] 格罗莫夫 Ю. B. 缓倾斜厚煤层开采矿山压力控制［M］．赵宏珠，译．徐州：中国矿业大学出版社，1990．

[21] 弓培林．大采高采场围岩控制理论及应用研究［D］．太原：太原理工大学，2006．

[22] 王金华．我国高效综采成套技术的发展与现状［J］．煤炭科学技术，2003（1）：5-8．

[23] 刘小峰，姚鸿，等．浅谈液压支架的技术现状及发展趋势［J］．河北煤炭，2003（3）：9-10．

[24] 涂兴子，康全玉，翟新献．厚煤层分层综采技术［M］．北京：煤炭工业出版社，2002．

[25] 张宝明，陈炎光，徐永圻．中国煤矿高产高效技术［M］．北京：中国矿业大学出版社，2001．

[26] 张金龙．大采高倾斜长壁综采工作面矿压显现规律及控制研究［D］．淮南：安徽理工大学，2004．

[27] 胡国伟．大采高综采工作面矿压显现特征及控制研究［D］．太原：太原理工大学，2006．

[28] 尹希文．寺河煤矿 5.8~6.0 m 大采高综采面矿压规律研究［D］．北京：煤炭科学研究总院，2007．

[29] 胥海东．综采 6.2 m 采高工作面破碎顶板稳定性研究［D］．西安：西安科技大学，2011．

[30] 赵怀祥，陈俊成．大采高开采技术研究［J］．山东煤炭科技，1998（4）：24-27．

[31] 刘俊峰．两柱掩护式大采高强力液压支架适应性研究［D］．北京：煤炭科学研究总院，2006．

[32] 朱涛．软煤层大采高综采采场围岩控制理论及技术研究［D］．太原：太原理工大学，2010．

[33] 韩俊效．寺河矿大采高长工作面矿压显现规律研究［D］．焦作：河南理工大学，2011．

[34] 王国法．大采高技术与大采高液压支架的开发研究［J］．煤矿开采，2010，14（1）：1-4．

[35] 高玉斌，李永学．寺河矿 6.2 m 大采高综采工作面设备选型研究与实践［J］．煤炭工程，2008（5）：5-7．

[36] 苏清政．国产首套 6.2 m 大采高综采支架应用实践［J］．煤炭工程，2007（5）：99-101．

[37] 陈昆木．厚煤层大采高回采工艺探讨［J］．煤炭技术，2008，27（10）：160-161．

[38] 孙攀，李阳，郭丹丹．6 m 以上大采高液压支架稳定性分析与控制措施［J］．中州煤炭，2009（10）：14-15．

[39] 钱鸣高，缪协兴，许家林，等．岩层控制的关键层理论［M］．徐州：中国矿业大学出版社，2003．

[40] 宋振骐．实用矿山压力控制［M］．徐州：中国矿业大学出版社，1988．

[41] 宋振骐，蒋宇静，杨增夫，等．煤矿重大事故预测和控制的动力信息基础的研究［M］．

北京：煤炭工业出版社，2003.

[42] 钱鸣高，李鸿昌．采场上覆岩层活动规律及其对矿山压力的影响 [J]．煤炭学报，1982 (2)：1-12.

[43] 钱鸣高，缪协兴．采场上覆岩层结构的形态与受力分析 [J]．岩石力学与工程学报，1995 (2)：97-106.

[44] 钱鸣高．采场上覆岩体结构模型及其应用 [J]．中国矿业学院学报，1982 (2)：3-7.

[45] 缪协兴，钱鸣高．采场围岩整体结构与砌体梁力学模型 [J]．矿山压力与顶板管理，1995 (3)：3-12.

[46] 宋振骐．采场上覆岩层运动的基本规律 [J]．山东矿业学院学报，1979 (1).

[47] 蒋金泉．顶板来压预报的数学模型及效果 [J]．山东矿业学院学报，1989 (4).

[48] 宋振骐，宋扬，等．内外应力场理论及其在矿压控制中的应用 [C]．中国北方岩石力学与工程应用学术会议论文集．郑州：科学出版社，1991.

[49] 宋振骐，蒋金泉．煤矿岩层控制的研究重点与方向 [J]．岩石力学与工程学报，1996 (2)：128-134.

[50] 姜福兴．采场上覆岩层运动与支承压力关系的机械模拟研究 [J]．矿山压力，1988 (2).

[51] 姜福兴，张兴民，杨淑华，等．长壁采场覆岩空间结构探讨 [J]．岩石力学与工程学报，2006, 25 (5)：979-984.

[52] 姜福兴．采场覆岩空间结构观点及其应用研究 [J]．采矿与安全工程学报，2006, 23 (1)：30-33.

[53] 史红，姜福兴．充分采动阶段覆岩多层空间结构支承压力研究 [J]．煤炭学报，2009, 34 (5)：605-609.

[54] 闫少宏，尹希文．大采高综放开采几个理论问题的研究 [J]．煤炭学报，2008, 33 (5)：481-484.

[55] 闫少宏．特厚煤层大采高综放开采支架外载的理论研究 [J]．煤炭学报，2009, 34 (5)：590-593.

[56] 闫少宏，尹希文，许红杰，等．大采高综采顶板短悬臂梁-铰接岩梁结构与支架工作阻力的确定 [J]．煤炭学报，2011, 36 (11)：1816-1820.

[57] 赵宏珠．大采高支架的使用及参数研究 [J]．煤炭学报，1991, 16 (1)：32-38.

[58] 陈炎光，钱鸣高．中国煤矿采场围岩控制 [M]．徐州：中国矿业大学出版社，1994.

[59] 郝海金，吴健，张勇，等．大采高开采上位岩层平衡结构及其对采场矿压显现的影响 [J]．煤炭学报，2004, 29 (2)：137-141.

[60] 弓培林，金钟铭．大采高采场覆岩结构特征及运动规律研究 [J]．煤炭学报，2004, 29 (1)：7-11.

[61] 弓培林，靳钟铭．大采高综采采场顶板控制力学模型研究 [J]．岩石力学与工程学报，2008, 27 (1)：193-198.

[62] 鞠金峰，许家林，王庆雄．大采高采场关键层"悬臂梁"结构运动型式及对矿压的影响

　　　[J]. 煤炭学报, 2011, 36 (12): 2115-2120.

[63] 许家林, 鞠金峰. 特大采高综采面关键层结构形态及其对矿压显现的影响 [J]. 岩石力学与工程学报, 2011, 30 (8): 1547-1556.

[64] 郝海金, 吴健, 张勇, 等. 大采高开采上位岩层平衡结构及其对采场矿压显现的影响 [J]. 煤炭学报, 2004, 29 (2): 137-141.

[65] 袁永, 屠世浩, 王瑛, 等. 大采高综采技术的关键问题与对策探讨 [J]. 煤炭科学技术, 2010 (1): 4-8.

[66] 袁永. 大采高综采采场支架-围岩稳定控制机理研究 [J]. 煤炭学报, 2011 (11): 1955-1956.

[67] 文志杰, 汤建泉, 王洪彪. 大采高采场力学模型及支架工作状态研究 [J]. 煤炭学报, 2011, 36 (11): 42-46.

[68] 伊茂森. 神东矿区浅埋煤层大采高综采工作面长度的选择 [J]. 煤炭学报, 2007, 32 (12): 1253-1257.

[69] 胡国伟, 靳钟铭. 大采高综采工作面矿压观测及其显现规律研究 [J]. 太原理工大学学报, 2006, 37 (2): 127-130.

[70] 付玉平, 宋选民, 邢平伟, 等. 大采高采场顶板断裂关键块稳定性分析 [J]. 煤炭学报, 2009, 34 (8): 1027-1031.

[71] 高进, 贺海涛. 厚煤层综采一次采全高技术在神东矿区的应用 [J]. 煤炭学报, 2010, 35 (11): 1888-1892.

[72] 王占银, 侯树宏, 等. 大采高综采工作面矿压显现规律研究 [J]. 煤炭工程, 2011 (1): 41-43.

[73] 刘小明, 来兴平, 崔峰. 复杂煤层6.2 m大采高支架工况监测与分析 [J]. 煤炭科学技术, 2011, 39 (3): 29-32.

[74] 杨宝贵, 姬鹏奎, 祁越峰, 等. 上湾矿7 m特厚煤层大采高开采支架工作阻力的确定 [J]. 煤炭工程, 2011 (7): 6-9.

[75] Liu C. Y., Huang B. X., Wu F. F. Technical parameters of drawing and coal-gangue field movements of a fully mechanized large mining height top coal caving working face [J]. Mining Science and Technology (China), 2011, 19 (5): 549-555.

[76] Liu Q. M., Mao D. B. Research on Adaptability of Full-mechanized Caving Mining with Large Mining-height [J]. Procedia Engineering, 2011 (26): 652-658.

[77] Zhang J. The Influence of Mining Height on Combinational Key Stratum Breaking Length [J]. Procedia Engineering, 2011 (26): 1240-1246.

[78] 赵永富. 地应力反演方法及井壁稳定性研究 [D]. 天津: 天津大学, 2008.

[79] 李文平. 煤及软岩层中地应力值的初步估算方法 [J]. 岩石力学与工程学报, 2000, 19 (2): 234-237.

[80] 蔡美峰, 彭华, 乔兰, 等. 万福煤矿地应力场分布规律及其与地质构造的关系 [J]. 煤炭学报, 2008, 33 (11): 1248-1252.

[81] 卢国志. 煤矿安全开采可视化模拟平台构建及核心算法研究 [D]. 青岛: 山东科技大学, 2010.

[82] 于斌. 大同矿区综采40a开采技术研究 [J]. 煤炭学报, 2010 (5): 1772-1777.

[83] 高延法, 张庆松. 矿山岩体力学 [M]. 徐州: 中国矿业大学出版社, 2000.

[84] 窦林名, 杨思先. 煤矿开采冲击矿压灾害防治 [M]. 北京: 中国矿业大学出版社, 2006.

[85] 张涵信, 沈孟育. 计算流体力学一差分方法的原理和应用 [M]. 北京: 国防工业出版, 2003.

[86] 王金国. 浅析综采工作面强制放顶时需要注意的几个问题 [J]. 神华科技, 2009, 7 (5): 14-17.

[87] 毛德兵. 大采高综放开采及其应用可行性分析 [J]. 煤矿开采, 2003, 8 (1): 11-14.

[88] 王金华. 我国大采高综采技术与装备的现状及发展趋势 [J]. 煤炭科学技术, 2006, 34 (1): 4-7.

[89] 高木福. 坚硬顶板处理步距的数值模拟 [J]. 辽宁工程技术大学学报, 2006, 25 (5): 649-650.

[90] 程家国. 深井高地压坚硬顶板采场围岩特性与支护设计方法 [D]. 青岛: 山东科技大学, 2004.

[91] 王开, 康天合, 李海涛, 韩文梅. 坚硬顶板控制放顶方式及合理悬顶长度的研究 [J]. 岩石力学与工程学报, 2009 (11): 2321-2327.

[92] 柴肇云, 武小玲, 康天合. 基于拉格朗日算法的综放采场矿压显现规律研究 [J]. 山东科技大学学报 (自然科学版), 2007 (3): 23-26.

[93] 谭诚. 煤层巨厚坚硬顶板超前深孔爆破强制放顶技术研究 [D]. 淮南: 安徽理工大学, 2011.

[94] 张延新, 蔡美峰, 欧阳振华. 地应力与巷道布置关系的理论研究 [J]. 岩土工程技术, 2005, 19 (2): 93-97.

[95] 张培森, 张文泉. 近距煤层巷道煤柱尺寸的优化设计 [J]. 矿山压力与顶板管理, 2004, 1 (3): 25-28.

[96] 黄鸿健. 堡镇隧道高地应力软弱围岩段施工大变形数值模拟预测研究 [J]. 铁道标准设计, 2009 (3): 93-95.

[97] 薛丽影, 杨斌. FLAC在复合土钉支护变形分析中的应用 [J]. 建筑科学, 2005, 21 (6): 8-100.

[98] 苏国韶, 符兴义, 李书东. 基于FLAC3D的三维地应力场反演分析 [J]. 人民黄河, 2011, 3 (2): 142-145.

[99] 陈永辉, 吴继敏, 彭建忠, 陈显春. 高速公路连拱隧道开挖三维稳定性分析 [J]. 防灾减灾工程学报, 2009, 29 (1): 71-75.

[100] 胡国伟, 靳钟铭. 基于FLAC3D模拟的大采高采场支承压力分布规律研究 [J]. 山西煤炭, 2006, 26 (2): 10-16.

[101] 吉真宝. 采面上覆岩层运动和破坏的基本形式 [J]. 煤矿现代化, 2010, 99 (6): 84-85.

[102] 张贵生, 张荣杰. 采煤工作面上覆岩层运动和破坏的基本形式 [J]. 内蒙古煤炭经济, 2011 (6): 54-55.

[103] 李新元, 马念杰, 钟亚平, 高全臣. 坚硬顶板断裂过程中弹性能量积聚与释放的分布规律 [J]. 岩石力学与工程学报, 2007, 26 (1): 2786-2793.

[104] 文志杰, 赵晓东, 尹立明, 夏洪春. 大采高顶板控制模型及支架合理承载研究 [J]. 采矿与安全工程学报, 2010 (2): 255-258.

[105] 乔立瑾. 采场支护强度确定探析 [J]. 山东煤炭科技, 2009 (1): 120-121.

[106] 奚光荣. 极薄煤层顶板限定变形支护控制研究 [J]. 西安科技大学学报, 2011, 31 (5): 540-542.

[107] 赵文. 超前深孔预裂爆破弱化采煤工作面坚硬顶板技术研究 [J]. 煤矿开采, 2012, 17 (5): 88-90.

[108] 马矿生. 陕北浅埋煤层综采工作面矿压规律初探 [J]. 陕西煤炭, 2012 (5): 7-14.

[109] 陈万平. 综采工作面坚硬顶板深孔强制爆破放顶的应用 [J]. 内蒙古煤炭经济, 2008, (4): 28-30.

[110] 张广尧. 钱家营矿业公司原岩应力探查与研究 [J]. 矿山测量, 2012 (4): 86-88.

[111] 梁继新. 东滩煤矿三采区地应力测量及应力场分析 [D]. 青岛: 山东科技大学, 2005.

[112] 曹树刚, 勾攀峰, 樊克恭. 采煤学 [M]. 北京: 煤炭工业出版社, 2017.

[113] 张志呈. 工程控制爆破 [M]. 成都: 西南交通大学出版社, 2019.

[114] 杨仁树, 杨国梁, 高祥涛. 定向断裂控制爆破理论与实践 [M]. 北京: 科学出版社, 2017.

[115] 薛守义. 弹塑性力学 [M]. 北京: 中国建材工业出版社, 2005.

[116] 钱鸣高, 缪协兴, 许家林, 茅献彪. 岩层控制的关键层理论 [M]. 徐州: 中国矿业大学出版社, 2000.